华 章 图 书

一本打开的书，一扇开启的门，
通向科学殿堂的阶梯，托起一流人才的基石。

www.hzbook.com

智能系统与技术丛书

Dive into AutoML and AutoDL
Building Automated Platforms for Machine Learning and Deep Learning

深入理解
AutoML和AutoDL

构建自动化机器学习与深度学习平台

王健宗 瞿晓阳 著

机械工业出版社
China Machine Press

图书在版编目（CIP）数据

深入理解 AutoML 和 AutoDL：构建自动化机器学习与深度学习平台 / 王健宗，瞿晓阳著 .
—北京：机械工业出版社，2019.8（2020.11 重印）
（智能系统与技术丛书）

ISBN 978-7-111-63436-2

I. 深… II. ①王… ②瞿… III. ①人工智能－基础知识 ②机器学习－基础知识 IV. TP18

中国版本图书馆 CIP 数据核字（2019）第 162944 号

深入理解 AutoML 和 AutoDL
构建自动化机器学习与深度学习平台

出版发行：机械工业出版社（北京市西城区百万庄大街 22 号　邮政编码：100037）

责任编辑：罗词亮　　　　　　　　　　　　　责任校对：李秋荣

印　　刷：大厂回族自治县益利印刷有限公司　版　　次：2020 年 11 月第 1 版第 4 次印刷

开　　本：186mm×240mm　1/16　　　　　　印　　张：21.75

书　　号：ISBN 978-7-111-63436-2　　　　　定　　价：99.00 元

客服电话：（010）88361066　88379833　68326294　　投稿热线：（010）88379604

华章网站：www.hzbook.com　　　　　　　　　读者信箱：hzit@hzbook.com

赞　誉

自动化机器学习是未来人工智能的一个重要发展方向，值得我们关注和学习。本书作者王健宗博士是机器学习方面的资深研究者和实践者，在本书中，他不仅讲解了 AutoML 的基础理论知识，还详细分析了近几年 AutoDL 方面最前沿的算法和技术，提供了很好的方法与思路参考。想要系统研究 AutoML 并把握其最新技术趋势的读者，本书不容错过。

——杨强　IEEE Fellow/IAPR Fellow/AAAS Fellow/ACM 杰出科学家 /
微众银行首席人工智能官 / 香港科技大学计算机与工程系教授

人工智能技术将会重塑很多行业，而人工智能的自动化将极大地加速这一进程。本书作者王健宗博士是人工智能领域的知名专家，兼具深厚的理论功底和丰富的实践经验，一直致力于让 AI 无处不在。他的这本专著深入浅出地总结了人工智能自动化的基本理论、框架和技术，对研究和应用人工智能自动化的专业人士和初学者来说都是一本不可多得的参考书。

——俞栋　腾讯 AI Lab 副主任 / 西雅图人工智能实验室负责人

AutoML 可以使机器学习的调参建模流程实现自动化，大大降低机器学习的门槛，让用户在没有丰富机器学习经验的情况下也能开发机器学习模型，大大缩短创建模型的时间。王健宗博士的这本书不仅非常系统、深入地讲解了 AutoML 和 AutoDL 的理论知识和核心技术，而且给出了具体的工程实践方法。对于想学习 AutoML 和 AutoDL 技术或搭建自动化机器学习平台的读者来讲，本书有很大的参考价值。

——李晓林　美国佛罗里达大学教授 /
同盾科技副总裁兼人工智能研究院院长

自动化机器学习探索一种"学习的学习"模式，既是国际学术界热点研究问题，也是工业界急需的核心技术。本书是国内顶尖 AI 专家王健宗博士在实践中摸索出的自动化机器学习理论、方法与系统框架，具有极高的学术和应用价值。

——陈为　教授 / 博导 / 浙江大学计算机学院副院长

AutoML 在机器学习的发展过程中一直是研究者的梦想，让模型的超参数甚至模型结构本身就可以通过学习过程自动探索到最优解。王健宗等著的这本 AutoML 专著涵盖自动化特征工程、自动化超参优化，以及神经网络架构搜索等前沿技术方法。从理论和实践双重维度，对自动化机器学习做了全面介绍，对工程实践也有很好的指导意义。

——李磊　字节跳动人工智能实验室总监

AutoML 的概念于 2012 年由学术界提出，当时的目的是解决编程时人工调校参数的问题。在谷歌、微软等公司的大力推动下，目前 AutoML 的研究越来越深入，应用越来越广泛。AutoML 可以帮助选择模型并选择超参数，成为机器学习和 AI 自动化和平民化的重要方向。王博士的这本书填补了 AutoML 中文图书的空白，从理论与实践的双重维度，对 AutoML 和 AutoDL 的入门知识和进阶知识做了全面介绍，值得一读！

——陈继东　蚂蚁金服 ZOLOZ 全球可信身份平台负责人 / 资深数据专家

AutoML 是当前 AI 领域的前沿方向之一，由谷歌等巨头引领，让深度学习的使用更趋自动化、民主化，是降低机器学习门槛的一大利器。王健宗博士查阅并解读了近百篇论文，详尽介绍了最前沿的 AutoML 算法和技术，本书堪称打开 AutoML 和 AutoDL 深入学习之门的神奇钥匙。

——杨静　新智元创始人兼 CEO

如今，自动化机器学习技术已经风靡全球。模型选择、特征工程、调参等工作自动化之后，普通民众学习 AI 以及专业人士运用 AI 的效率得到了极大提升。王博士既是奋斗在科研一线的 AI 专家，又是大型金融集团科技公司的大型 AI 项目负责人，理论与实践能力均炉火纯青，写这本书再适合不过。相信很多人能从本书中受益。

——周磊（July）七月在线创始人兼 CEO

前　　言

为什么要写这本书

"人工智能""机器学习""深度学习""联邦学习""自动化"等已经成为互联网行业使用最频繁的词汇，在人工智能发展日益成熟的今天，越来越多的研究者将目标聚焦于"自动化"。出于对 AutoML 技术出现的振奋和对人工智能的热情与投入，我们逐渐萌生了撰写这本书的想法，我们想让更多的人了解 AutoML，了解我们身边最前沿的技术和知识，最终能够让天下没有难的 AI，实现普惠 AI。如果一定要问我们写这本书的原因，我觉得可以归结为如下三点：

首先，已经有多家互联网公司发布了 AutoML 平台，毫无疑问 AutoML 已经成为目前各大公司的"护城河"，我们希望通过本书来揭开 AutoML 平台的神秘面纱。基于 AutoML 平台，专业编程人员和非专业人员均可快速创建项目并训练模型，但是，由于国内至今还没有一本关于 AutoML 算法介绍的书籍，平台用户只知其然却不知其所以然。

其次，我们想要通过本书建立一套完整的 AutoML 知识体系。很多 AutoML 从业者懂技术，但是缺少一套完整的知识体系来支撑自己的核心技术，有鉴于此，我们在开始撰写本书前做的第一件事就是建立知识体系，包括自动化机器学习、神经架构搜索的核心算法、自动化模型压缩、模型调参、深度学习的垂直领域应用以及元学习等。这套知识体系可以帮助很多从业者认清技术方向，也可以帮助初期从业者选择研究领域。我们期望有更多人来为 AutoML 这个诞生仅仅一年半的新技术添砖加瓦，共建 AutoML 生态。

最后，我们希望这本书能为更多非专业人员带来价值。本书的初期定位是 AutoML 入门书籍，换句话说，我们撰写的初衷是想为更多不懂算法但是热爱 AI 技术的爱好者提供一些思路和理解角度。因此，我们在本书中尽量使用白话来解释算法思想，从人工智能的初期发展到 AutoML 技术的成熟，可以让每一个非技术人员快速理解 AutoML。

对于本书，我们倾注了很多热情和心血，从 2017 年年底 AutoML 技术开始出现就开始深入探索，接着起草最初书稿框架到成型历时一年多，其中经过了多次章节结构调整和修改，查阅并解读近百篇 AI 前沿论文，才有了今天大家看到了这本书。在本书中，我们从 0 到 1 介绍了 AutoML 技术的方方面面，希望这本书能带给你惊喜。

读者对象

本书适用于非计算机专业研究人员、期望转型 AI 领域的技术爱好者，同样也适用于初级、中级和高级的人工智能算法工程师、项目经理和产品经理等。

本书特色

AutoML 技术的发展日新月异，诸多科学家和研究者会在论文中发表自己的研究成果，但是目前国内还没有一本讲解 AutoML 发展和技术的书籍。本书聚焦于 AutoML，从无到有地介绍了 AutoML 的发展过程以及相关的算法。本书涉及 AutoML 技术的多个方面，从 AutoML 到 AutoDL，最后延伸到元学习，为读者提供了一套完整的知识体系。

如何阅读这本书

本书是关于自动化人工智能的一本入门级书籍，书中涵盖了大部分基础知识，因此非专业人士也可以读懂。自动化人工智能的最重要的两个分支是自动化机器学习和自动化深度学习，因此，本书的核心和聚焦在这两大研究领域，旨在为专业人士和刚入门的学者提供一些研究方向和思路。

从逻辑上，全书一共分为四个部分。

第一部分（第 1~2 章）是关于人工智能的基础概述，并介绍了现有的 AutoML 平台。

第二部分（第 3~6 章）是自动化机器学习，这里的机器学习是指统计机器学习，这一部分主要介绍了基本的机器学习知识以及自动化特征工程、自动化模型选择和自动化超参优化。

第三部分（第 7~13 章）是自动化深度学习，众所周知，近年来深度学习的研究开展得如火如荼，为了拓展读者的知识领域和研究思路，我们在这一部分花费了大量的篇幅来介绍近几年最前沿的算法和技术，这也是全书最核心的章节。

第四部分（第 14 章）是关于元学习的内容，我们认为元学习应该是独立于统计机器学习和深度学习的一个研究领域，因为元学习跳出了学习"结果"的这种思想，学习的是"学习过程"，这也是自动化人工智能的理想目标。因此，我们将元学习单独作为一个部分，作为全书内容的升华，读者可以在本书的引导下展开更深入的研究。

我们将本书的重点内容罗列为以下几点：

1）自动化特征工程生成方法，分别是深度特征合成算法、Featuretools 自动特征提取以及基于时序特征的自动化特征工程。

2）自动化模型选择方法，包括贝叶斯优化算法、进化算法、分布式优化等。

3）自动化超参优化，主要有序列超参优化、进化算法的运用以及迁移学习方法。

4）神经架构搜索，主要搜索算法有强化学习和进化算法。

5）神经架构搜索加速方案，包括权值共享法、超网络、网络态射法、代理评估模型以及可微分神经架构搜索。

6）模型压缩和加速方案，包括量化、修剪法、稀疏化以及轻量级模型设计。

专业读者或具体从业者可根据自己的研究领域以及感兴趣情况选择以上部分内容重点阅读。对于非专业读者，本书中也有最基本的算法入门介绍，可以将本书作为一本 AutoML 入门书籍进行全书通读。

勘误和支持

本书并没有涵盖 AutoML 研究领域的全部知识，因为这个领域的知识体系之庞大，不是一本书就可以介绍完的。譬如我们书中所涉及的图计算网络、超网络、蒙特卡洛树搜索以及元学习都可以成为一个独立的研究课题。在 AutoML 技术的发展过程中，很多前沿算法会不断被提出和更新，因此书中的内容会存在一定的局限性。

本书的很多思想和知识体系都是作者基于自己的理解建立的，难免会出现理解不当或者不准确的地方，恳请读者批评指正。如果你有更多的宝贵意见，欢迎发送邮件至邮箱 yfc@hzbook.com，我们会认真采纳你的意见和建议。这本书的结束并不意味着我们的研究就此结束，我们还需要不断挖掘其中的精华与奥妙，期待能够得到你们的真挚反馈和支持。

致谢

在本书的撰写和研究期间，感谢多名 AutoML 技术爱好者（赵淑贞、尚迪雅、曾昱为、吴文启、唐彦玺、张君婷、贺凡等）的参与支持。

感谢出版社对本书的耐心修订和整理，没有他们，就没有今天这本书的出版。

最后，我要感谢读者，感谢读者对我们的信任。我们尽最大努力想要给大家呈现一本逻辑清晰、技术易懂的入门书籍，感谢读者选择了这本书，选择就是对我们最大的信任。

谨以此书献给 AutoML 的技术爱好者和研究者们！

王健宗

2019 年 8 月于深圳

C O N T E N T S

目　录

第 1 章

人工智能概述

本章主要是人工智能的基本概述，包括人工智能的起源和发展，以及人工智能的两个重要组成部分：机器学习和深度学习。深度学习一直在持续发展，我们将用两小节来介绍深度学习的崛起和重要应用领域，在最后一节中，我们引出了人工智能未来的重要发展方向——自动化机器学习技术（AutoML）。

1.1 全面了解人工智能

1.1.1 人工智能定义

在计算机科学领域中，人工智能是一种机器表现的行为，这种行为能以与人类智能相似的方式对环境做出反应并尽可能提高自己达成目的的概率。

人工智能这个概念最早于 1956 年 8 月的达特茅斯会议上由约翰·麦卡锡（John McCarthy）、马文·明斯基（Marvin Minsky）、克劳德·香农（Claude Shannon）、纳撒尼尔·罗切斯特（Nathaniel Rochester）等人提出。在此之前，人工智能有着许多种叫法，如"自动机理论""复杂数据处理"等。

会议召开的两年前，也就是 1954 年，达特茅斯学院数学系有 4 位教授退休，这对于达特茅斯学院这样的小学校来说无疑是巨大的损失。刚上任的系主任约翰·克门尼（John Kemeny）赶忙向母校普林斯顿大学求援，从母校数学系带回 4 位刚毕业的博士来任教，而麦卡锡就是其中之一。1955 年夏，麦卡锡应邀参与 IBM 的一个商业项目，邀请他的人是罗切斯特。罗切斯特是 IBM 第一代通用机 701 的主设计师，并且对神经网络表现出极大的兴趣。俩人一拍即合，决定发起一个将于次年夏天举办的研讨会，还说服了香农和在哈佛做研究员的明斯基来共同提议。麦卡锡给这个研讨会起了个别出心裁的名字——"人工智能夏季研讨会"（Summer Research Project on Artificial Intelligence）。同年9月2日，麦卡锡、明斯基、香农和罗切斯特正式发出提案引入"人工智能"一词，该提案的主要内容如下：

"我们提议于1956年夏，在新罕布什尔州汉诺威的达特茅斯学院进行一项10人、为期两个月的人工智能研究。这项研究基于这样一个猜想，即原则上，我们可以足够精确地描述学习或智能的任何其他特征的各个方面，从而能够让机器来进行模拟。我们试图找到方法让机器使用语言、形成抽象和概念、解决人类尚未解决的各类问题以及自我改进等。我们认为，一群经过精心挑选的科学家一起努力一个夏天，就可以在上述的一个甚至多个问题上取得重大进展。"

会议于1956年6月开始，同年8月结束。会议讨论了人工智能相关问题的各个方面，如自动化计算机、如何通过编程让计算机使用语言、神经网络、计算规模的理论、自我改进、随机性和创见性等。

明斯基认为，设计出一种具备某种特定学习能力的机器并非不可能，机器的本质是通过某种转换将输入变成输出的过程。机器的这种反应能力可以通过不断的"试错"过程训练获得。例如我们可以将这样的一台机器放置在某种特定的环境中，不断给予它"成功"和"失败"的判据来训练它达成某种目标的能力。更进一步，如果机器能通过学习使自身形成感知和运动抽象能力，那么它就会进行内部探索找寻解决问题的方案。

罗切斯特分享了关于机器性能的独创性话题。在为自动计算器编写程序时，人们通常会向机器提供一套规则，这些规则涵盖了机器可能会面对的各种意外情况。机器遵守这一套规则但不会表现出独创性或常识。此外，只有当机器因为规则矛盾而变得混乱时，人们才会对自己设计出糟糕的规则感到恼火。最后，在编写机器程序时，有时人们必须以非常费力的方式解决问题，然而，如果机器有一点直觉或者可以做出合理的猜测，问题就可以直接被解决。

会议进行了两个月，虽然每个人对AI的定义都不尽相同，但它却具有重要的开创意义和深远影响。由于会议上提出了人工智能（Artificial Intelligence）这一概念，因而1956年被称作"人工智能元年"。

1.1.2　弱人工智能、强人工智能与超人工智能

人工智能大体上可以分为3类：弱人工智能、强人工智能和超人工智能。

1. 弱人工智能

弱人工智能（Weak AI），也被称为狭隘人工智能（Narrow AI）或应用人工智能（Applied AI），指的是只能完成某一项特定任务或者解决某一特定问题的人工智能。苹果公司的Siri就是一个典型的弱人工智能，它只能执行有限的预设功能。同时，Siri目前还不具备智力或自我意识，它只是一个相对复杂的弱人工智能体。

2. 强人工智能

强人工智能（Strong AI），又被称为通用人工智能（Artificial General Intelligence）或全人工智能（Full AI），指的是可以像人一样胜任任何智力性任务的智能机器。这样的人工智能是一部分人工智能领域研究的最终目标，并且也作为一个经久不衰的话题出现在许多科幻作品中。

对于强人工智能所需要拥有的智力水平并没有准确的定义，但人工智能研究人员认为强人工智能需要具备以下几点：

- ❑ 思考能力，运用策略去解决问题，并且可以在不确定情况下做出判断；
- ❑ 展现出一定的知识量；
- ❑ 计划能力；
- ❑ 学习能力；
- ❑ 交流能力；
- ❑ 利用自身所有能力达成目的的能力。

3. 超人工智能

哲学家、牛津大学人类未来研究院院长尼克·波斯特洛姆（Nick Bostrom）把超级智能定义为"在几乎所有领域都大大超过人类认知表现的任何智力"。

超人工智能（Artificial Super Intelligence，ASI）正是超级智能的一种。首先，超人工智能能实现与人类智能等同的功能，即可以像人类智能实现生物上的进化一样，对自身进行重编程和改进，这也就是"递归自我改进功能"。其次，波斯特洛姆还提到，"生物神经元的工作峰值速度约为 200 Hz，比现代微处理器（约 2 GHz）慢了整整 7 个数量级"，同时，"神经元在轴突上 120 m/s 的传输速度也远远低于计算机比肩光速的通信速度"。这使得超人工智能的思考速度和自我改进速度将远远超过人类，人类作为生物上的生理限制将统统不适用于机器智能。

1.1.3　人工智能三大主义

简要回顾人工智能的发展历史，我们会发现它主要由 3 个方面相互交织发展：符号主义、连接主义和行为主义。

- ❑ 符号主义：旨在用数学和物理学中的逻辑符号来表达思维的形成，通过大量的"如果 – 就"（if-then）规则定义，产生像人一样的智能，这是一个自上而下的过程，包括专家系统、知识工程等。
- ❑ 连接主义：主张智能来自神经元之间的连接，它让计算机模拟人类大脑中的神经网络及其连接机制，这是一个自下而上的过程，包括人工神经网络等。
- ❑ 行为主义：指的是基于感知行为的控制系统，使每个基本单元实现自我优化和适应，这也是一个自下而上的过程，典型的代表有进化算法、多智能体等。

由这 3 个方面构成的人工智能设计模型如图 1-1 所示。

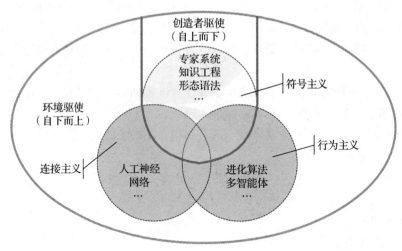

图 1-1　人工智能设计模型

在人工智能设计模型中，"创造者驱使"是一个自上而下的过程，这里的"创造者"不仅指的是创造者，也可以是一些其他的高级角色，如开发者，甚至可以是设计规范和材料属性。而"环境驱动"是一个自下而上的过程，其中"环境"可以是交互约束，如行为规则；也可以是外部因素，如位置和气候。总之，"创造者驱使"指明了一个宏观层面的方向，而"环境驱使"允许智能体自由发展，甚至可以改变它们的行为规则，从而实现自身的变化性和多样性。

1.1.4　机器学习与深度学习

我们在前文介绍了人工智能的定义以及基本概念，下面将介绍人工智能发展的主要分支：机器学习和深度学习。如图 1-2 所示，人工智能发展的一个很重要的分支便是机器学习，由人工智能的连接主义发展形成的一个重要领域分支，它的核心目的是让计算机拥有像人一样的学习能力。而在机器学习中的一个庞大分支就是神经网络，严格来说深度学习属于机器学习的一个类别，但是随着近年来深度神经网络的发展，特别是深度学习应用范围的不断扩展，深度学习已经成为机器学习领域的一个重要部分。

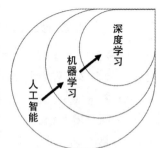

图 1-2　人工智能、机器学习、深度学习三者之间的关系

机器学习（Machine Learning）是关于计算机系统使用的算法和统计模型的科学研究，这些算法和统计模型不使用明显的指令，而是依靠模式和推理来有效地执行特定的任务。它被视为人工智能的一个子集。机器学习算法是建立在一个样本数据集（称

为"训练数据")上,在没有明确编程指示下根据任务的情况做出预测或决策的数学模型。机器学习算法被广泛应用于各种各样的应用中,如电子商务中的智能推荐和垃圾邮件判定等,在这些应用中对每一条数据编写特定指令是不切实际的。机器学习与计算统计学密切相关,计算统计学主要用于解决计算机的预测问题。数学优化的研究为机器学习领域提供了方法、理论和应用领域。数据挖掘是机器学习中的一个研究领域,其重点是通过无监督学习进行探索性数据分析。

"机器学习"这个名词是由阿瑟·塞缪尔于1959年提出的。汤姆·M·米切尔给机器学习领域中所研究的算法下了一个被广泛引用、更为正式的定义:"如果一个计算机程序在任务 T(由 P 来度量)中的表现随经验 E 而改善,那么我们称该程序从经验 E 中学习。"这个对机器学习所涉及任务的定义提供了一个基础的操作定义而非认知上的定义。

深度学习,也称"阶层学习"或"分层学习",是基于学习数据表征的更广泛的机器学习方法系列的一部分,而不是基于特定任务的算法。深度学习通过组合低层特征形成更加抽象的高层表示属性类别或特征,以发现数据的分布式特征表示。深度学习的优势是用非监督式或半监督式的特征学习和分层特征提取高效算法来替代手工获取特征。其中深度指的是网络中最长的输入输出距离。

那么深度学习和机器学习的区别是什么呢?如图 1-3 所示,机器学习,即所谓的统计机器学习,在处理问题时,首先需要人工进行特征提取,然后根据提取后的特征进行分类问题求解。而深度学习的强大之处在于,将特征提取和分类问题求解汇总在一个神经网络模型中,只需一次输入即可得到最终的输出结果。

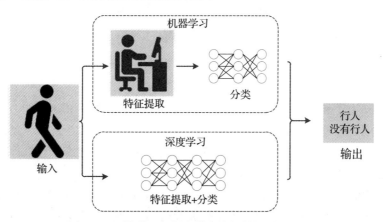

图 1-3　机器学习与深度学习之间的差异及联系

1.2　人工智能发展历程

图 1-4 是人工智能发展情况概览。人工智能的发展经历了很长时间的历史积淀,早在1950 年,阿兰·图灵就提出了图灵测试机,大意是将人和机器放在一个小黑屋里与屋外的

人对话，如果屋外的人分不清对话者是人类还是机器，那么这台机器就拥有像人一样的智能。随后，在 1956 年的达特茅斯会议上，"人工智能"的概念被首次提出。在之后的十余年内，人工智能迎来了发展史上的第一个小高峰，研究者们疯狂涌入，取得了一批瞩目的成就，比如 1959 年，第一台工业机器人诞生；1964 年，首台聊天机器人也诞生了。但是，由于当时计算能力的严重不足，在 20 世纪 70 年代，人工智能迎来了第一个寒冬。早期的人工智能大多是通过固定指令来执行特定的问题，并不具备真正的学习和思考能力，问题一旦变复杂，人工智能程序就不堪重负，变得不智能了。

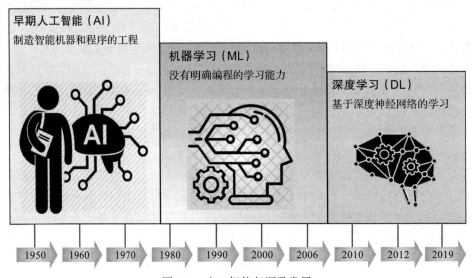

图 1-4   人工智能起源及发展

虽然有人趁机否定人工智能的发展和价值，但是研究学者们并没有因此停下前进的脚步，终于在 1980 年，卡内基梅隆大学设计出了第一套专家系统——XCON。该专家系统具有一套强大的知识库和推理能力，可以模拟人类专家来解决特定领域问题。从这时起，机器学习开始兴起，各种专家系统开始被人们广泛应用。不幸的是，随着专家系统的应用领域越来越广，问题也逐渐暴露出来。专家系统应用有限，且经常在常识性问题上出错，因此人工智能迎来了第二个寒冬。

1997 年，IBM 公司的"深蓝"计算机战胜了国际象棋世界冠军卡斯帕罗夫，成为人工智能史上的一个重要里程碑。之后，人工智能开始了平稳向上的发展。2006 年，李飞飞教授意识到了专家学者在研究算法的过程中忽视了"数据"的重要性，于是开始带头构建大型图像数据集——ImageNet，图像识别大赛由此拉开帷幕。同年，由于人工神经网络的不断发展，"深度学习"的概念被提出，之后，深度神经网络和卷积神经网络开始不断映入人们的眼帘。深度学习的发展又一次掀起人工智能的研究狂潮，这一次狂潮至今仍在持续。

图 1-5 列出了人工智能发展史上的一些重要事件。从诞生以来，机器学习经历了长足发展，现在已经被应用于极为广泛的领域，包括数据挖掘、计算机视觉、自然语言处理、

生物特征识别、搜索引擎、医学诊断、检测信用卡欺诈、证券市场分析、DNA 序列测序、语音和手写识别、战略游戏、艺术创作和机器人等，鉴于篇幅有限，本书将侧重讲述机器学习和深度学习未来发展的一大趋势——自动化机器学习和深度学习（AutoML 及 AutoDL）。

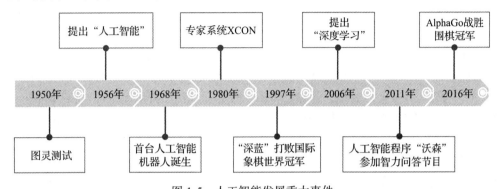

图 1-5　人工智能发展重大事件

1.3　深度学习的崛起之路

1.3.1　人脸识别的起源

2012 年，Alex Krizhevsky 等人提出了 AlexNet 网络结构模型，以一种结构上轻巧简单但计算量上远超传统模型的方式轻易战胜了传统的机器学习模型，并凭借它在 ImageNet 图像分类挑战赛上赢得了冠军。自此，在图像领域点燃了深度学习的热潮，无数公司与学者纷纷转向该领域，并在短短几年内就取得了大量的突破性进展，其中包括何恺明等人提出的残差神经网络、谷歌提出的 GoogLeNet 等。这些新的研究成果使得人脸识别等过去不可能实现的场景拥有了落地的可能。

1.3.2　自动驾驶的福音

巧合的是，同样在 2012 年，图像分割领域也通过深度学习的应用取得了历史性突破，那就是全卷积网络（FCN）的出现。在另一个图像领域的著名图像分割任务数据集 VOC 上，FCN 刷新了该数据集的最优指标，引爆了深度学习在图像分割领域的应用。

图像分类与图像分割的突破带来了另一个行业的突破，那就是自动驾驶。早在 2009 年，谷歌就已经成立了负责自动驾驶业务的子公司 Waymo，也是目前自动驾驶的巨头之一，其估值顶峰达到了 1700 多亿美元，可见自动驾驶行业在投资人心中的分量。在国外，除谷歌外，特斯拉、苹果公司等科技巨头，奥迪、德尔福、通用汽车等汽车行业巨头，Uber、Lyft 等网约车领域巨头也都在做自动驾驶研究。在国内，百度、Momenta、Pony.ai、地平线、驭势科技、图森未来等公司也在这一领域不断发力。

在深度学习出现之前，自动驾驶的水平主要停留在基于毫米波雷达及其他传感器的低阶水平，这个水平的自动驾驶是不可能真正解放司机注意力的；深度学习的出现带来了图像识别与图像语义分割理解的突破，让人们看到了实现 L5 级别完全自动驾驶的希望，也由此引起了自动驾驶行业的爆发。

1.3.3　超越人类的 AI 智能体

2016 年发生了另一起点燃深度学习浪潮的事件，那就是谷歌 DeepMind 研发的 AI 围棋手 AlphaGo 异军突起。2016 年 3 月，AlphaGo 与围棋世界冠军、职业九段棋手李世石进行围棋人机大战，以 4：1 的总比分获胜；2016 年年末至 2017 年年初，该程序以 Master 为注册名与中日韩数十位围棋高手进行快棋对决，连续 60 局无一败绩，被称为 Alpha Master；2017 年 5 月，在中国乌镇围棋峰会上，它与当时排名世界第一的世界围棋冠军柯洁对战，以 3：0 的总比分获胜。围棋界公认 AlphaGo 的棋力已经超过人类职业围棋顶尖水平，在 GoRatings 网站公布的世界职业围棋排名中，其等级分曾超过排名人类第一的棋手柯洁。

AlphaGo 的出现让人们进一步意识到了深度学习的无限可能。2019 年 3 月，ACM 正式宣布将 2018 年图灵奖授予 Yoshua Bengio、Geoffrey Hinton 和 Yann LeCun，以表彰他们提出的概念和工作使得深度学习神经网络有了重大突破。这也使得人们对深度学习的热情进一步发酵，让更多的研究开始往这个领域倾斜与投入。

1.3.4　懂你的 AI

近几年，深度学习领域的热门研究主要集中在以下几个方向：生成对抗网络、迁移学习、强化学习、联邦学习以及本书的主题——AutoML。其中，在算法方面，谷歌提出的注意力机制以及基于该思想衍生出的 BERT 模型大幅刷新了自然理解领域所有数据集的评价指标，业内对此做出这样的评价："自然语言处理是未来深度学习领域皇冠上的明珠。"基于底层语言理解模型的突破，让机器翻译、人机对话、文本分析、AI 音乐、AI 写作等许多过去不可想象的任务都成为可能。

1.3.5　奔跑、飞行以及玩游戏的 AI

让机器为人类服务是人类一直以来的美好梦想，随着深度学习的发展，这个梦想正在逐渐实现。过去为了要让机器具有智能，需要人为赋予其大量的逻辑判断命令；而如今伴随着图像技术的成熟以及深度强化学习的应用，机器人在路上飞速奔跑、识别并跨越障碍物，乃至花式跳舞都已经成为现实。除此之外，AI 机器人还能够与玩家联机对战《星际争霸》，并且一般的职业选手都没法战胜它。另一个值得关注的是京东正在打造的无人送货机，它能够自动规划路线、躲避障碍、识别目标客户并完成货物投递，是非常值得期待的一项新型服务。

1.3.6　人人都可以创造属于自己的 AI

以上的种种发展都证明了，AI 是这个时代不可阻挡的一个趋势。然而就当下而言，由于 AI 是一个较为新潮的事物，实现起来的技术难度较大，因此在各行各业的普及难度也较大，但是能够让 AI 开花结果的正是非 IT 领域的各行各业。另外，目前拥抱 AI 的都是主流的大公司或者科技含量较高的创业公司，而传统的行业则缺乏相应的资源及人才。为了普及人工智能，降级人工智能的门槛，并且方便人工智能的开发，实现人人都会人工智能，自动化机器学习（AutoML）这个概念应运而生。

AutoML 是一个自动模型学习的平台，其核心思想是自动化创造 AI 模型，把中间的复杂流程与烦琐的步骤都交给机器来自动完成，使用者只要指定输入的数据和任务类型即可。当前许多企业通过这种技术自动化生成了许多优秀的模型，例如小米公司通过神经架构搜索技术得到了最优的图像超分辨率模型，用于在手机端提升图像质量。除此之外，微软、亚马逊、谷歌、Salesforce 等公司也都为顾客提供了类似的平台，使得对 AI 不那么熟悉的人也可以方便地应用 AI 技术并使其在自己的行业内落地。

1.4　深度学习的发展

随着深度学习的应用越来越广泛，3 个成熟的研究领域逐渐形成，分别是计算机视觉、自然语言处理以及语音领域，目前 AI 创业公司也主要集中在这些领域。下面我们就重点展开来介绍这 3 大应用领域。

1.4.1　计算机视觉

计算机视觉（Computer Vision，CV），顾名思义就是计算机拥有像人类一样"看"的能力。在这里"看"的具体含义是指：不仅要将当前的图像输入到计算机中，计算机还应该具有智力，可以根据要求针对当前图像输出一定的分析结果。这个过程可以定义为几个核心任务：目标分类、目标检测、目标分割以及目标跟踪。

目标分类（Target Classification）就是基于分类任务的目标识别问题，即计算机根据给定的数据，找出这些数据中哪些是所需的目标。例如，猫狗分类问题或者花草分类问题。这也是深度学习领域中最简单的一类任务，根据最后的分类函数可以将此任务分为二分类问题和多分类问题。目标分类任务是其他任务的基础，也是很多初学者的入门级任务。

目标检测（Target Detection）可以看成是分类和回归问题的统一。该任务不仅要判断当前图像的所属类别，还要通过包围框（bounding box）标出图像中目标的具体位置。目标检测问题由来已久，基于深度学习的发展从 2013 年 R-CNN 算法的提出开始，不断演变出了一系列多步检测网络。之后很多研究学者对网络进行了改进，提出了单步检测，将分类、定位、检测功能都集成在一个网络中，如 Yolo、SSD 等。目标检测任务的应用十分广泛，经常应用于电力系统检测、医疗影像检测等。目标检测任务根据问题的复杂性，衍生出了人脸检测问题。与传统目标检测问题不同的是，人脸检测需要实现人脸关键点的定位和检测，现在移动设备中应用比较广泛的人脸识别系统就是基于这一任务研究而来。

目标分割（Target Segmentation），就是将一张图像中的特定目标的区域分割出来。在深度学习领域中，目标分割的研究方向主要分为两类：语义分割和实例分割。所谓语义分割就是针对图像中的每个像素点进行分类，即判断图像中哪些像素属于哪个目标。而实例分割是语义分割的进阶版，它不仅要判断哪些像素属于目标，而且要判断哪些像素属于第一个目标，哪些像素属于第二个目标，目前在医疗影像项目中的关键就是对人体器官的分割。常见的图像目标分割网络有 FCN 和 U-Net，其中，U-Net 常用于医疗图像分割。

目标跟踪（Target Tracking）是一个基于时间序列的目标定位问题，通常是基于视频数据的任务，常用于智能监控系统、嫌疑犯追逃等。首先是在第一帧图像中锁定目标，在之后的时序数据中，不断地对目标进行重定位。这是一个非常复杂的问题，需要用到目标检测和分割任务，而且根据时序相关性进行有效建模，可以减少定位过程中的计算量，提高追踪效率。

我们介绍了这么多计算机视觉的定义及任务，那么它与图像处理有什么异同呢？严格来讲，图像处理是一种数字信号处理，它不涉及对图像内容的理解，一般是通过数学函数等对图像进行变换或增强，如归一化图像、图像预处理、消除图像噪声等；而计算机视觉是使用计算机模拟人类视觉，该模拟过程包括学习以及推理能力。计算机视觉离不开图像处理操作，因此可以将图像处理看成计算机视觉的一个子集，当目标是对图像进行增强时，可以称为图像处理，当目标是检测和分割等时，则称为计算机视觉。

计算机视觉任务看似容易，但也存在很多潜在的挑战。因为我们人眼每天看到的景象是错综复杂的，我们的视觉和大脑的判别是同步进行的，但对于计算机而言，虽然经过了很多学者的研究，其仍无法达到人类视觉的能力。而且，感官世界极其复杂，任何光照条件或者遮挡都可能会造成计算机识别任务的失败。因此，计算机视觉仍然有很长的一段路要走。

1.4.2　自然语言处理

如果说计算机视觉是模拟人类"看"的能力，那么自然语言处理（Natural Language Processing，NLP）就是模拟人类的"语言"能力，这里的"语言"是指说话和写作能力。站在专业的角度来讲，NLP 就是以一种智能高效的方式对人类创造的文本数据进行系统地分析、理解和提取信息的过程。

NLP 的研究任务很广泛，在本书中我们将它分为 5 大类：词法分析、句子分析、语义分析、信息抽取和顶层任务。词法分析就是以词为单位对数据进行分析，这是 NLP 中最基本的工作。常见的词性标注和拼写校正任务就属于词法分析。句子分析就是以句子为单位的分析任务。语义分析就是通过对文本数据的分析，生成对应文本数据的语义信息的形式化表示，常见任务有词义消歧等。信息抽取是 NLP 任务中应用最广泛的一个，简单理解就是从非结构化的文本数据中抽取出用户所需的结构化信息。常见任务有命名实体消除、情感分析、实体消歧等。所谓顶层任务就是直接面向用户的任务，比如机器翻译或文本摘要，它需要多种任务结合生成对应的可以直接读取的输出结果。另外顶级任务还包括对话系统、阅读理解等。

NLP 机制涉及两个流程：自然语言理解和自然语言生成。我们都知道文本数据是非结构化语言，而计算机擅长处理的是结构化数据。所以在 NLP 机制中，计算机首先需要从非结构化数据中进行读取，转化成结构化数据，通过语法知识和规则进行理解，然后将结构化数据进行组合，生成通顺的非结构化文本。

NLP 的应用非常广泛，比如微博的热点推荐，就是通过用户对应的信息和经常浏览的信息进行情感分析，个性化推荐当前热点。另外邮件的垃圾分类、用户体验反馈等也都是通过自然语言处理技术实现的。

1.4.3 语音识别

我们的目标不仅仅是让计算机有"看"和"语言"的能力，还要让计算机拥有"听"和"说"的能力，因此还需要语音识别（Voice Recognition）。语音识别的目标是将一段自然语言通过声学信号的形式传给计算机，由计算机理解并且做出回应。语音识别系统主要包含特征提取、声学模型、语言模型、字典与解码 4 大部分。其中特征提取需要对采集的声音信号进行滤波、分帧等音频预处理工作，目的是将要进行分析的音频信号合适地从原始信号中提取出来。语音识别的过程可以概括如下：根据特征提取将声音信号从时域转换到频域，从而为声学模型提供合适的特征向量；再由声学模型根据特征向量来判断其属于哪个声学符号；然后利用语言模型来判断声学符号可能属于哪个词组序列；最后根据已有字典对词组序列进行解码，从而得到最后的文本表示。

在人机交互的过程当中，计算机除了能通过语音识别技术来"听懂"人们对它说的话，还需要能够将文本信息用人们能听懂的方式表达出来。在这样的需求下，语音合成技术应运而生。语音合成技术能够利用计算机等设备将文本信息转换为人们能听懂的音频数据，再通过语音的方式播放出来。

声纹识别是语音识别领域的又一个研究方向。与语音识别不同，声纹识别属于生物识别技术的一种，它根据语音波形中反映说话者生理和行为特征的语音参数，通过连接声纹数据库来鉴别人的身份。因此，声纹识别不注重语音信号的语义理解，而是从语音信号中提取个人声纹特征，并从中找出能够唯一辨别（声纹识别的理论基础是每一个声音都有自己的特征，该特征能将不同人的声音进行有效地区分）说话者身份特征的信息。

语音识别有很广阔的应用场景和发展空间，如：行车导航软件通过语音合成技术为司机指引道路、播报路况，人们甚至可以选择用自己喜欢的明星的声音来播报软件内容；智能家居系统利用语音合成技术能够实现与用户的实时交流，人们可以从智能家居的"嘴"中得知家中的一些基本情况，大大提高了生活质量；在智能教学领域，学生能够利用语音合成技术跟读单词、句子，语音辅导软件的出现大大方便了教学过程，提高了教学质量。

1.5 下一代人工智能

我们首先通过图 1-6 来回顾一下人工智能的发展历程。

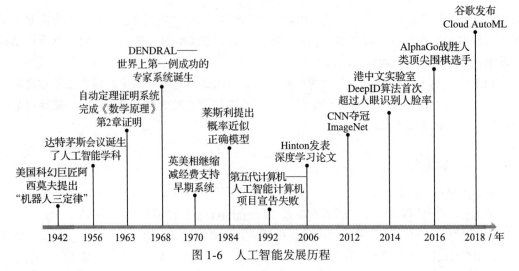

图 1-6　人工智能发展历程

到目前为止，人工智能按照总体向上的发展历程，可以大致分为 4 个发展阶段，分别为精耕细作的诞生期、急功近利的产业期、集腋成裘的爆发期，以及现在逐渐用 AutoML 来自动产生神经网络的未来发展期。早期由于受到计算机算力的限制，机器学习处于慢速发展阶段，人们更注重于将逻辑推理能力和人类总结的知识赋予计算机。但随着计算机硬件的发展，尤其是 GPU 在机器学习中的应用，计算机可以从海量的数据中学习各种数据特征，从而很好地完成人类分配给它的各种基本任务。此时，深度学习开始在语音、图像等领域大获成功，各种深度学习网络层出不穷，完成相关任务的准确率也不断提升。同时，深度学习神经网络朝着深度更深、结构更加巧妙复杂的方向推进，GPU 的研发与应用也随着神经网络对算力要求的不断提高而持续快速向前推进。图 1-7 展示了近年来主要神经网络的发展。

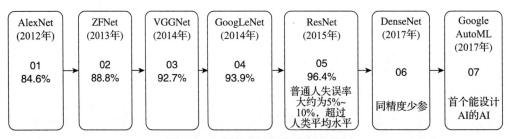

图 1-7　主要深度神经网络的发展

2012 年，AlexNet 为了充分利用多个 GPU 的算力，创新性地将深度神经网络设计成两部分，使网络可以在两个 GPU 上进行训练。2013 年，ZFNet 又进一步解决了 Feature Map 可视化的问题，将深度神经网络的理解推进了一大步。2014 年，VGGNet 通过进一步增加网络的深度而获得了更高的准确率；同年，GoogLeNet 的发明引入了重复模块 Inception Model，使得准确率进一步提升。而 2015 年 ResNet 将重复模块的思想更深层次地发展，从而获得了超越人类水平的分辨能力。这时，由于深度神经网络层数的不断加深，需要训练的参数过于庞大，为了在不牺牲精度的同时减少需要训练的参数个数，2017 年 DenceNet 应运而生。

随着深度神经网络的不断发展，各种模型和新颖模块的不断发明利用，人们逐渐意识到开发一种新的神经网络结构越来越费时费力，为什么不让机器自己在不断的学习过程中创造出新的神经网络呢？出于这个构思，2017 年 Google 推出了 AutoML——一个能自主设计深度神经网络的 AI 网络，紧接着在 2018 年 1 月发布第一个产品，并将它作为云服务开放出来，称为 Cloud AutoML。自此，人工智能又有了更进一步的发展，人们开始探索如何利用已有的机器学习知识和神经网络框架来让人工智能自主搭建适合业务场景的网络，人工智能的另一扇大门被打开。

1.6　参考文献

[1]　MCCARTHY J, MINSKY M L,ROCHESTER N, et al. A proposal for the Dartmouth summer research project on artificial intelligence[EB/OL]. (1955-08-31)[2019-05-30].https://www.aaai.org/ojs/index.php/aimagazine/article/view/1904.

[2]　MOORJ.The Dartmouth college artificial intelligence conference: the next fifty years[J]. AI Magazine,2006, 27(4): 87-89.

[3]　KLINE R. Cybernetics, automata studies and the Dartmouth conference on artificial intelligence[J]. IEEE Annals of the History of Computing, 2011, 33(4).

[4]　SOLOMONOFF R J. The time scale of artificial intelligence: reflections on social effects[J]. Human Systems Management, 1985, 5(2): 149-153.

[5]　MUEHLHAUSER L.Ben Goertzel on AGI as a field[EB/OL]. (2013-10-18) [2019-05-30].http://intelligence.org/2013/10/18/ben-goertzel/.

[6]　DVORSKY G. How much longer before our first AI catastrophe?[EB/OL]. (2013-04-01) [2019-05-30]. https://io9.gizmodo.com/howmuch-longer-before-our-first-ai-catastrophe-464043243.

[7]　KURZWEIL R. The singularity is near[M]//SANDLER R L. Ethics and emerging technologies. London:Palgrave Macmillan, 2014: 393-406.

[8]　CHALMERS D. The singularity: a philosophical analysis[J]. Journal of Consciousness Studies, 2010, 17(9-10): 7-65.

[9]　WEI L K. AI concepts in architectural design[C]//IOPscience. IOP conference series: materials science and engineering. Bristol:IOP Publishing, 2018, 392(6): 062016.

[10]　KRIZHEVSKY A, SUTSKEVER I, HINTON G E. ImageNet classification with deep convolutional neural networks[C]//NIPS. Advances in neural information processing systems 25. New York: Curran Associates, 2012: 1097-1105.

[11]　LONG J, SHELHAMER E, DARRELL T. Fully convolutional networks for semantic segmentation[C]//IEEE. Proceedings of the IEEE conference on computer vision and pattern recognition. Boston: IEEE, 2015: 3431-3440.

[12]　DEVLIN J, CHANG M W, LEE K, et al. Bert: Pre-training of deep bidirectional transformers for language understanding[J]. arXiv:1810.04805, 2018.

CHAPTER 2

第 2 章

自动化人工智能

我们在第 1 章主要概述了人工智能，并在 1.5 节中引出了 AutoML——自动化人工智能，本章将介绍 AutoML，包括 AutoML 的概述、发展、研究意义以及现有的 AutoML 平台和产品，其中还会穿插介绍一些平台的应用实例。本章只介绍概念性知识，关于 AutoML 的实际运用将在第二部分（第 3～6 章）和第三部分（第 7～13 章）详细展开。

2.1 AutoML 概述

传统的人工智能旨在使用机器帮助人类完成特定的任务，随着人工智能的发展，在计算机领域衍生出了机器学习。机器学习旨在通过计算机程序完成对数据的分析，从而得到对世界上某件事情的预测并做出决定。随着机器学习的不断发展，其复杂程度也在不断增高，如果还完全依靠人为规定，使计算机按照设定的规则运行，会耗费大量的人力资源。如果让计算机自己去学习和训练规则，是否能达到更好的效果呢？跟随这一意愿的提出，就出现了本书的核心思想——自动化人工智能，也就是所谓"AI 的 AI"。让 AI 去学习 AI，从而减少人工的参与，让机器完成更复杂的工作，这掀起了下一代人工智能的浪潮。

2.1.1 什么是自动化

在介绍自动化人工智能之前，先让我们了解一下什么是自动化。传统的自动化是指让机器等设备在没有人或者只有较少人参与的情况下，按照人的要求，完成一系列任务。自动化被广泛应用于各种行业，包括农业、工业、商业、医疗等领域。从 20 世纪 40 年代中期电子数字计算机的发明开始，数字程序控制便成为了一个新的发展方向。20 世纪 50 年代末期，微电子技术开始发展，1958 年出现晶体管计算机，1965 年出现集成电路计算机，

1971 年出现单片微处理器。微处理器的出现对控制技术产生了重大影响,控制工程师可以很方便地利用微处理器来实现各种复杂的控制,使综合自动化成为现实。

自动化的概念跟随时代变化不断发展。以前,自动化被认为是让机器代替人工操作、完成复杂的特定工作任务。后来随着电子和信息技术的发展,特别是随着计算机的出现和广泛应用,自动化的概念被认为是用机器(包括计算机)不仅要代替人的体力劳动,还要代替或辅助脑力劳动,以自动地完成特定的任务。

随着自动化的发展,各行各业对于自动化的需求不断增加,且对人工智能的普及和应用的要求也越来越高,成本、精确度、效率等都影响着人工智能在现实生活中的应用。在人工智能应用的快速增长中,为了提高其水平,出现了对机器学习的需求。

那么如何将自动化的思想应用到机器学习中呢?

2.1.2 AutoML 的起源与发展

AutoML(Automated Machine Learning,自动化机器学习),即一种将自动化和机器学习相结合的方式,是一个新的研究方向,它可以使计算机独立完成更复杂的任务,从而解放人类的双手。

在 AutoML 发展前,传统的机器学习需要经历数据预处理、特征选择、算法选择和配置等,而传统的深度学习则需要经历模型架构的设计和模型的训练。上述这些步骤都需要人工来操作,不仅耗时耗力,而且对专业人员的需求也比较大,结合现实生活中人们日益增长的需求,这限制了人工智能在其他领域的应用发展。

因此,出现了这样的想法:将机器学习中的数据预处理、特征选择、算法选择等步骤与深度学习中的模型架构设计和模型训练等步骤相结合,将其放在一个"黑箱"里,通过黑箱,我们只需要输入数据,就可以得到我们想要的预测结果。中间这个"黑箱"的运行过程,不需要人工的干预便可以自动完成,而这个自动化的系统就是我们这本书的重点——AutoML。

图 2-1 为 AutoML 的一个通用运行流程,也就是上面提到的,将所有运行流程都封装在一个"黑箱"中,我们只需要输入数据集,便可得到预测结果。

AutoML 主要关注两个方面——数据的获取和预测。目前已经出现了很多 AutoML 平台(见 2.3 节),用户在使用这些平台时,可以使用自己带的数据集,识别标签,从而得到一个经过充分训练且优化过的模型,并用该模型进行预测。大多数平台都会提示用户上传数据集,然后标记类别。在此之后,数据预处理、选择正确的算法、优化和超参数调整等步骤都是在服务器上自主进行的。最后,平台将公开一个可用于预测的 REST 端点。这种方法显著改变了训练机器学习模型中涉及的传统工作流。

一些 AutoML 平台还支持导出与运行 Android 或 iOS 的移动设备兼容的、经过充分训练的模型。开发人员可以快速地将模型与他们的移动应用程序整合在一起,而无须学习机器学习的基本知识。

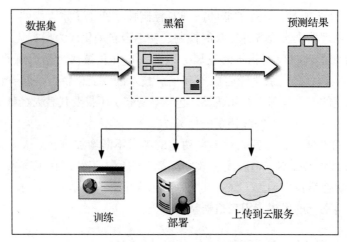

图 2-1　AutoML 通用流程

许多公司将 AutoML 作为一种服务提供给用户。Google Cloud AutoML、Microsoft Custom Vision 和 Clarifai 的图像识别服务都是早期的 AutoML 使用者。另外很多大公司内部也都有自己的平台，例如 Uber、OpenAI、DeepMind 等都在 NAS 任务上做研究。从发展趋势来看，AutoML 是未来人工智能发展的一个重要方向，但现阶段的研究成果成熟度和实际产品应用成熟度都存在巨大的提升空间。

AutoML 完全适合于认知 API 和定制机器学习平台。它提供了适当的定制级别，而非强制开发人员执行复杂的工作流。与以往被视为"黑箱"的认知 API 相比，AutoML 虽然公开了相同程度的灵活性，但是结合了自定义数据和可移植性。

随着每一个平台供应商都试图实现机器学习的大众化，AutoML 正在成为人工智能的未来。图 2-2 是基于 AutoML 平台所具有的功能，在 AutoML 平台上可以实现多个领域的融

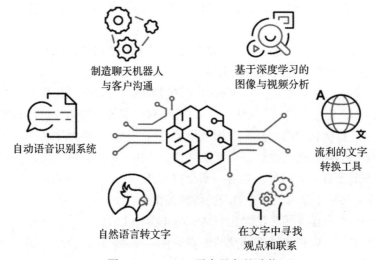

图 2-2　AutoML 平台具备的功能

合，既可以完成语音领域的任务，如自动语音识别系统、聊天机器人、文本语音系统；也可以完成声纹领域的任务，如声纹识别系统；还可以完成图像领域的任务，如计算机视觉、图像识别、目标检测等。

2.2 AutoML 的研究意义

2.2.1 AutoML 的研究动机

传统的机器学习在解决问题时，首先需要对问题进行定义，然后针对特定问题收集数据，由专家对数据特征进行标定、提取特征、选择特征，然后根据所选特征训练模型、对模型进行评估，最后部署到应用上，以解决最初提出的问题。其中数据收集、特征提取、特征选择、模型训练和模型评估的过程，是一个迭代的过程，需要反复进行、不断优化才能得到较优的模型。这个过程非常耗时费力，那么 AutoML 呢？AutoML 可以将传统机器学习中的迭代过程综合在一起，构建一个自动化的过程，实现自动特征工程、自动管道匹配、自动参数调整、自动模型选择等功能，从而减少时间和人力等资源的浪费。图 2-3 所示是传统机器学习和自动化机器学习的对比。

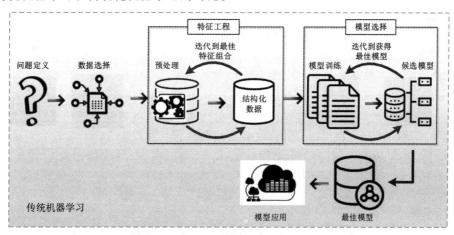

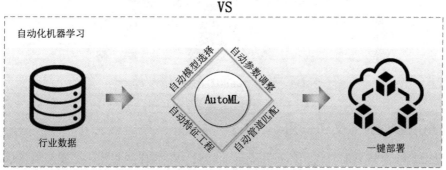

图 2-3 传统机器学习和自动化机器学习对比

（1）传统机器学习是一个烦琐且耗时的过程

传统的 AI 模型训练往往要经历特征分析、模型选择、调参、评估等步骤，这些步骤需要经历数月的时间，如果完全没经验，时间会更长。AutoML 虽然也需要经历这些步骤，但是通过自动化的方式，可以减少这些步骤的时间。选择怎样的参数，被选择的参数是否有价值或者模型有没有问题，如何优化模型，这些步骤在从前是需要依靠个人的经验、知识或者数学方法来判断的。而 AutoML 可以完全不用依赖经验，而是靠数学方法，由完整的数学推理的方式来证明。通过数据的分布和模型的性能，AutoML 会不断评估最优解的分布区间并对这个区间再次采样。所以可以在整个模型训练的过程中缩短时间，提升模型训练过程的效率。

（2）传统机器学习有一定难度，准入门槛高

模型训练的难度使得很多初学者望而却步，即使是数据专家也经常抱怨训练过程是多么令人沮丧和变化无常。没有经过一定时间的学习，用户很难掌握模型选择、参数调整等步骤。

AutoML 可以降低使用机器学习的门槛，它作为一个新的 AI 研究方法，将机器学习封装成云端产品，用户只需提供数据，系统即可完成深度学习模型的自动构建，从而实现自动化机器学习。

AutoML 将会成为机器学习发展的最终形态，即机器自己完成学习任务，这样基于计算机强大计算能力所获得的模型将优于人类对它定义的模型。从使用的角度来讲，必定会有更多非专业领域的人受益于 AutoML 的发展。

图 2-4 展示的是一个使用 AutoML 进行图片分类的简单问题。首先上传图片并对图片进行标注；接着被标注过的图片会输入到视觉处理系统中，由视觉处理系统根据上传的图片，对标注区域的特征进行提取，并进行特征的预处理，之后根据图片特征，自动构建神经网络结构并训练该模型；经过不断地评估和优化，最后得到一个预测模型。

图 2-4　使用 AutoML 进行图片分类

2.2.2　AutoML 的意义和作用

21 世纪是一个信息的时代，各行各业都面临着一个同样的问题，那就是需要从大量的信息中筛选出有用的信息并将其转化为价值。随着机器学习 2.0 的提出，自动化成为了未来

机器学习发展的一个方向。如图 2-5 所示，各行各业都涉及机器学习，机器学习已经融入我们生活的方方面面，比如金融、教育、医疗、信息产业等领域。

对于一个机器学习的新人来说，如果他想使用机器学习，则会遇到很多的障碍，也会受到很多的限制，例如：该怎样处理数据、如何选择模型、使用怎样的参数、模型效果不好该如何优化等。AutoML 使得机器学习大众化，让这些连专业术语都不懂的人，也可以使用机器学习。他们只需要提供数据，AutoML 便会自动得出最佳的解决方案。而对于有一定机器学习基础的人来说，则可以自己选择模型、参数，然后让 AutoML 帮助训练模型。

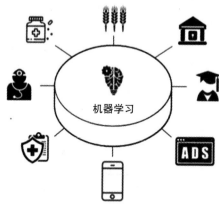

图 2-5　机器学习可赋能产业

AutoML 带来的不仅仅是自动化的算法选择、超参数优化和神经网络架构搜索，它还涉及机器学习过程的每一步。从数据预处理方面，如数据转换、数据校验、数据分割，到模型方面，如超参数优化、模型选择、集成学习、自动化特征工程等，都可以通过 AutoML 来完成，从而减少算法工程师的工作量，使他们的工作效率得到进一步提升。

图 2-6 所示为 2018 年各人工智能行业的资金投入量，其中机器学习领域的资金投入量最大，说明了机器学习对于现在的人工智能的重要性。在其他领域，自然语言处理、计算机视觉、智能机器人、语音识别等，资金投入量也不容小觑。AutoML 可以融合上述方面，实现自动化。目前，人工智能领域也确实是朝着这个方向发展，将各个行业融合在一起，只需要一个 AutoML 的服务器，即可实现各个领域的融合，方便用户的使用，使其更快地融入我们的现实生活，方便我们的生活。

（1）AutoML 解决了人工智能行业人才缺口的瓶颈

对于急速发展的人工智能领域来说，人才的培养显得有些不足。人工智能的发展时时刻刻都在变化，而培养一批该行业的专业人员通常需要几年的时间。以青年人群为例，从上大学开始，学校才会根据专业对他们进行培养。如果选择计算机专业，本科教育通常只会让他们了解到计算机的基础知识，使其具备基本的编程能力；通常到研究生阶段，才会接触到机器学习等复杂的人工智能。这就需要至少 6 年的时间才能培养出一批机器学习领域的从业人员。这样长的人才培养周期是无法跟上人工智能行业快速发展的脚步的，而 AutoML 就很好地解决了这一问题。AutoML 可以提供自动化的服务，对于曾经需要人工参与的数据处理、特征处理、特征选择、模型选择、模型参数的配置、模型训练和评估等方面，实现了全自动，仅凭机器就可以独立完成这一系列工作，不需要人工干预，从而减少了人力资源的浪费，解决了人才紧缺的问题。

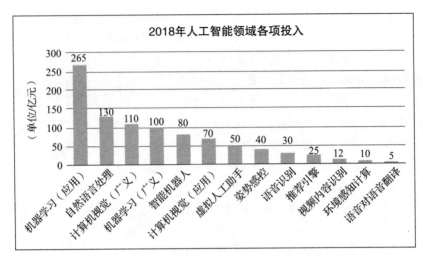

图 2-6   2018 年各人工智能行业资金投入量

但是，这就涉及另一个问题了，既然机器可以完成大部分的工作，是否会造成相关专业人员的失业问题呢？其实，这个答案必然是否定的，AutoML 可以解决人才紧缺的状况，但是并不代表它能取代专业人士。现有的 AutoML 平台虽然可以完成这些步骤的自动化处理，但是其中的规则仍然需要人工设定，也就是说，专业人士并不会面临失业的困境，而是要做更高端的工作。

（2）AutoML 可以降低机器学习的门槛，使 AI 平民化

前文已经提到过很多次，机器学习的自动化可以降低机器学习的入门门槛。无论是机器学习新人、机器学习行业从业者，还是机器学习行业专家，都可以很好地适应 AutoML，并使用它提供的服务。对于机器学习新人来说，只需要提供数据集上传至 AutoML 服务器，即可得到预测结果；对于机器学习行业的从业者而言，可以自主选择其中的参数；对于机器学习行业专家来说，可以在 AutoML 平台设置更多的参数，或者进一步研发 AutoML。

（3）AutoML 可以扩大 AI 应用普及率，促进传统行业变革

AutoML 可以涉及图像识别、翻译、自然语言处理等多种 AI 技术与产品。以自然语言处理为例，比如一个小的电商网站想对收集到的大量用户评价进行分析，了解这些评价是正面的还是负面的，以及提到了哪方面的问题。从前需要人工进行标注，现在用 AutoML 自然语言处理，就可以很简单地训练一个属于自己的模型，自动化地做标注和分析。

如今，AI 技术的普及和发展，使得各个行业都逐步意识到 AI 技术对于产业、产品方面的优化作用。但是，作为金融、制造、消费、医疗、教育等传统企业，从无到有应用 AI 的成本往往不低，使得很多企业虽然有着需求但对于应用 AI 望而却步。

AutoML 作为这类问题的解决方案，使得越来越多的科技企业开始研发 AutoML 平台，

目的就是为不懂技术的传统企业提供使用 AutoML 技术的捷径，从而达到人人皆可用 AI 的局面。AutoML 作为一个新的 AI 研究方法，扩展了 AI 研究能够到达的边界，然后又在其上构建了 AutoML 的应用平台及产品，让 AI 的应用得到了较为有效的扩展，让更多行业都可以用 AI 解决现实世界中的问题。

2.3　现有 AutoML 平台产品

2.3.1　谷歌 Cloud AutoML

1. 简介

Cloud AutoML（https://cloud.google.com/automl）是一套机器学习产品，通过利用 Google 最先进的元学习、迁移学习和神经架构搜索技术，使机器学习专业知识有限的开发人员也能根据业务需求训练高质量模型。Cloud AutoML 主要提供以下 3 个领域的 AutoML 服务：图像分类、文本分类以及机器翻译。在图像分类领域，谷歌提供了大量标注良好的人类图像供开发者使用，同时提供了标注工具允许开发者自行对图像进行标注。

2. 使用方式

谷歌 Cloud AutoML 系统提供了图像用户界面，以及 Python API、Java API 和 Node.js API 等使用方式。

首先来看看图形用户界面（见图 2-7），它按照数据准备、训练、评估、预测等步骤进行组织，使用者只需要按照规定执行一步就可以完成整个过程。

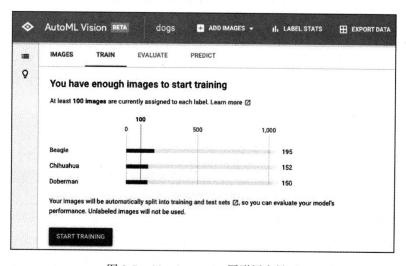

图 2-7　Cloud AutoML 图形用户界面

再来看看通过 API 的方式进行接口调用，以 Python 为例，如图 2-8 所示。

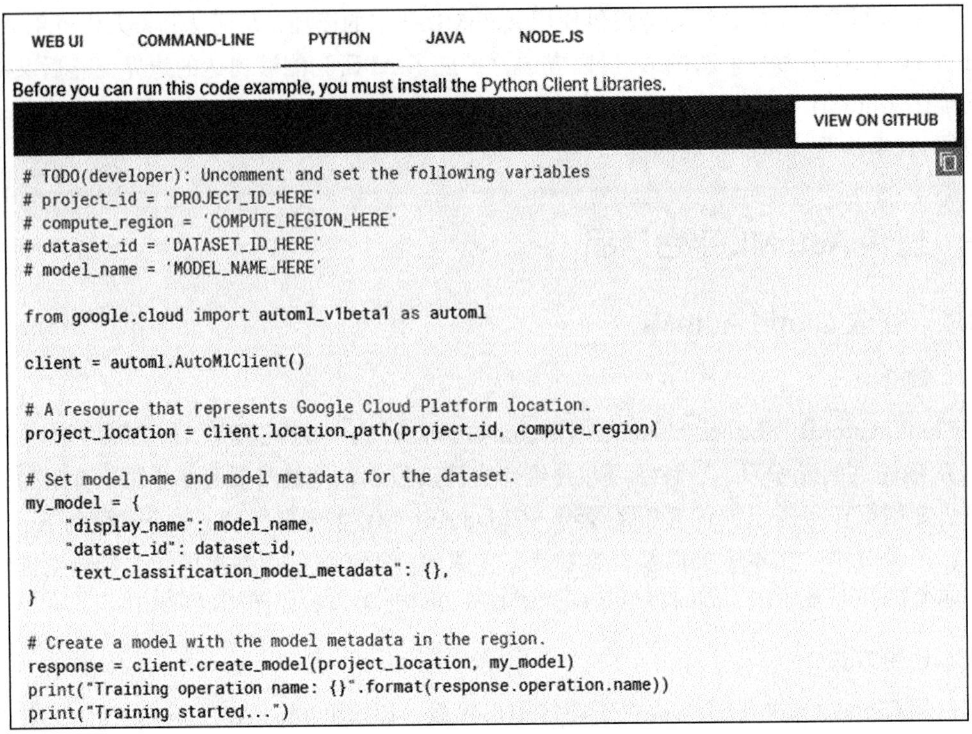

图 2-8　Cloud AutoML 的 API 调用

　　使用者可以根据自身的习惯和需要，选择图形界面方式或者 API 方式并使用自己熟悉的语言去完成整个流程，从而保证该平台的通用性。从这个角度而言，该平台既可以有效服务入门级使用者，也可以服务专家级算法工程师并与大型项目对接。

　　Cloud AutoML 中重要的一环 Cloud AutoML Vision 代表了深度学习去专业化的关键一步。企业不再需要招聘人工智能专家来训练深度学习模型，只需要有简单基础的人通过 Web 图像用户界面上传几十个示例图像，点击一个按钮即可完成整个深度神经网络的构建与训练，同时完成后可以立即部署于谷歌云上进入生产环境。

3. 迁移学习与元学习的运用

　　Cloud AutoML 利用了元学习与迁移学习。元学习与迁移学习可以有效利用过去的训练经验与训练数据，这意味着用户不再像过往那样需要提供海量的数据进行模型训练，而只需要提供较少的数据就可以完成一个图像分类器的训练并应用于特定场景。这背后是谷歌大量的基础训练数据源和训练经验与记录的支撑。

　　另外，迁移学习与元学习的应用涉及用户数据隐私与平台性能的权衡问题。如果 Cloud AutoML 可以将用户的数据与训练经验都积累起来并提供给其他用户使用，那么该平台的底层数据积累便会越来越雄厚，其使用效果也会越来越好。但是，大多数客户都不会希望自己的数据被泄漏，因此上述的美好愿景也不一定能实现。

2.3.2　百度 EasyDL

1. 简介

不同于传统意义上的 AutoML，EasyDL 是一个专门针对深度学习模型训练与发布的平台。在 EasyDL 之前，百度就已经有了深度学习计算引擎 PaddlePaddle。PaddlePaddle 是一个类似于谷歌 TensorFlow 的专业级计算平台，目标群体是有一定计算机与算法基础的专业 AI 算法工程师。

除此之外，百度还有百度 AI 开放平台，用户可以通过平台提供的 API 付费调用百度的 AI 算法能力实现自己的需求。但是 AI 开放平台的算法模型很多时候难以覆盖全部的场景，因此对于很多企业而言，还存在着大量等待被满足的定制化需求。

EasyDL 平台的出现是为了解决 AI 赋能行业的这个痛点，以一种便捷高效的方式满足这些定制化深度学习模型需求以及伴随而来的其他需求。用户上传自己的数据，在平台上进行数据标注、加工、训练、部署和服务，最终得到云端独立的 REST API 或一个离线 SDK，从而方便地将模型部署到自己的业务场景中。

目前该平台提供图像识别、文本分类、声音分类等服务分类（见图 2-9）。图像识别领域支持图像分类以及物体检测，文本分类领域支持广泛的文本分类，而声音分类领域提供音频定制化识别服务。

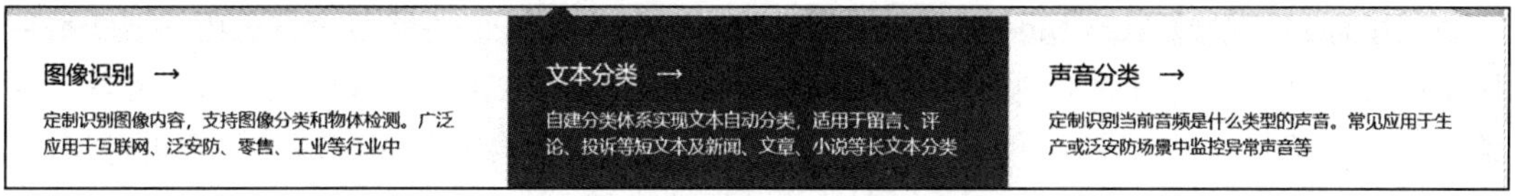

图像识别 →	文本分类 →	声音分类 →
定制识别图像内容，支持图像分类和物体检测。广泛应用于互联网、泛安防、零售、工业等行业中	自建分类体系实现文本自动分类，适用于留言、评论、投诉等短文本及新闻、文章、小说等长文本分类	定制识别当前音频是什么类型的声音。常见应用于生产或泛安防场景中监控异常声音等

图 2-9　EasyDL 的 3 个主要服务领域

目前 EasyDL 的各项定制能力在业内得到广泛应用，用户累计过万，在零售、安防、互联网内容审核、工业质检等数十个行业都有应用落地，并提升了这些行业的智能化水平和生产效率。

2. 使用方式

由于目标群体主要为没有相关专业知识但又想要利用 AI 进行行业赋能的外行使用者，EasyDL 提供了一个流水线式的可视化界面（见图 2-10）。其功能分为数据中心与模型中心：数据中心负责数据集的管理与标注，模型中心负责训练与部署。

使用者基本上无需机器学习的专业知识，只需要对过程有简单的了解，跟随界面的流程执行模型创建—数据上传—模型训练—模型发布等流程，中间的过程平台会通过迁移学习、自动化建模技术等方式完成。

3. 自动化建模技术

在自动化建模上，EasyDL 平台有两种不同的方法：一种是基于迁移学习的 Auto Model Search，另一种是基于神经架构搜索的模型自动生成方法。

图 2-10　EasyDL 的可视化界面

基于迁移学习的 Auto Model Search 方法是针对用户数据集的类型，在适用于该类型数据集的过去被证明优秀的预训练模型中进行搜索，如 Inception、ResNet、DenseNet 等，并结合不同的超参数组合进行训练与选择；每一个模型都会结合其配置的超参组合进行训练，这个过程可以通过百度的 workflow 等高性能底层计算平台进行并行加速。

对于某些对性能需求更高的用户而言，上述方式不一定能够把模型性能推到极致；因此还需要基于神经架构搜索 NASNet 的方法，该方法能够针对用户的数据集从零开始生成一个最适配的模型，从而确保性能可以达到最优，但是相对的计算成本也会更高；在本书的后续章节会对 NASNet 等神经架构搜索方法进行讲解。

这些过程都是在底层自动完成的，用户完全不需要操心中间的细节问题。

2.3.3　阿里云 PAI

1. 简介

阿里云机器学习 PAI（Platform of Artificial Intelligence）是一款一站式的机器学习平台，包含数据预处理、特征工程、常规机器学习算法、深度学习框架、模型的评估以及预测这一整套机器学习相关服务（见图 2-11）。

2. 面向大规模计算与多场景多业务的产品架构

PAI 包含数据预处理、特征工程、机器学习算法等基本组件；所有算法组件全部脱胎于阿里巴巴集团内部成熟的算法体系，经受过 PB 级别业务数据的锤炼。阿里巴巴内部的搜索系统、推荐系统、蚂蚁金服等项目在进行数据挖掘时，都是依赖机器学习平台产品。如图 2-12 所示，PAI 平台的业务十分广泛，支持多种计算框架。算法层不仅包含数据预处理、特征工程等基本算法，也涵盖各种机器学习算法、文本分析和关系网络分析等。

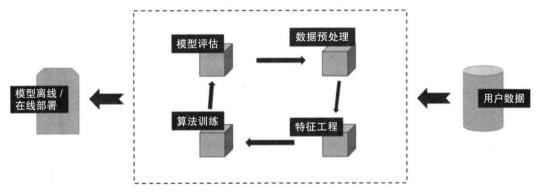

图 2-11　阿里云 PAI 工作流程图

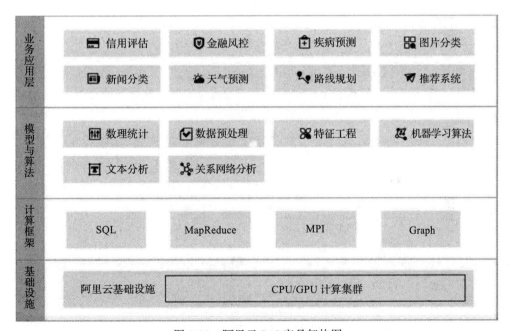

图 2-12　阿里云 PAI 产品架构图

3. 丰富的机器学习模块库

阿里云可以快速搭建数据预处理、特征工程、算法训练、模型预测和评估的整个链路，提供百余种机器学习算法组件，深耕深度学习计算架构，底层支持 GPU 分布式集群计算，功能可覆盖数据导入与处理、数据特征工程、机器学习深度学习、商品推荐、金融数据预测与风控、文本分析、统计分析、网络图分析等常见场景。

4. 拖曳式可视化建模——PAI Studio

PAI 提供了 3 种不同的模式：为新手设计的可视化 PAI Studio 模式、为高级使用者设计的 PAI Notebook 模式，以及专门针对生产部署的 PAI EAS 模式。

PAI Studio 可视化模式允许客户通过拖曳组件的方式完成整个机器学习的流程（见图 2-13），用户无须过多关注底层的代码和算法，简单使用与测试即可。

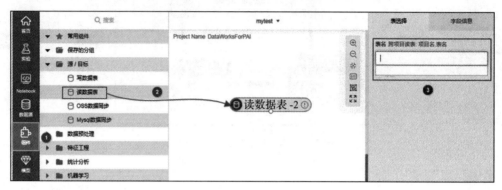

图 2-13　阿里云 PAI 拖曳式组件

数据导入：首先将数据存入阿里云的 MaxCompute 系统中，接着就可以轻松导入数据。

数据预处理与建模全流程：全流程都可以通过拖曳完成，拖曳后简单设置一下相应的参数与属性即可。图 2-14 是一个简单的建模流程示例。

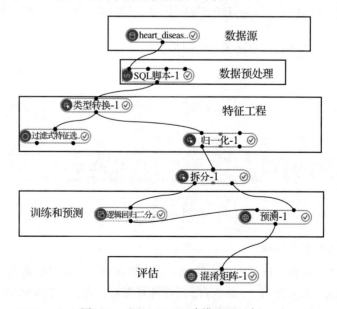

图 2-14　阿里云 PAI 建模流程示例

5. 工业级机器学习自动调参与部署服务

PAI 提供了从模型自动调参到一键部署，再到线上的流式计算服务等一条龙的工业级模型部署方案；打通了从模型调参到部署的环节，通过自动化的手段大幅提高各个环节与阶段的生产效率。

PAI-AutoML 支持几种调参方法，如自定义参数、网格搜索、随机搜索以及进化算法等，也支持不同情况下的调参需求。

PAI 自动调参功能能对于资深算法工程师以及入门者都有很大价值。针对入门用户，该类用户不清楚算法原理，因此无法高效调参，所以自动调参可以快速帮助这部分用户解决这个困扰。针对资深算法工程师，尽管其对于调参有一定经验，但是这种经验往往只能在大方向上指导调参，对于一些细节参数仍需要不断重复尝试，而自定义调参功能可以代替这部分重复性劳动。

在生成模型后，可以在 PAI 平台一键将模型发布成 API 服务。只要点击部署按钮，就会列出当前实验可部署的模型，选择需要的模型就可以一键完成部署，图 2-15 所示的是一个心脏病预测案例的模型在线部署示例。

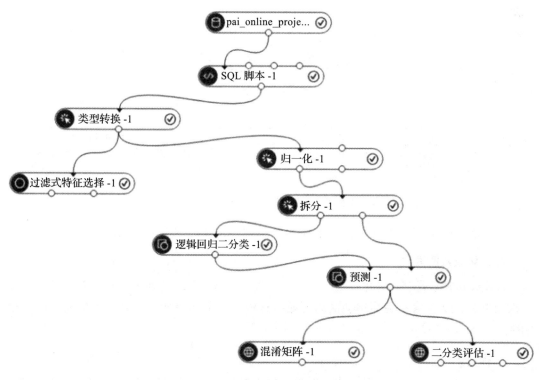

图 2-15　阿里云 PAI 模拟在线部署示例图

2.3.4 探智立方 DarwinML

1. 简介

探智立方是一家开发人工智能相关技术和解决方案的科技公司，公司主要基于 AutoML 理念，开发人工智能模型自动设计平台 DarwinML，降低人工智能的应用门槛，让各行业的 IT 人员、行业专家能更便捷地将人工智能相关技术落地于各种适合并需要的场景中，解决广大企业面临的人工智能人才及能力不足的问题。

DarwinML 是以机器学习及基因演化理论为基础的人工智能模型自动设计平台，是一种基于进化算法的神经架构搜索方法。谷歌在 2018 年发表的一篇基于进化算法的论文证明了采用进化算法也可以取得超越专家工程师的效果，本书后续章节也会有相关内容的介绍。

图 2-16 为探智立方的 roadmap 规划。

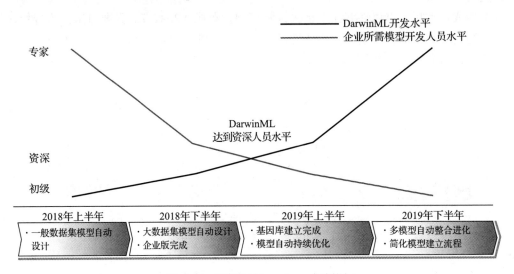

图 2-16　探智立方 roadmap 规划图

由于该公司没有 AI 开放平台与试用产品，因此无法提供使用调研信息。

2. 进化架构搜索

进化架构搜索是基于进化算法一代又一代进行搜索与升级的方法，如图 2-17 所示。每一次模型的生成都会从最简单的网络开始，逐渐通过交叉与变异等算子形成复杂的大型网络。

3. 统计进化

DarwinML 还采用了基于统计分析的进化算法的元学习思路，在不断的模型演化过程中，可以保存发现的好的模型基因和高效的模型演化路径形成基因库。有了这些经验与积累，平台的算法能力就会不断提高，进而提高模型演化的效率和演化出模型的质量。

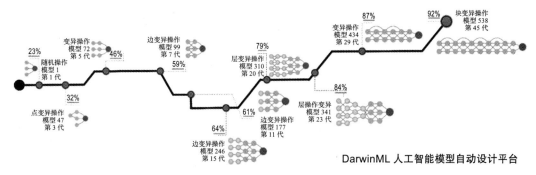

图 2-17   进化架构搜索图

2.3.5   第四范式 AI Prophet AutoML

1. 简介

AI Prophet AutoML 是一款覆盖了机器学习全流程的自动化产品，帮助企业低门槛、规模化拥有自主可控的 AI 能力，从而在广告营销、风险控制等高价值、高难度决策类场景中拥有出色的决策能力。AI Prophet AutoML 通过简洁、易理解、易操作的方式覆盖了从模型调研到应用的机器学习全流程，打通了机器学习的闭环。用户只需"手机行为数据、手机反馈数据、模型训练、模型应用"4 步，无须深入理解算法原理和技术细节，即可实现全流程、端到端的 AI 平台构建。在降低门槛的同时，其构建编码方式也与传统人工智能方法不同，AI Prophet AutoML 提供了"傻瓜式"的交互界面，即让企业免去编码定义建模的过程，将开发 AI 应用的周期从以半年为单位缩短至周级别。

2. 应用场景与数据处理

AI Prophet AutoML 还展现出了比较高的模型水准。在疾病预测、金融反欺诈、互联网推荐、广告营销、风险控制等高价值、高难度的决策类场景测试下，该平台做出了接近甚至超过顶级数据科学家的模型数倍的效果，让 AI 拥有出色的决策能力。另外，模型可一键上线，生成预测 API，也可根据需求自动上线。系统支持资源自动弹性伸缩。

在数据管理方面，该产品针对 AI 应用设计数据治理流程，包括数据自动推断、自动清洗、预处理、自动标记等，由此将数据分为行为数据与反馈数据的管理，更符合 AI 应用的场景，有目的性地让数据为 AI 服务。

在企业数据方面，从历史数据的利用到模型上线后新产生数据的自动回流，再到新数据的自动训练，一系列的过程使得企业数据变为活水，不断产生与使用，常用常新，越来越精准。如图 2-18 所示，是一个在线广告投放的案例，该企业的过程数据不仅可用于投放在线广告，还可以实现个性化推荐和实时反欺诈功能。

第四范式致力于提供通用的平台能力，降低 AI 应用的门槛，为企业打造一套自动化、流程化的工具。AutoML 平台，是第四范式在先知系统的基础上进一步降低企业 AI 落地应用门槛和TCO成本，拓展衍生平台专业应用能力和生态产业链的成果。

过程数据回收
请求
服务
正反馈
负反馈
在线广告
搜索
广告
点击
未点击
个性化推荐
访问
推荐
接受
拒绝
实时反欺诈
交易
授权
投诉
未投诉

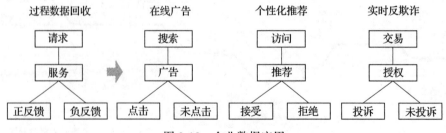

图2-18 企业数据应用

2.3.6 智易科技

1. 简介

智易科技通过一站式的AI研发与应用云服务平台，帮助零售、制造、金融、教育、医疗等各行各业的企业更加简单便捷地进行AI应用的开发与部署，低成本拥有人工智能，从而获得更大的商业价值。智易深思平台可以帮助任何企业用户快速开发出可应用与实际生产环境的AI模型，用户只需要将数据导入并选择预测目标，平台即可给出最优模型。如图2-19所示，深思平台定位零门槛和全程可视化的人工智能应用开发平台，用户不需要掌握任何AI相关的理论和知识，就可以轻松上手。

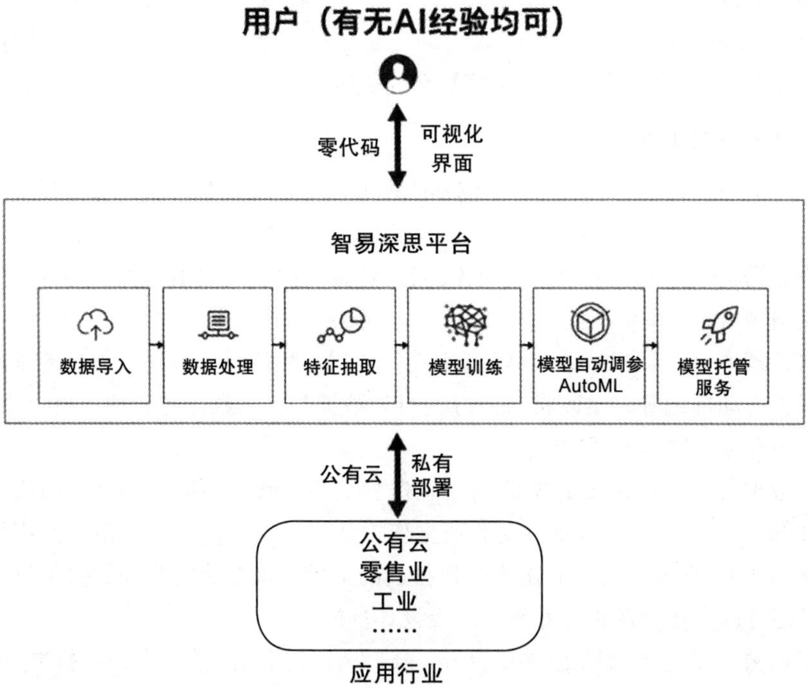

用户（有无AI经验均可）
零代码
可视化
界面
智易深思平台
数据导入
数据处理
特征抽取
模型训练
模型自动调参
AutoML
模型托管
服务
公有云
私有
部署
公有云
零售业
工业
……
应用行业

图2-19 智易深思平台架构图

2. 平台介绍

深思平台是一个庞大的系统集合，包括底层的分布式集群、云基础设施；上层的 AI 模型研发、分布式训练架构以及大数据引擎，如 Hadoop、Spark 等；同时拥有 ETL 层，可对数据进行处理，有可视化和 BI 等功能；并在面向前端用户时，搭建了基于浏览器的可视化操作页面，大幅降低了使用门槛。AutoML 是深思平台中的关键技术之一。目前，深思平台主要应用在金融业、零售业以及工业中，支持结构化数据和图像数据，可以帮助客户完成反欺诈、销量预测以及产品缺陷检测等一系列 AI 应用。平台具有应用门槛低、高度自动化的工具链、多场景模型训练支持、大规模的分布式系统管理等优点。

2.4　参考文献

[1]　OUELLETTE R. Automation impacts on industry [M]. Ann Arbor: Ann Arbor Science Publishers, 1983.

[2]　BENNETT S. A history of control engineering 1800-1930 [M]. Stevenage: Peter Peregrinus, 1979.

[3]　HUTTER F, CARUANA R, BARDENET R, et al [C].AutoML workshop @ ICML 2014, 2014.

[4]　YAO Q M, WANG M S, CHEN Y Q, et al. Taking human out of learning applications: a survey on automated machine learning [J]. arXiv:1810.13306, 2018.

[5]　SPARKS E R, TALWALKAR A, HAAS D, et al. Automating model search for large scale machine learning[C]//SIGMOD. 2015 ACM Symposium on Cloud Computing, New York: ACM, 2015: 368–380.

第 3 章

机器学习概述

机器学习（Machine Learning，ML）是实现人工智能的一种方法，它来源于早期的人工智能领域，是人工智能研究发展到一定阶段的必然产物。机器学习可以分为以支持向量机为代表的统计学习和以人工神经网络为代表的深度学习。统计学习模型参数往往是可解释的，而人工神经网络则是一个"黑箱"。

本章我们首先主要介绍统计机器学习，包括机器学习的发展和基本实现方法，然后引出自动化机器学习。

3.1 机器学习的发展

3.1.1 "机器学习"名字的由来

人工智能在 1956 年由约翰·麦卡锡（John McCarthy）首次定义，其含义是可以执行人类智能特征任务的机器。包括语言理解、物体识别、声音识别、学习和智能地解决人类问题等方面。人工智能可以从广义和狭义两个方面理解：广义是指人工智能是可以实现同等人类能力的计算机；狭义是指其可以做人类要求的特定任务，并且能够做得非常好，比如一台用来识别图像的机器就仅限于能够很好地识别图像，而不能做其他事情。

机器学习是人工智能的核心任务，阿瑟·塞缪尔（Arthur Samuel）将机器学习定义为"没有明确编程就能学习的能力"。虽然在不使用机器学习的情况下，就可以实现人工智能，但是这需要通过定义复杂的规则和决策树等方式来构建数百万行代码。因此，就出现了现在的机器学习算法，不需要通过手动编码和定义特定的指令来完成特定的任务，只需要以一种"训练"算法的方式让机器自己学习，并根据输入的数据进行自我调整和改进。

那么"机器学习"的名字是怎么来的呢？

1952 年，阿瑟·塞缪尔在 IBM 公司研制了一个西洋跳棋程序，塞缪尔自己并不是下西洋棋的高手，因此这个计算机程序的下棋能力很差，但是它具有自学习能力，可以通过自己对大量棋局的分析，逐渐学会如何分辨当前局面出的是"好棋"还是"坏棋"，从中不断积累经验和吸取教训，进而不断提高棋艺，最后竟然超过了塞缪尔本人。塞缪尔认为，在不使用具体的代码，只使用一定数量的训练数据和泛型编程的前提下，机器就可以从训练数据中学到赢棋的经验，这就是机器学习最初的定义。1961 年，"知识工程之父"爱德华·费根鲍姆（Edward Feigenbaum，1994 年图灵奖得主）为了编写其巨著《Computers and Thought》，邀请塞缪尔提供该程序最好的一个对弈实例。借此机会，塞缪尔向当时的康涅狄格州的跳棋冠军，也是全美排名第四的棋手发起挑战，最终塞缪尔的程序获得了胜利，轰动一时。

塞缪尔的这个跳棋程序不仅在人工智能领域成为经典，它还推动了整个计算机科学的发展进程。计算机刚出现的时候，只是被用来做大型计算的机器，不可能完成没有事先编好程序的任务，而塞缪尔的跳棋程序，打破了这种思想的禁锢，创造了不可能，从那以后，引领了新的计算机潮流，成为后人发展计算机的新方向。

3.1.2 "机器学习"的前世今生

20 世纪 50 年代到 70 年代初期，人工智能在此期间的研究被称为"推理期"，简单来说，人们认为只要赋予机器逻辑推理能力，机器就能具有智能。这一阶段的代表性工作有 A. Newell 和 H. Simonde 的"逻辑理论家"（Logic Theorist）程序，以及后来的"通用问题求解"（General Problem Solving）程序等，这些工作在当时获得了令人振奋的结果。"逻辑理论家"程序分别在 1952 年和 1963 年证明了著名数学家罗素和怀特海的名著《数学原理》中的 38 条定理和全部的 52 条定理。因此，A. Newell 和 H. Simonde 成为 1975 年图灵奖的获得者。随着研究的深入发展，机器仅仅具有逻辑推理能力是远远不够的，为了实现人工智能，机器必须要具有智能，也就是说，必须要想办法让机器拥有知识。

从 20 世纪 70 年代中期开始，人工智能的研究就进入了"知识期"。1965 年，Edward Feigenbaum 主持研制了世界上第一个专家系统"DENDRAL"，自此开始，一大批专家系统成为主流，它们也在很多应用领域取得了成功。因此，在 1994 年 Edward Feigenbaum 获得了图灵奖。但是，专家系统随着科学技术的进步，面临了"知识工程瓶颈"，最大的困境就是，由人把知识总结出来再教给计算机是相当困难的。那么，让机器自己学习知识，会不会成为可能呢？

答案是肯定的，有太多的事实已经证明机器是可以自己学习知识的，其中最早的是上文提到的塞缪尔的跳棋程序。到 20 世纪 50 年代中后期，出现了基于神经网络的"联结主义"（Connectionism）学习，代表作是 F. Rosenblatt 的感知机（Perceptron）、B. Widrow 的 Adaline 等。在 20 世纪六七十年代，多种学习技术得到了初步发展，基于逻辑表示的"符号主义"（Symbolism）学习逐渐发展，例如以决策理论为基础的统计学习技术以及强化学习技术等。二十多年后，"统计机器学习"（Statistical Learning）迅速崛起，代表性的技术有支持向量机（Support Vector Machine，SVM）等。

在过去的二十多年中，人类在收集数据、存储、传输、处理数据上的需求和能力得到了很大的提升。随着大数据时代的到来，人类社会无时无刻不在产生着数据，那么如何有效地对数据进行分析和利用，成为迫切需要解决的问题，而机器学习恰巧成为有效的解决方案。目前，在人类生活的各个领域，都可以看到机器学习的身影。无论是在复杂的人工智能领域，如自然语言处理、专家系统、模式识别、计算机视觉、智能机器人，还是在多媒体、网络通信、图形学、软件工程、医学领域，甚至是更常见的购物系统等，机器学习已然成为我们不可获取的一部分。

有关机器学习的介绍已经非常多了，在这里就不再赘述，我们接下来的讲述重点将放在机器学习的实现方法，还有为了解决现有机器学习的问题，而产生的自动化机器学习到底是什么吧。

3.1.3　"机器学习"的理论基础

在机器学习发展的过程中，逐渐分划成两条路线，这同时也影响了后来的自动化机器学习。一条路线是以 Barlow 为主导的单细胞学说，这个理论是说，一开始是从零基础开始的，一个单细胞逐渐发展生长出多个细胞，这也意味着神经细胞的结构可能会很复杂。而另一条路线是 Hebb 主张的，由多个相互关联的神经细胞集合体作为开始，称其为 ensemble，并不断通过改变细胞个数和细胞间的连接来发展神经细胞的结构。虽然这两种假设都有生物学证据的支持，但是至今没有生物学的定论，这也为计算机科学家们提供了想象的空间，也造就了后来机器学习发展过程的不同研究路线，并且这两种假设都对机器学习研究有相当重要的引导作用。

基于这两种假设，机器学习的发展历程被分为了两类，一类是以感知机、BP 和 SVM 等为主导的，另一类是以样条理论、K-近邻、符号机器学习、集群机器学习和流形机器学习等代表的。

本书中的重点——统计机器学习是近几年被广泛应用的机器学习方法。从广义上说，这是一类方法学。当我们从问题世界观测到一些数据，如果没有能力或者没有必要建立严格的物理模型时，可以使用数学方法从这些数据中推理出数学模型。注意，这里的数学模型一般是没有详细的物理解释的，不过会在输入输出的关系中反映实际问题，这就是我们开始提到的"黑箱"原理。一般来说，"黑箱"原理是基于统计方法的，统计机器学习的本质就是"黑箱"原理的延续。因此，统计机器学习主要关注的是数学方法的研究，而神经科学则被列为深度学习领域。

统计机器学习的基本要求是，假设同类数据具有一定的统计规律性。目标则是，从假设的空间中，也就是常说的模型空间，从输入空间到输出空间的映射空间中寻找一个最优的模型。综上，可以总结统计机器学习方法的主要研究问题，可分为如下 3 个：

1）模型假设：模型假设要解决的问题是如何将数据从输入空间转化到输出空间，通常用后验概率或是映射函数来解决。

2）模型选择：在模型的假设空间中，存在无穷多个满足假设的可选择模型，模型选择要解决的问题就是如何从模型假设空间中选择一个最优模型。通常采用损失函数来指定模型选择策略，将模型选择转化为一个最优化问题来求解。为了降低模型的复杂性，提高模型的泛化能力，避免过拟合的发生，通常会加上正则化项。

3）学习算法：既然已经将模型选择转化为一个最优化问题了，那么最优化问题该如何实现，这就是学习算法要解决的了。比如在给定损失函数后，并且在损失函数的约定条件下，怎样快速地找到最优解，常用的学习算法包括梯度下降等。

统计机器学习的这 3 个问题都是机器学习发展过程中的研究热点。对于模型假设来说，如果模型选择错误，那么无论如何都难以描述出数据集的正确分布特性。从而，在模型空间假设上，衍生出了很多方法，包括交叉验证等。模型选择的关键问题在于损失函数的设计，损失函数通常包括损失项和正则化项，不同的选择策略会造成不同的模型选择，而模型选择的不同，则会导致预测效果的巨大差异。对于学习算法来说，不同的学习算法，其学习的效率会有很大的差异，而且学习出来的效果也不一样。

统计机器学习是基于对数据的初步认识以及学习目的的分析（特征工程），选择合适的数学模型，拟定超参数，并输入样本数据，依据一定的策略，运用合适的学习算法对模型进行训练，最后运用训练好的模型对数据进行分析预测。具体流程如图 3-1 所示。

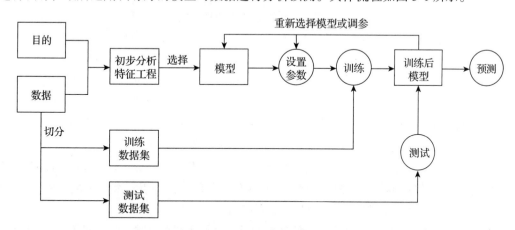

图 3-1　统计机器学习的流程图

根据图 3-1 中的流程和统计机器学习研究的 3 个主要问题，可以将统计机器学习总结为如下 3 个要素：

1）模型（model）：比如支持向量机、人工神经网络模型等。模型在未进行训练前，其可能的参数是多个甚至无穷的，故可能的模型也是多个甚至无穷的，这些模型构成的集合就是假设空间（hypothesis space）。

2）策略（strategy）：即从假设空间中挑选出参数最优的模型的准则。模型的分类或预测结果与实际情况的误差（损失函数）越小，模型就越好。

3）算法（algorithm）：即从假设空间中挑选模型的方法（等同于求解最佳的模型参数）。机器学习的参数求解通常都会转化为最优化问题，例如支持向量机实质上就是求解凸二次规划问题。

3.2 机器学习的实现方法

机器学习的核心是"使用算法解析数据，从中学习，然后对世界上的某件事情做出决定或预测"。这意味着，与其显式地编写程序来执行某些任务，不如教计算机如何开发一个算法来完成任务。机器学习主要可以分为 3 个类型：监督学习、非监督学习和强化学习。我们在这里仅介绍监督学习和非监督学习，强化学习的内容请参考第 9 章。

监督学习要求数据必须被标记过，计算机可以通过使用特定的模式来识别被标记的样本。监督学习可以分为两种类型：分类和回归。分类，即机器被训练来完成对一组数据进行特定的分类。生活中最常见的一种分类问题是垃圾邮件的分类。机器首先分析以前被用户标记为垃圾邮件的类型、特征等，然后将新邮件与这些曾被标记为垃圾邮件的邮件进行对比，根据设定的匹配度来做决定。假设将匹配度的阈值设为 90%，即表示匹配度大于或等于 90% 的邮件被分类为垃圾邮件，而匹配度小于 90% 的邮件被认为是正常邮件。回归，即机器根据先前（标记）的数据来预测未来。天气预测是最好的回归例子，根据气象事件的历史数据（平均气温、湿度和降水量）和当前天气的数据，对未来的天气进行预测。

无监督学习，其数据是不需要被标记的，在我们的现实世界中的数据大多数也都是不带标签的，标记数据会浪费大量的人力物力，因此这类算法是非常有用的。无监督学习主要分为聚类和降维。聚类是指，根据数据的特征和行为对象进行分组，这里说的分组与分类算法是不同的，分类算法的组是人为规定的，而聚类算法中的组，则是由计算机自定义的，不是人为规定。聚类，将一组数据划分成不同的子组，如年龄、性别这样的特性，然后再将其应用到特定问题中。降维，则是通过找到数据间的共同点，来减少数据集的变量，减少冗余的发生。降维也是后文将会提到的特征工程中的一个重要方面。

下面我们将逐一介绍机器学习中一些经典问题，分别是分类问题、回归问题和聚类问题。

3.2.1 分类问题

在机器学习中，最常见的问题就是分类问题了。所谓分类问题，就是对输入数据，进行分类。通常，将能够完成分类任务的算法，称为分类器（Classifier）。即找到一个函数判断输入数据所属的类别，可以是二分类问题（是或不是），也可以是多分类问题（在多个类别中判断输入数据具体属于哪一个类别）。分类问题的输出值是离散的，其输出结果是用来指定其属于哪个类别。

分类问题的求解过程可以分为以下 3 个步骤：

1）确定一个模型 $f(x)$，输入样本数据 x，最后输出其类别；

2）定义损失函数 $L(f)$；

3）找出使损失函数最小的那个最优函数。

通过这种方法，可以直接计算出寻找到的最优函数 $p(c|x)$，即样本 x 属于每个类别 c 的概率，这种方法被称为判别式（Discrimination）方法，因为其可以直接对样本所属类别进行判断，相应的模型也可以称为判别式模型。如果借助概率论的知识，分析每一类的特征，这样就可以将二分类问题应用到多分类问题中。以最简单的二分类为例，建模 $p(c|x)$，使用条件概率，进行如下转换：

$$p(c|x) = \frac{p(c,x)}{p(x)}$$

基于贝叶斯定理，$p(c|x)$ 被写为：

$$p(c|x) = \frac{p(x|c)p(c)}{p(x)}$$

对于给定的样本数据 x，$p(x)$ 与类别无关，因此只需要考虑 $p(x|c)$ 和 $p(c)$，这两个分布正好是每一类样本的特征，因此只对这两个分布进行研究。

$p(c)$ 是类先验概率，即在未知其他条件下对事件发生概率的表示，这个值是通过以往经验和分析（历史数据）得到的结果。根据大数定律，当训练样本中包含充足的独立同分布样本时，$p(c)$ 可以通过各类样本的出现频率进行估计；与类先验概率相对应的是类后验（Posterior）概率 $p(c|x)$，即需要建模的目标，表示在已知条件 x 下事件发生的概率。

$p(x|c)$ 是类条件（class-conditional）概率，即在某个特定类别下，样本 x 的发生概率。它是涉及关于样本 x 所有特征的联合概率，如果 x 有 d 个特征且取值均为二值，那么样本空间大小将是 $2d$，现实中训练样本的大小往往远小于这个值，因此通过频率估算 $p(x|c)$ 显然是不可行的，因为"未被观测到"不等于"出现概率为 0"。那么 $p(x|c)$ 就需要应用其他方法进行求解了，如高斯分布、极大似然估计、朴素贝叶斯分类等。

1. 高斯分布

通常，假定类条件概率 $p(x|c)$ 符合某种确定的概率分布，训练样本都是从这个分布中随机采样得到的，"未被采样到的点"也对应一个发生概率。某种确定的概率分布通常被假设为高斯分布（Gaussian Distribution），现在就需要根据训练样本确定高斯分布的参数。多元高斯分布的概率密度函数如下：

$$f_{\mu,\Sigma}(x) = \frac{1}{(2\pi)^{k/2}} \frac{1}{|\Sigma|^{1/2}} \exp\left\{-\frac{1}{2}(x-\mu)^{\mathrm{T}} \Sigma^{-1} (x-\mu)\right\}$$

其中 k 是 x 的维数，μ 是均值向量，Σ 是协方差矩阵，μ 决定了分布的最高点，Σ 决定了分布的形状。

2. 极大似然估计

任何一个高斯分布都可以采样出训练样本，但是分布的不同，采样出训练样本的可能性是不一样的，对给定 μ 和 Σ 采样出训练样本的可能性可以写作：

$$L(\mu, \Sigma) = \prod_{x \in D_c} p_{\mu, \Sigma}(x)$$

D_c 表示训练样本中属于类别 c 的样本数目。最大化上面的似然函数，找出的 μ 和 Σ 就是最佳参数。

$$\mu^*, \Sigma^* = \arg\max_{\mu, \Sigma} L(\mu, \Sigma)$$

该方法被称为最大似然估计（Maximum Likelihood Estimation，MLE），参数 μ 和 Σ 的最大似然估计为：

$$\mu^* = \frac{1}{|D_c|} \sum_{x \in D_c} x$$

$$\Sigma^* = \frac{1}{|D_c|} \sum_{x \in D_c} (x - \mu^*)(x - \mu^*)^{\mathrm{T}}$$

也就是说，最佳 μ^* 是样本均值，协方差矩阵是 $(x - \mu^*)(x - \mu^*)^{\mathrm{T}}$ 的均值。现在已经计算出每个类别的 $p(c)$ 和 $p(x|c)$，这样就可以选择 $p(x|c)p(c)$ 较大的那个类别作为 x 的类别。

3. 朴素贝叶斯分类

如果假设样本的所有特征值都是相互独立的，那么 $p(x|c)$ 可以写成：

$$p(x|c) = p(x_1|c)p(x_2|c)\cdots p(x_n|c) = \prod_{i=1}^{n} p(x_i|c)$$

其中，n 是特征数目，x_i 是第 i 个属性。同样可以假设每一维特征上的概率分布仍然服从高斯分布，此时的高斯分布是一个一维高斯分布，Σ 对应一个实值，组成协方差矩阵也只在对角线位置有值，进一步减少了参数数目，得到了更简单的模型。这样的模型被称作朴素贝叶斯分类器（Naive Bayes classifier，NB）。最后，对于样本分布不一定要选择高斯分布，例如如果是二值分布，可以假设符合伯努利分布，具体应用中要根据样本特点具体而定。

3.2.2 回归问题

回归（Regression）模型是指机器学习方法学到的函数的输出是连续实数值，它主要适用于预测问题，常见模型包括基础的线性回归模型和多项式回归模型。

线性回归

按照机器学习建模的 3 个步骤，首先需要确定选用的模型，基于问题我们很容易知道此处应使用线性回归（Linear Regression）模型，然后将其形式化表达：

$$h(x) = w_1 x_1 + w_2 x_2 + \cdots + w_n x_n + b$$

其中，$x_1, x_2, \cdots, x_n$ 是样本数据的 n 维特征描述，每一组 w 和 b 能确定一个不一样的 $h(x)$，w 和 b 的所有取值组合就构成了可选函数集合，而回归任务要做的就是如何从这个函数集合中选出"最好"的那个函数。

对于训练数据集 D 描述如下：

$$D = \left\{ (x^{(1)}, y^{(1)}), (x^{(2)}, y^{(2)}), \cdots, (x^{(m)}, y^{(m)}) \right\}$$

其中，$x^{(i)} = (x_1^{(i)}; x_2^{(i)}; \cdots; x_n^{(i)})$ 是样本的 n 维特征向量表示，$y^{(i)} \in \mathbb{R}$ 是样本标记。线性回归的目标是学到一个线性函数以尽可能准确地预测实值输出标记。

因此需要确定一个衡量标准，来度量一个函数的好坏，这就需要损失函数（Loss Function）。根据线性回归的目标，只需要度量 $h(x)$ 与 y 之间的差距，均方误差（Mean Square Error，MSE）是回归任务中最常用的损失函数。

$$L(h) = \sum_{i=1}^{m} (y^{(i)} - h(x^{(i)}))^2$$

3.2.3 聚类问题

常见的聚类问题的算法当属 k-means 算法了，k-means 算法的核心思想是簇识别。假定有一些数据，把相似数据归到一起，簇识别会告诉我们这些簇到底是什么。簇的个数是用户给定的，每一个簇都有一个"心脏"——聚类中心，也叫质心（centroid）。聚类与分类的最大不同是，分类的目标事先已知，而聚类则不知道分类标签是什么，只能根据相似度来给数据贴上不同的标签。相似度的度量最常用的是欧氏距离。k-means 算法的基本流程如下：

1）给定输入训练数据：

$$S = \{x^{(1)}, x^{(2)}, \cdots, x^{(m)}\}$$

2）随机选择初始的 k 个聚类中心：

$$\mu_1, \mu_2, \cdots, \mu_k \in \mathbb{R}^n$$

3）对每个样本数据，将其类别标号设为距离其最近的聚类中心的标号：

$$\text{label}^{(i)} = \arg \min_j \| x^{(i)} - \mu_j \|$$

4）将每个聚类中心的值更新为该类别所有样本的平均值：

$$\mu_j := \frac{\sum_{i=1}^{m} I\{\text{label}^{(i)} = j\} x^{(i)}}{\sum_{i=1}^{m} I\{\text{label}^{(i)} = j\}}$$

5）重复第 3 步与第 4 步，直到算法收敛为止，此时的聚类中心将不再移动。

k-means 算法的优化目标函数表示如下：

$$J(\text{label}, \mu) = \sum_{i=1}^{m} \| x^{(i)} - \mu_{\text{label}^{(i)}} \|^2$$

由于这个目标函数不是凸函数，因此不能保证算法会收敛到一个全局最优值，只能保证收敛到一个局部最优值。解决这个问题有两种方法：一是随机初始化多次，以最优的聚类结果为最终结果；二是二分 k-means 算法。

3.3   自动化机器学习

3.3.1   机器学习面临的问题

机器学习的步骤如图 3-2 所示，就一般情况而言，算法工程师的任务一般从特征工程开始。

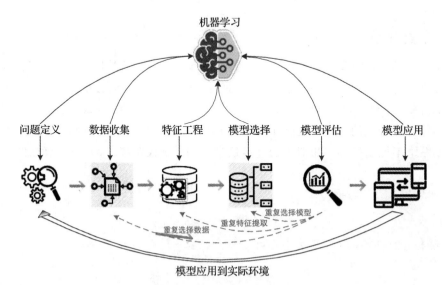

图 3-2   机器学习知识图谱

特征工程是数据分析中最耗费时间精力的一部分工作，它不像算法和模型是确定的步骤，而大多情况下要依靠算法工程师的个人经验来处理。这样的特征工程具有很强的不确定性，如漏选特征、选到了无效特征、忽略高级特征等。漏选特征会造成信息的缺失，使模型效果变差；而加入了无效特征会让模型变大，增加了不必要的计算量；高级特征需要通过一般特征的运算来得到。还有其他问题，如缺失值、离散特征连续化、归一化、标准化、数据清洗等。

而在模型选择阶段，也需要依靠算法工程师的经验来做，算法工程师通常是根据特征工程后的数据来进行选择。

之后会进行模型评估阶段，通过模型评估来决定模型是否能运用在实际生产中。如果模型未能通过评估，就需要重新返工，重新进行数据收集、特征工程、模型选择过程。这是相当耗费时间的工作并且需要十分丰富的经验。在实际生产中，大多数情况下可能并不能生成理想的模型，并且会耗费大量的时间。

3.3.2 为什么会产生 AutoML

为了解决上述问题而诞生了 AutoML，AutoML 试图将这些特征工程、模型选择以及参数优化等重要步骤进行自动化学习，使得机器学习模型无需人工参与即可被应用。

从前节可见，机器学习的泛化受到了诸多条件的制约，此时急需一种更加通用的方案来解决上述问题，这就产生了 AutoML。AutoML 是一个将从根本上改变基于机器学习解决方案现状的方案。

AutoML 是一个控制神经网络提出一个可以在特定任务上训练和评测性能的子模型架构，测试的结果会反馈给控制器，让控制器知道下一轮如何改进自己的模型。自动机器学习集中在以下两个方面：数据采集和模型预测。在这两个阶段之间所有发生的步骤将被自动机器学习抽象出来。实际上，用户只需要提供自己的数据集、标签并按下一个按钮来生成一个经过全面训练的和优化预测的模型。大多数平台都提示用户来上传数据集，然后对类别进行标记。之后，在数据预处理、模型选择、特征工程和超参数优化中涉及的大部分步骤将在后台进行处理。这种方法极大地改变了在训练机器学习模型中涉及的传统工作流。

AutoML 完全改变了整个机器学习领域的游戏规则，因为对于许多应用程序，不需要专业技能和知识。许多公司只需要深度网络来完成更简单的任务，例如图像分类。那么他们并不需要雇用一些人工智能专家，他们只需要能够数据组织好，然后交由 AutoML 来完成即可。

3.4 参考文献

[1] Samuel A L. Some Studies in Machine Learning Using the Game of Checkers. II -Recent Progress [M]//LEVY D. Computer games I. New York: Springer, 1988: 366-400.

[2] 李航 . 统计学习方法 [M]. 北京：清华大学出版社，2012.

[3] 周志华 . 机器学习 [M]. 北京：清华大学出版社，2016.

[4]   周志华 . 机器学习与数据挖掘 [J]. 中国计算机学会通讯，2007, 3(12): 35-44.

[5]   阿培丁 . 机器学习导论 [M]. 范明，昝红英，牛常勇，译 . 北京：机械工业出版社，2009.

[6]   ALPAYDIN E. Introduction to machine learning[M]. 3th ed. Cambridge, MA:MIT Press, 2014.

[7]   BISHOP C M. Pattern recognition and machine learning[M]. New York: Springer, 2006.

[8]   CARBONELL J G. Machine learning: paradigms and methods[M]. Amsterdam: Elsevier North-Holland, 1990.

[9]   DIETTERICH T G. Machine-learning research[J]. AI magazine, 1997, 18(4): 97-97.

[10]   RUMELHART D E, HINTON G E, WILLIAMS R J. Learning representations by back-propagating errors[J]. Cognitive modeling, 1988, 5(3): 1.

[11]   COVER T M, HART P E. Nearest neighbor pattern classification[J]. IEEE transactions on information theory, 1967, 13(1): 21-27.

[12]   DALAL N, TRIGGS B. Histograms of oriented gradients for human detection[C]//IEEE Computer Society. Proceedings of the 2005 IEEEconference on computer vision andpattern recognition. Washington, DC:IEEE Computer Society, 2005, 1: 886-893.

[13]   KAZEMI V, SULLIVAN J. One millisecond face alignment with an ensemble of regression trees[C]//IEEE Computer Society. Proceedings of the 2014 IEEE conference on computer vision and pattern recognition. Washington, DC:IEEE Computer Society, 2014: 1867-1874.

[14]   HAND D J, TILL R J. A simple generalisation of the area under the ROC curve for multiple class classification problems[J]. Machine learning, 2001, 45(2): 171-186.

第 4 章

自动化特征工程

第 3 章简单介绍了统计机器学习的知识，统计机器学习主要涉及 3 个方面的自动化实现，分别是特征工程、模型选择以及超参优化。接下来我们会依次介绍这些方法的自动化实现。本章主要介绍自动化特征工程，首先介绍特征工程的一些基本方法，然后引入特征工程的自动化方法以及现有的自动化特征工程的工具。

4.1 特征工程

在进行深度学习研究时，通常需要量级足够大的数据来对模型进行训练，而当数据的特征值非常多时，不论是从减少计算量的角度还是提升结果精度的目的出发，特征工程都是必要的。选择适合当前数据的特征工程方法，并构建符合当前问题的特征，使用这些特征进行训练，往往会得到好的模型训练效果。

4.1.1 什么是特征

特征是一个客体或一组客体特性的抽象结果。特征是用来描述概念的。任一客体或一组客体都具有众多特性，人们根据客体所共有的特性抽象出某一概念，该概念便成为特征。

通俗地说，当你走在路上，迎面走来一个熟人，是否戴眼镜、鼻子高低、头发长短、声线等都是他作为一个人的特征，而你的大脑也就会在潜意识里提取这些特征，从你脑子里所记得的所有熟人中把他辨认出来。其实这里除了特征，还涉及另一个专业名词——标签。在这个例子里，这个熟人的名字就是这组特征所对应的标签。

在深度学习领域，给定一个训练数据集，通常每一行代表的就是一个数据的给定特征，如表 4-1 所示，大小、甜度、单价等就是这些水果的特征。

表 4-1　数据的特征

品种	大小	甜度	单价（元 / 斤）	生长处	季节
苹果	中	适中	1.2	树上	春、夏、秋
西瓜	大	很甜	1.5	地上	夏
荔枝	小	很甜	15.0	树上	春、夏

4.1.2　什么是特征工程

数据决定了机器学习的上限，而算法只是尽可能逼近这个上限，这里的数据指的就是经过特征工程得到的数据。特征工程指的是把原始数据转变为模型的训练数据的过程，它的目的就是获取更好的训练数据特征，使得机器学习模型逼近这个上限。特征工程能使模型的性能得到提升，有时甚至在简单的模型上也能取得不错的效果。

表 4-1 中的水果数据由于特征量较少，且每个特征之间的关联度很小，因此特征工程在它上面的作用可能微不足道，然而对于特征量非常多且特征之间关系复杂而密切的数据集，特征工程通常直接地影响预测 / 分类结果。现在我们初步认识一下特征工程包括的操作类别。

（1）特征变换（feature transformation）

特征变换指的是使用数学映射从现有特征构建新特征。例如，在一组体检数据中，若提供了身高、体重等信息，想要判断受检者健康情况，单单把身高、体重两列数据不加处理地直接交给模型进行训练，训练结果就不够好。为什么呢？因为在大量数据中，身高处于 155～180cm，体重处于 45～80kg 的数据占大多数，模型对这个区间的数据训练得很好，但是对于区间之外的特例，由于数据量小，也就不足以达到良好的训练水平，最后预测的结果也会不够准确。但是如果能构建一个对所有身高量级的人都适用的"身高 / 体重比率"特征，那么对于特例，通过这个比率就可以更准确地得知他们的身高体重是否正常，这样添加 / 替换后的新特征值更能反映健康情况，就可以大大提升预测结果[⊖]。

（2）特征提取 / 构建（feature extraction/construction）

在机器学习的模式识别和图像处理中，特征提取就是从一组初始观测数据中提取出信息量高、冗余度低的派生特征集合，从而促进后续学习和泛化的步骤，并增强模型可解释性。特征提取是一个降维过程，原始特征集在保留信息准确性与完整性的前提下被简化为更易于理解与使用的特征集。例如，在图像分类问题中，通常需要将图片中的人物、动物、物体的轮廓等基本特征提取出来。目前这一部分的工作已经基本由自动化模式完成，后续我们将进行更详细的介绍。

　⊖　这里可以采用 BMI 指数。

（3）特征选择（feature selection）

特征选择通常包括去除无用变量、共线性变量等。例如，在一组体检数据中，如果有几列特征分别代表受检人姓名、编号、联系方式、住址等个人信息，这些数据就是对于模型的训练是没有任何作用的无用变量，为了提升训练效率可以直接将这些特征删除，换句话说，就是将其他有用的特征提取出来。共线性变量顾名思义就是线性相关性很强的变量。例如：在同一个产品的销售员销售记录中，销售量和销售额就是完全线性的（产品单价相同），二者只需取其一。不然在后续模型训练中线性回归会不稳定，系数也会失去解释性。

（4）特征分析与评估（feature evaluation）

顾名思义，特征分析与评估就是对特征的"有用程度"进行评估。在上文中我们举的例子都是根据常识对特征进行转换、提取等操作。而在实际的研究过程中，特征多而杂，特征名称并不总是我们所熟知的一些生活名词，这种情况下就要用更科学的方式来量化特征的重要程度或特征间的相关性。一般情况下是复杂度与性能的权衡，复杂度通过特征的维数度量，性能度量则常用 AUC、loss、accuracy 表示等。

4.2 特征工程处理方法

在 4.1 节中我们已经初步介绍了特征工程的几种处理方式以及使用场景，本节我们将对几个常用处理方式进行详细介绍。

4.2.1 特征选择

做特征工程的第一步，我们需要选择有意义的特征输入机器学习的算法和模型进行训练。它关系到机器学习模型的上限，原则上是不能错过一个可能有用的特征，也不能滥用特征。通常来说，从两个方面考虑来选择特征：

❑ 选择合适的特征：做特征工程最重要的是要考虑到实际问题，根据业务去寻找最适合解决问题的特征。

❑ 寻找高级特征：除了从原始数据中提取特征，还可以根据实际需求拿一级特征合成高级特征，高级特征的优化能提高模型的性能。

特征选择的方法一般分为如下 3 类：

❑ 过滤法（Filter）：按照发散性或者相关性对各个特征进行评分，设定阈值或者待选择阈值的个数来选择特征。简单地说，就是选择某一标准对现有的所有特征进行评分，设置某一"及格线"后，高于线的特征留下，低于线的特征剔除。

❑ 包装法（Wrapper）：包装法的解决思路没有过滤法直接，它会选择一个目标函数来一步步地筛选特征，最常用的包装法是通过递归的方式消除特征。递归消除特征法使用一个机器学习模型来进行多轮训练，每轮训练后，消除若干权值系数的对应的特征，再基于新的特征集进行下一轮训练。相比过滤法，它的结果更加科学，但计算量也更大。

❑ 嵌入法（Embedded）：是先使用某些机器学习的算法和模型进行训练，得到各个特征的权值系数，根据系数从大到小选择特征。与前两个方法相比较，嵌入法类似于过滤法，但是是通过训练来确定特征的优劣。而嵌入法和包装法的区别是，尽管二者都是用机器学习的方法来选择特征，但是嵌入法不是通过不停地筛掉特征来进行训练，而是使用特征全集。

图 4-1 是上述 3 种方法的流程图。

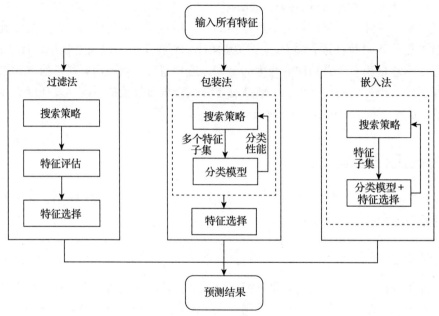

图 4-1　特征选择的 3 种方法

在我们拿到已有的特征后，我们还可以根据需要寻找到更多的高级特征。比如有车的路程特征和时间间隔特征，我们就可以得到车的平均速度这个二级特征。根据车的速度特征，我们就可以得到车的加速度这个三级特征。也就是说，高级特征可以一直寻找下去。高级特征的合成方法一般有以下 4 种，我们用 4.1.2 节中的特征选择的销售数据为例进行解释。

❑ 低级特征相加：假设你希望根据每日销售额得到一周销售额的特征。你可以将最近 7 天的销售额相加得到。

❑ 低级特征之差：假设你已经拥有每周销售额以及每月销售额两项特征，可以求一周前一月内的销售额。

❑ 低级特征相乘：假设你有商品价格和商品销量的特征，那么就可以得到销售额的特征。

❑ 低级特征相除：假设你有每个用户的销售额和购买的商品件数，那么就可以得到该用户平均每件商品的销售额。

当然，寻找高级特征的方法远不止于此，它需要你根据你的业务和模型需要而得，并不是随便的两两组合就可以形成高级特征，这样容易导致特征爆炸，反而没有办法得到较好的模型。

4.2.2　数据预处理

通过特征提取，我们能得到未经处理的特征，这时的特征可能有以下问题：

❑ 不属于同一量纲：即特征的规格不一样，不能够放在一起比较。比如身高（cm）数据通常大于100，而体重（kg）数据通常小于100。无量纲化可以解决这一问题，最典型的就是0-1标准化和Z-score标准化，这两者也是最常用的。0-1标准化就是对原始数据进行线性变换，使结果落到[0,1]区间，这种方法有一个缺陷，就是当有新数据加入时，可能导致原数据集中的最大值和最小值发生变化，而需要重新定义。Z-score标准化就是将数据处理后使其符合标准正态分布，即为均值为0、标准差为1的正态分布。

❑ 信息冗余：对于某些定量特征，其包含的有效信息为区间划分，比如学习成绩。假若只关心"及格"或"不及格"，那么需要将定量的考分，转换成"1"和"0"表示及格和未及格。二值化可以解决这一问题。

❑ 定性特征不能直接使用：某些机器学习算法和模型只能接受定量特征的输入，这就需要将定性特征转换为定量特征。最简单的方式是为每一种定性值指定一个定量值，但是这种方式过于灵活，增加了调参的工作。通常使用OneHot编码的方式将定性特征转换为定量特征：假设有N种定性值，则将这一个特征扩展为N种特征，当原始特征值为第i种定性值时，第i个扩展特征赋值为1，其他扩展特征赋值为0。如果你觉得上述文字难以理解，表4-2和表4-3可以比较简单地解释OneHot编码法的处理方式。

表 4-2　未处理的原数据集

球　员	特　征　1	特　征　2	国　籍
球员 1	…	…	中国
球员 2	…	…	美国
球员 3	…	…	英国

表 4-3　OneHot 处理后的数据集

球　员	特　征　1	特　征　2	国籍（中国）	国籍（美国）	国籍（英国）
球员 1	…	…	1	0	0
球员 2	…	…	0	1	0
球员 3	…	…	0	0	1

假设数据集中"国籍"这一特征需要进行特征扩展，且该特征只有中国、美国、英国这 3 类，那么就可以通过 OneHot 编码将原数据（字符串）转换成如上 0-1 型数据，处理过程包括以下几个操作：

❑ 存在缺失值：现实世界中的数据往往非常杂乱，未经处理的原始数据中某些属性数据缺失是经常出现的情况，因此缺失值需要补充。常见的处理方式有列平均值填充、列加权平均值填充等。

❑ 异常特征样本清洗：在实际项目中，拿到的数据通常有不少的异常数据，如果不剔除掉这些异常数据则会对算法模型的准确率造成很大的影响。一般有两种方法来筛选异常数据：1）聚类，比如可以用 k-means 聚类将训练样本分成若干个簇，如果某一个簇里的样本数很少，而且簇质心和其他所有的簇都很远，那么这个簇里面的样本极有可能是异常特征样本了；2）异常点检测方法，一般是使用 iForest 或者 one class SVM，使用异常点检测的机器学习算法来过滤所有的异常点。

❑ 处理不平衡的数据：这主要是因为数据集中各个类别的样本分布不一致，如果不考虑数据不平衡的问题，会影响模型的准确率。一般有两种方法处理：权重法和采样法。权重法是比较简单的方法，对训练集里的每个类别加一个权重。如果该类别的样本数多，那么它的权重就低，反之权重就高。采样法有两种思路，一种是对类别样本数多的样本做子采样，第二种思路是对类别样本数少的样本做子采样。

4.2.3 特征压缩

当特征处理完成后，虽然可以直接训练模型了，但是可能由于特征矩阵过大，导致计算量大，出现训练时间长的问题，因此对特征进行压缩可以有效解决训练时间过长的问题。特征压缩最直接的方法就是特征降维，常见的降维方法主要是主成分分析法（PCA）和线性判别分析（LDA），线性判别分析本身也是一个分类模型。PCA 和 LDA 有很多的相似点，其本质是要将原始的样本映射到维度更低的样本空间中。但是在具体操作和操作目的上两者存在着一些差异，下面进行详细介绍。

（1）PCA 主成分分析

PCA 的工作就是从原始的空间中顺序寻找一组相互正交的坐标轴，新的坐标轴的选择与数据本身是密切相关的。其中，第一个新坐标轴选择的是原始数据中方差最大的方向，第二个新坐标轴选取的是与第一个坐标轴正交的平面中方差最大的，第三个轴这样的是与第 1、2 个轴正交的平面中方差最大的。依次类推，可以得到 n 个这样的坐标轴。通过这种方式获得新的坐标轴后，我们发现，大部分方差都包含在前面 k 个坐标轴中，后面的坐标轴所含的方差几乎为 0。于是，我们可以忽略余下的坐标轴，只保留前面 k 个含有绝大部分方差的坐标轴。

那么我们如何得到这些包含最大差异性的主成分方向呢？

事实上，通过计算数据矩阵的协方差矩阵，然后得到协方差矩阵的特征值特征向量，选择特征值最大（即方差最大）的 k 个特征所对应的特征向量组成的矩阵。这样就可以将数据矩阵转换到新的空间中，实现数据特征的降维。

图 4-2 给出较为简明的操作过程。

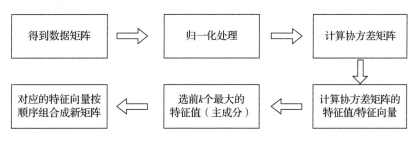

图 4-2　主成分分析示意图

（2）LDA 线性判别分析

由于 LDA 的计算过程中涉及甚多复杂的数学公式，在此就不做过多介绍了。LDA 的原理是将带上标签的数据（点），通过投影的方法，投影到维度更低的空间，使得投影后的点，会形成按类别区分，相同类别的点将会在投影后更接近，不同类别的点距离较远。而我们在构建 LDA 时的目的就是要找到这样一个投影函数，它能够使不同类的点在投影后，在新的空间内的距离尽可能地远。

PCA 和 LDA 虽然都用到数据降维的思想，但是监督方式不一样，目的也不一样。PCA 是为了去除原始数据集中冗余的维度，让投影子空间的各个维度的方差尽可能大，也就是余下的特征要尽可能不相似。LDA 是通过数据降维找到那些具有区分度的维度，使得原始数据在这些维度上的投影，不同的类别尽可能区分开来。如果你想通过一种最简单的方式判断在什么场合用哪种方法，就看这是一个无监督式学习（数据无标签）还是有监督式学习（数据有标签），PCA 用于无监督降维，LDA 用于有监督降维。

（3）ICA 独立成分分析

PCA 特征转换降维，提取的是不相关的部分，ICA 独立成分分析，获得的是相互独立的属性。ICA 算法本质是寻找一个线性变换 $z = Wx$，使得 z 的各个特征分量之间的独立性最大。ICA 相比于 PCA 更能刻画变量的随机统计特性，且能抑制噪声。

4.3　手工特征工程存在的问题

在机器学习发展初期，相关研究者都是通过常识、观察或者简单的可视化工作来确定特征工程的内容，并通过 Excel 或者编程软件编写代码对数据进行特征工程。手工特征工程存在以下问题（见图 4-3）：

1）效率低下，花费的时间长。"效率低下"都不足以形容手动特征工程的低效。对于手动特征工程，最终每个特征花费将超过十几分钟，因为使用的是传统方法，一次只能建立一个特征。

2）可移植性差，手工建立的特征工程只适合特定问题，例如写了几个小时的代码都不能应用于任何其他问题。

3）手工设计特征受到人类创造力和耐心的限制：我们只能建立能想到的特征，而且用来建立特征的时间也是有限的。

自动化特征工程的意义是通过在一组相关表中使用可应用于所有问题的代码，自动构建数百个有用特征，来超越这些限制。

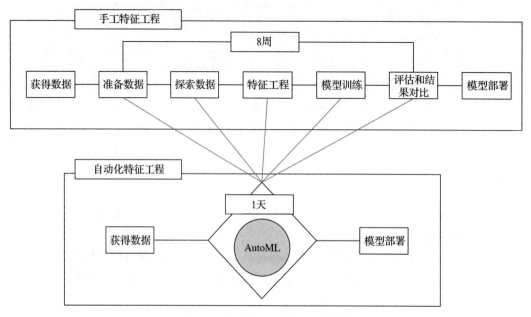

图 4-3   手工特征工程存在的问题

4.4   自动化特征工程

前面已经介绍了特征工程，其中包括特征选择、特征预处理和特征压缩 3 个大模块，这些处理步骤中往往包含很多的方法，例如如何为数据选择适合的方法，如何通过数据构造新特征，这些问题都是传统特征工程所面临的困境，传统的特征工程效率低下，可移植性差，往往手工建立的特征只适合于特定的问题。因此自动化特征工程则是从数据中自动构建新的候选特征，并选择最佳的特征进行模型的训练，其意义在于可以超越传统特征工程中面临的困境。

4.4.1   什么是自动化特征工程

随着人工智能的发展，人类希望可以通过人工智能，从机械而烦琐的工作中解放出来。

有人说，在机器学习的任务中，特征工程占 80%，而模型训练只占 20%，因此如果让特征工程也实现自动化，则可以在很大程度上提高机器学习的效率。

目前在现实世界中，需要从大量的数据中获取信息，实现分类和预测等问题，仍然依赖于人的经验来完成"特征工程"的工作。特征工程是一项庞大且耗时的工作，其中涉及了特征选择、数据预处理、特征压缩等多方面的机器学习知识，以及需要对此业务工作有一定的了解，但该领域匮乏的人才很难与大数据的快速发展相匹配，因此自动化特征工程就成为了必要的发展趋势，既可以解决人才匮乏的困境，也可以提高实现特征工程的效率等。

特征是从数据中抽取出来对最终结果的预测有帮助的信息，特征工程则是特征在机器学习问题中使其算法和模型可以发挥更好的过程，该过程通常需要数据科学家根据经验找出最佳的特征组合形式，因人的能力有限，所以找到的特征组合往往也不够全面，造成了效果和效率的局限性。而自动化特征工程可以根据数据特征进行自动组合，有效地解决了人为组合特征不全面和耗时的问题。

基于上述背景介绍，特征工程是一个与具体场景绑定的事情，因此自动化特征工程应该是一件根据模型选择数据类型等背景信息并进行自动化的工作。如果把自动化理解为不需要人工参与设计，那么实现自动化的方式多种多样，最简单的方式为遍历搜索，通过计算机遍历所有的可能组合也是一种自动化；通过模型的方法去完成同样是一种自动化，如通过神经网络自动完成图像与文本等的特征工程。

因此，可以把自动化特征工程定义为如何根据具体场景去自动构建流程，而无需人工参与完成特征工程的一种方法。

4.4.2　机器学习和深度学习的特征工程

对于数据挖掘类的问题，如果使用机器学习方法，那么就需要提前做大量的特征工程工作，特征工程是将数据中计算机无法识别的非数字量转化为数字量的过程，所以特征工程的好坏会在很大程度上影响训练的效果。正如前文所述，特征和数据决定了机器学习的上限，而模型和算法只是尽可能逼近这个上限。特征工程属于数据科学的一种，它和机器学习以及深度学习的关系如图 4-4 所示。

如果使用深度学习去解决这个问题的话，那么特征工程就没有那么重要了，其只需要对特征做一些预处理就可以了，因为深度学习可以自动完成传统机器学习算法中需要特征工程才能实现的任务，特别是在图像和声音数据的处理过程中。但是深度学习的模型结构往往都会比较复杂，训练起来较为麻烦；此外，虽然深度学习可以省去特征工程这一

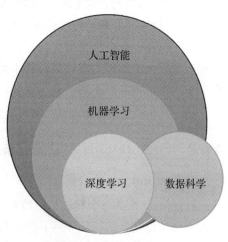

图 4-4　数据相关学科关系

个步骤，但也失去了对特征的认识，也就不知道哪些特征相对比较重要。那么如何从这两种方法中进行选择呢？

一方面是查看数据的大小，深度学习在处理较大数据集的时候会具有优势，而机器学习在处理非大样本数据集时会有更好的泛化能力；另一方面是从对结果的可解释性考虑，可解释性指的是输出结果产生的原因，在这一点上，机器学习拥有更好的可解释性。深度学习在图像处理、自然语言处理方面比较有优势，而机器学习在量化系统、推荐系统、广告推荐等方面有优势。

4.5 自动化特征工程生成方法

下面主要介绍 3 种自动化特征工程的生成方法，分别是深度特征合成算法、FeatureTools 自动特征提取以及基于时序特征的自动化特征工程。

4.5.1 深度特征合成算法

深度特征合成（Deep Feature Synthesis，DFS）是一种用于对关系数据和时间数据执行特征工程的自动方法。深度特征合成并不是通过深度学习生成特征，而是通过多重的特征叠加，一个特征的深度是构建这个特征所用到的基元的个数。关于 DFS 有如下 3 个关键的概念：

1）特征主要来源是数据集中数据点之间的关系。数据库多表数据和日志文件的事物数据等关系数据集是企业中最常见的数据类型，而处理关系型数据也是数据处理的主要部分。DFS 也擅长针对这一类数据实施特征工程。

2）对于不同的数据集，许多特征的构建是通过相似的数学运算得到的。例如对某公司的购买记录数据集进行分析，可以挖掘出用户的最大金额交易。对于其他数据集，例如航班数据集，我们可以通过相同的数学运算，挖掘出航班最长等待时间。不同的数据集尽管描述各不相同，但可以对数值列表采用相同的数据操作。这些操作与数据本身无关，所以称之为"基元"。

3）新的特征是基于先前获取的特征构建的。基元定义了数据的输入和输出类型，通过特征基元组合，可以构建出更为复杂且有效的特征。使用基元的另一个好处在于，基元可以通过参数化的操作生成许多意想不到的有趣特征，如果要添加新的基元，DFS 会自动与现有基元进行组合，不需要人工设置。这是因为基元是独立于特定数据集的，只要数据类型相同，基元就可以进行自动组合。

4.5.2 Featuretools 自动特征提取

1. Featuretools 库介绍

Featuretools 是一个自动执行特征工程的开源库，它可以提高特征工程的效率，采用客观的方法来创建新的特征并将其用于机器学习的任务。Featuretools 将深度特征合成算法作为库的核心内容，以特征基元作为基本操作，通过叠加基元操作得到新的特征。

2. Featuretools 库使用规则

Featuretools 是基于数据实体和实体时间的关系，基于 DFS 算法使用特征基元等操作来实现自动化的特征提取。

（1）实体和实体集

一个实体集（entity set）是实体（entity）和实体之间关系（relationship）的集合，在 Featuretools 中，实体集有利于准备和结构化数据集用作特征工程。

原始的数据表一般以 DataFrame 的形式保存，每一张数据表都是一个实体，而每个实体都必须含有唯一元素的索引，用来区分不同的数据。我们需要为这些实体构建有利于 Featuretools 使用的实体集。

① 创建实体集

实体集的初始化可以使用 ft.EntitySet(id="name") 函数来构建一个新的实体集，如果需要对实体集命名，修改 id 参数即可对实体集命名。

② 添加实体

实体集创建成功后需要向实体集内添加实体，使用 ft.entity_from_dataframe() 函数可以通过修改以下参数，来实现对函数功能的选择：

❑ entity_id 参数设置添加实体的名字；

❑ dataframe 参数确定表；

❑ index 和 time_index 参数确定实体的索引；

❑ variable_types 字典可以对实体中的数据类型进行定义。

③ 添加实体间的关系

最后我们需要添加实体集中各个实体之间的关系，通过 ft.relationship() 函数添加实体之间的关系，也可以通过 EntitySet.add_relationship(new_relationship) 来添加新的实体关系。

创建好实体集后就可以将实体集用于后续的特征提取。

（2）DFS

如果不使用自动化特征工程，则可以直接运行 DFS 来生成特征，通过 ft.dfs() 函数来生成特征矩阵，dfs 函数具有以下参数：

❑ Entityset：实体集的名称。

❑ target_entity：实体集中的目标实体。

❑ primitives：选择使用的特征基元操作列表，这里的基元操作有两种，一种是聚合基元，一种是转换基元。

❑ max_depth：特征叠加深度。通过叠加产生的特征比通过单个特征基元产生的特征更加具有表现力，这就能够为机器学习模型提供更为复杂有效的特征。

（3）特征基元

特征基元是 Featuretools 用来自动构建特征的基础操作，通过单独使用或者叠加使用特征基元构造新的特征。使用特征基元的意义在于，只要限制输入和输出的数据类型，就可以在不同的数据集中采用相同的特征基元操作。

特征基元有如下两种：

❏ 聚合基元：根据父表与子表的关联，在不同的实体间完成对子表的统计操作。

❏ 转换基元：转换基元是对单个实体进行的操作，对实体的一个或者多个变量进行操作，并为该实体统计出一个新的变量。

如果需要自动提取特征，只需要调用相同的 ft.dfs() 函数，但是不传入 agg_primitives 选择特征基元，就可以让 Featuretools 自动生成特征。

除此之外，我们还可以通过 API 来定义自己的特征基元，确定特征基元的类型，定义输入和输出的数据类型，在 Python 中编写该特征基元的功能函数，就可以实现特征基元，并可以在和其他基元的叠加中使用。

Featuretools 库以 DFS 为核心，通过叠加使用特征基元操作，能够构建大量有效的特征，为自动化特征工程提供了很大的帮助。

3. Featuretools 库使用实例

（1）Featuretools 安装

Featuretools 已经可以用于 Python 2.7、3.5 和 3.6 了，官网推荐的安装方式是使用 pip 或者 conda 安装，pip 的安装方式如下：

```
python -m pip install featuretools
```

也可以从 conda-forge 上安装，安装方式如下：

```
conda install -c conda-forge featuretools
```

为了能使用 EntitySet.plot 来更直观地观察数据，可能需要安装 graphviz 库，在 conda 下的安装方式为：

```
conda install python-graphviz
```

在 macOS 环境下的安装方式为：

```
brew install graphviz
pip install graphviz
```

（2）Featuretools 库导入

下面会介绍一个使用 DFS 自动提取特征的实例，以基于时间戳的客户事务组成的多表数据集为例。首先需要载入 Featuretools 库：

```
import featuretools as ft
```

（3）数据的载入

导入多表数据集。导入的多表数据集是一个字典，我们需要从多表数据集中提取我们需要的表：

```
data = ft.demo.load_mock_customer()
customers_df = data["customers"]
sessions_df = data["sessions"]
transactions_df = data["transactions"]
```

在 Featuretools 中，每一张表都称为一个实体，3 个表的结构如表 4-4 ～表 4-6 所示。

表 4-4 实体 1

	customer_id	zip_code	join_date	date_of_birth
4	5	60091	2010-07-17 05:27:50	1984-07-28
3	4	60091	2011-04-08 20:08:14	2006-08-15
2	3	13244	2011-08-13 15:42:34	2003-11-21

表 4-5 实体 2

	session_id	customer_id	device	session_start
15	16	2	desktop	2014-01-01 03:49:40
24	25	3	desktop	2014-01-01 05:59:40
20	21	4	desktop	2014-01-01 05:02:15

表 4-6 实体 3

	transaction_id	session_id	transaction_time	product_id	amount
458	62	33	2014-01-01 08:16:10	3	81.15
469	129	34	2014-01-01 08:28:05	3	67.16
32	13	3	2014-01-01 00:34:40	1	8.70

（4）创建实体间的关系

由于 Featuretools 需要对实体进行操作，所以我们要构建适合 Featuretools 的输入数据的格式，根据这些表，构建一个实体构成的字典：

```
entities = {"customers" : (customers_df, "customer_id"),
            "sessions" : (sessions_df, "session_id", "session_start"),
            "transactions" : (transactions_df, "transaction_id", "transaction_time")}
```

再由各个表的关系构建关于实体间的关系列表：

```
relationships = [("sessions", "session_id", "transactions", "session_id"),
                 ("customers", "customer_id", "sessions", "customer_id")]
```

（5）运行 dfs

对于 dfs 函数来说，必须输入实体字典、实体之间的关系以及需要生成特征的实体。上述创建的实体和实体关系可以直接输入到 dfs 函数当中。函数的输出值是一个特征矩阵和有关各个特征的定义。

```
feature_matrix_customers, features_defs = ft.dfs(entities=entities,
                                    relationships=relationships,
                                        target_entity="customers")
```

通过参数的设定，就可以生成一系列有关"customers"的行为描述的特征，这些特征可以用到后续的模型中。

接着查看特征矩阵，就可以发现生成了一系列的新特征。图 4-5 是特征生成的结果。

customer_id	zip_code	COUNT(sessions)	NUM_UNIQUE(sessions.device)	MODE(sessions.device)	SUM(transactions.amount)
1	60091	8	3	mobile	9025.62
2	13244	7	3	desktop	7200.28
3	13244	6	3	desktop	6236.62
4	60091	8	3	mobile	8727.68
5	60091	6	3	mobile	6349.66

5 rows × 73 columns

图 4-5   特征生成

（6）改变目标实体

DFS 的强大之处在于其可以对任意的实体目标，通过实体之间的关联，从数据中生成特征矩阵，只需要改变目标的实体，就可以针对不同的实体生成对应的特征矩阵。

4.5.3   基于时序数据的自动化特征工程

1. 时序数据

时序数据即时间序列数据，是同一指标按时间顺序记录的数据列。在同一数据列中的各个数据必须是同口径的，要求具有可比性。时序数据可以是时期数，也可以是时点数。时间序列分析的目的是通过找出样本内时间序列的统计特性和发展规律性，构建时间序列模型，进行样本外预测。

在建立模型时要求时间序列是平稳的，但实际进行分析的时间序列尤其是来自经济领域的时间序列大多是非平稳的。这些非平稳的时间序列往往具有某些典型的数据特征。在建立模型时，往往根据序列表现出的数据特征考虑合适的时间序列模型。

2. TSFRESH

（1）TSFRESH（时序特征提取与选择）介绍

时序数据在数据分析和机器学习中具有很重要的意义，从时序数据中提取特征也是数据预处理中的关键一步。假设我们需要从时序数据中提取想要的数据，例如最大值和最小值等，一般都会采取手工计算的方法得到值。如果需要计算更为复杂的时序数据特征，往往会造成时间的浪费，间接影响建模的效果，如图 4-6 所示。

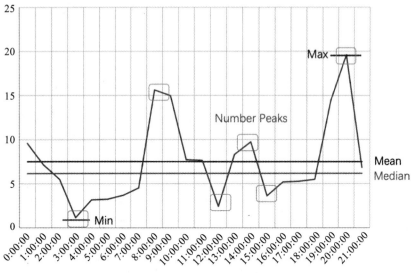

图 4-6　复杂时序数据

采取传统的手工计算时序数据的特征通常会用到滑动平均等方法，这样会浪费大量的时间，并且在特征的选取上可能会产生一定的困扰。通过使用 TSFRESH 包则可以高效准确地自动提取时序数据的特征，从而节省出更多的时间用于构建更好的模型。

TSFRESH 是一种兼容于 Pandas 和 scikit-learn 接口的 Python 包，用于提取时序数据特征，TSFRESH 具有以下特点：

❑ 减少特征工程的时间。TSFRESH 通过自动提取构建特征。

❑ 自动提取超过 100 种特征。这些特征包含了描述时间序列的基本特征，例如峰值的数量、平均值和最大值等，也包含了更复杂的特征，例如反转对称统计量等。只需一次操作即可提取这些特征。这些提取的特征可以用于后续统计和机器学习模型的构建。

❑ 过滤无关的特征。时间序列通常会包含噪声、冗余或者无关信息。这些信息提取出的特征对于机器学习往往是没用的，有时甚至会对模型的效果产生负面影响。TSFRESH 包有一个内置的过滤程序，这个过滤程序用于评估每个特征对于当前任务的解释能力与重要性。过滤程序基于成熟的假设检验理论，采用了多重检验的方法，在数学上控制了不相关比例的百分比。将没有意义的特征去掉，保留更为重要的特征，这样也可以降低数据的维度。

（2）TSFRESH 的使用规则与原理

① 数据的输入格式

TSFRESH 的 3 种格式的数据输入都是 pandas.DataFrame，其拥有如下 4 种属性：

❑ column_id：时间序列所属实体。

❑ column_value：时间序列的实际值。

❑ column_sort：对时间序列排序的值，不需要具有等步长或相同的时间标度。如果省略则默认按照递增顺序排列。

❑ column_kind：不同类型的时间序列的名称。

其中 column_id 和 column_value 为必备属性。

TSFRESH 的 3 种输入格式如下所示：

1）扁平数据表（Flat DataFrame）：这一类的输入 column_value 和 column_kind 设置为 None。假设对于不同类别的时间序列数据 x 和 y，在不同实体 A 和 B 的值的数据结构如表 4-7 所示。

表 4-7　扁平数据表

id	time	x	y
A	t1	x(A, t1)	y(A, t1)
A	t2	x(A, t2)	y(A, t2)
A	t3	x(A, t3)	y(A, t3)
B	t1	x(B, t1)	y(B, t1)
B	t2	x(B, t2)	y(B, t2)
B	t3	x(B, t3)	y(B, t3)

TSFRESH 会分别为所有的 id、x 和 y 类提取特征。

2）堆数据表（Stacked DataFrame）：通过设置 column_value 和 column_kind 值，这一类数据的优点在于不同时间序列的时间不必对齐，不同类型的时间戳不必对齐，如表 4-8 所示。

表 4-8　堆数据表

id	time	kind	value
A	t1	x	x(A, t1)
A	t2	x	x(A, t2)
A	t3	x	x(A, t3)
A	t1	y	y(A, t1)
A	t2	y	y(A, t2)
A	t3	y	y(A, t3)
B	t1	x	x(B, t1)
B	t2	x	x(B, t2)
B	t3	x	x(B, t3)
B	t1	y	y(B, t1)
B	t2	y	y(B, t2)
B	t3	y	y(B, t3)

3）扁平数据表字典（Dictionary of Flat DataFrame）：输入也可以是一种字典映射，字典的 key 是时间序列的类型，字典的 value 即只含该类型时间序列数据的 DataFrame。

② 数据的输出格式

无论采取哪种输入格式，最终的输出格式都是相同的，如表 4-9 所示。

表 4-9　数据输出格式

id	x_feature_1	…	x_feature_N	y_feature_1	…	y_feature_N
A	…	…	…	…	…	…
B	…	…	…	…	…	…

其中 x 特征使用所有 x 值计算（独立于 A 和 B），y 特征使用所有 y 值计算，以此类推。

③ 特征提取

TSFRESH 库可以提取数据集的完整全面的特征，也可以通过调整参数来选取模型所需的特征。

❑ 使用 tsfresh.extract_features() 函数即可提取数据集的完整特征。

❑ 设置不同的参数可以提取不同类别的特征。

通过 default_fc_parameters 字典，调用参数作为字典的键值对，不同的参数组合都会在调用过程中产生一个特征。另外，也可以使用 kind_to_fc_parameters = {"kind": fc_parameters} 字典，对不同类型的时间序列分别提取特征进行控制。

④ 特征过滤

特征选择的重要问题是强相关和弱相关属性的区分，在预测维修或者生产线优化等应用中，对多个时间序列关联的 label 进行分类和回归时尤为困难，为了解决这一问题，TSFRESH 使用 fresh 算法，由 tsfresh.feature_select.relevant.calculate_relevant_table() 函数调用，这是一种高效、可伸缩的特征提取算法，可以用于特征过滤，同时可以控制不相关特征的百分比。

TSFRESH 的特征过滤分为如下 3 步：

1）提取特征：利用完备的特征映射刻画时间，考虑用于描述元信息附加特征，并计算派生特征，从原始数据中提取聚合特征。

2）特征显著性测试：根据每个特征对目标的预测意义进行单独评估，测试结果是一个 p 值向量，量化了每个目标对预测结果的重要性。

3）多重测试：通过 Benjamini-Yekutieli procedure 对 p 值向量进行评估，用于确定要保留哪些重要的特征。

（3）使用实例

① TSFRESH 的安装

编译后的 TSFRESH 位于 PyPI，所以直接使用 pip 就可以安装：

```
pip install tsfresh
```

② 数据的输入

此处使用一个机器人的故障数据集作为测试用例：

```
from tsfresh.examples.robot_execution_failures import
download_robot_execution_failures, \
    load_robot_execution_failures
download_robot_execution_failures()
timeseries, y = load_robot_execution_failures()
```

读取数据后，时序数据便会读入变量 timeseries 中，以 DataFrame 的形式保存。数据格式如表 4-10 所示。

表 4-10　时序数据格式

	id	time	F_x	F_y	F_z	T_x	T_y	T_z
0	1	0	−1	−1	63	−3	−1	0
1	1	1	0	0	62	−3	−1	0
2	1	2	−1	−1	61	−3	0	0
3	1	3	−1	−1	63	−2	−1	0
4	1	4	−1	−1	63	−3	−1	0

分别查看不同类型的数据集，通过画图可以清楚地分辨出现故障情况和未出现故障情况下的时序数据图，其中 id=3 为未出现故障，id=20 为出现故障，通过 TSFRESH 可以将差异量化，从而提取 6 个类别的时序特征，如图 4-7 和图 4-8 所示。

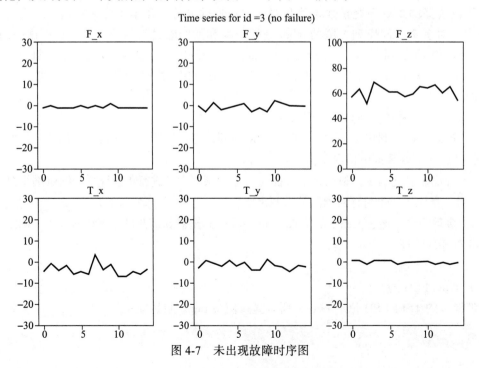

图 4-7　未出现故障时序图

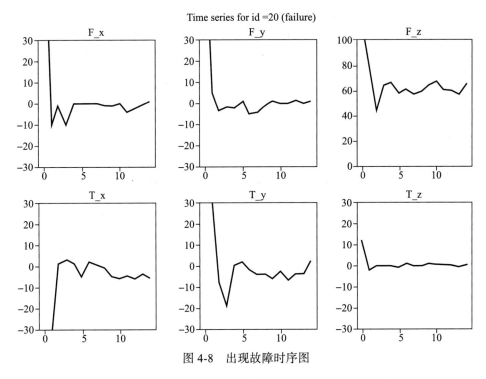

图 4-8　出现故障时序图

③ 提取特征

提取全部特征。通过 extract_features 函数可以将有关 timeseries 的全部特征提取出来。此处设置 column_id 参数为机器人的 id 参数，column_sort 为时间参数。

```
from tsfresh import extract_features
extracted_features = extract_features(timeseries, column_id="id", column_sort="time")
```

最终会返回一个不同 id 的机器人的 4764 个特征的 DataFrame，如图 4-9 所示。

1	extracted_features.head()		
variable	F_x__abs_energy	F_x__absolute_sum_of_changes	F_x__agg_autocorrelation__f_agg_"mean"__maxlag_40
id			
1	14.0	2.0	-0.106351
2	25.0	14.0	-0.039098
3	12.0	10.0	-0.029815
4	16.0	17.0	-0.049773
5	17.0	13.0	-0.061467

5 rows × 4764 columns

图 4-9　不同 id 机器人的特征

④ 特征过滤

得到的特征数量过多，需要过滤掉其中统计量低且不能用于给定数据的特征。

```
from tsfresh import select_features
from tsfresh.utilities.dataframe_functions import impute

impute(extracted_features)
features_filtered = select_features(extracted_features, y)
```

经过特征过滤后，只留下了 631 个特征，剩下的特征可以用于后续的模型训练和分类，如图 4-10 所示。

1 features_filtered.head()				
variable	F_x__value_count__value_-1	F_x__abs_energy	F_x__range_count__max_1__min_-1	F_y__abs_energy
id				
1	14.0	14.0	15.0	13.0
2	7.0	25.0	13.0	76.0
3	11.0	12.0	14.0	40.0
4	5.0	16.0	10.0	60.0
5	9.0	17.0	13.0	46.0
5 rows × 631 columns				

图 4-10   过滤后的特征

3. 梯度提升决策树 (GDBT)

GDBT 虽然是用于机器学习的回归或者分类的算法，但是可以将其中间树节点的值作为特征，从而得到更准确、性能更好的特征。

（1）GBDT 概述

梯度提升决策树（Gradient Boosting Decision Tree，GBDT）是提升（Boosting）家族的成员，是一种迭代的决策树算法，通过多棵决策树的累加结论得到最终的答案，属于泛化能力较强的算法。其核心在于，每一棵决策树通过之前学习的全部决策树得到结论和残差，加上预测值后得到真实值的累加量。GBDT 的思想使其在发现多种有区分性的特征和在特征组合上具有天然的优势。

GBDT 也是一种重要的机器学习算法，可以用于大多数的回归问题。

（2）GBDT 算法原理

理解 GBDT 需要理解 3 个概念：回归决策树（Regression Decision Tree）、梯度提升（Gradient Boosting）和缩减（Shrinkage）。这 3 个基本原理也是 GBDT 的工作原理。

① 回归决策树（Regression Decision Tree）

决策树是已知各项事件发生的概率，对不同的特征单独处理，以信息熵构建一棵信息熵下降幅度最大的树形结构，通过决策树结构的预测，使得最终熵值为 0，并以此作为回归预测。

决策树由根节点、非叶节点和叶节点组成。

根节点代表的是整个样本中最重要的特征，不同的决策树模型判定特征重要的方法也不同，ID3 根据信息增益来判断，C4.5 根据信息增益率来判断，CART 则采用的是基尼系数来判断。

非叶节点是对某个特征的测试，每个节点根据属性测试将结果划分到不同的子节点当中。

叶节点表明最终分类的标签，每一个叶节点都是通过一系列的分类得到的预测结果。

每一个根节点到叶节点都是一个决策树预测的过程，从根节点开始，对于样本中的不同特征，按照其值来选择不同的输出分支，一直达到叶节点。

GBDT 中用到的决策树都是回归决策树，虽然可以通过一些调整使其成为分类回归树，但是其本质还是回归的决策树。

② 梯度提升（Gradient Boosting）

Boosting 是一种集成学习，通过若干个弱分类器组成强分类器。GBDT 采用的则是多棵决策树共同决策。当然这里的迭代不是简单的投票产生的决策，如果使用相同的数据集，每次训练得到的决策树就一定会相同。GBDT 的核心就在于，将所有的树的结论累加得到最终结果。每次决策树得到的结果并不是预测的真实结果，而是与之前所有的树的结论和的残差。

GBDT 虽然提到了梯度，但是梯度（Gradient）的概念并没有用到算法当中，这里使用了残差作为全局最优的方向，所以没有用到梯度的求导计算。梯度的提升在于，只要前一棵树的损失函数是把误差作为衡量目标的话，残差向量就可以作为全局最优的方向，这样就类似于梯度的计算，也体现了梯度的思想。

这里可以举一个简单的例子来说明 GBDT 的迭代过程。

假设我们要预测一个人的年龄，他的真实年龄是 30 岁，第一棵决策树预测出来的结果是 25 岁，与真实年龄差了 5 岁，于是残差就是 5 岁。这个时候第二棵决策树就以 5 岁为目标进行学习，若果学习得到的结果是 3 岁，则残差变为了 2 岁，然后继续学习。

③ 缩减（Shrinkage）

缩减是 GBDT 的重要优化的方法。它的核心思想在于，为了防止过拟合，GBDT 每次都通过更小的逼近来接近结果。在一般的机器学习中，前一棵树学习到的结果并不是百分之百准确的，所以在进行累加的时候，只累加前面树的一部分，通过更多的决策树来弥补前面所有学习树的不足。

具体的实现方法是：再次以残差作为下一棵树的学习目标，但是给学习出来的结果增加了一个权重，每次累加的时候只累加一小部分，这个权重一般在 0.001～0.01，这样的操作也能使各个树的残差不至于陡变，是一种减少过拟合的方法。

（3）GBDT 的算法流程

GBDT 算法也是基于上述 3 个重要概念构成的。和传统的机器学习算法一样，GBDT 也分为回归算法和分类算法。

① 对于回归算法

输入：训练样本 $D = \{(x_1, y_1), (x_2, y_2), \ldots, (x_m, y_m)\}$（其中 x 为样本的特征，y 为样本的标签）

最大迭代次数 T

损失函数 L

输出：强学习器 $f(x)$

算法流程如下：

1）初始化弱分类器

$$f_0(x) = \arg\min \sum_{i=1}^{m} L(y_i, c)$$

2）对于每轮迭代首先计算出负梯度

$$r_{ti} = -\left[\frac{\partial L(y_i, f(x_i))}{\partial f(x_i)}\right]_{f(x) = f_{(t-1)}(x_i) + c}$$

然后利用 (x_1, r_{ti}) $(i = 1, 2, \cdots, m)$ 来拟合回归树，以此作为第 t 棵回归树。回归树对应的子节点区域为 R_{tj}，$j = 1, 2, \cdots, J$，J 为第 t 棵回归树的子节点个数。

最后通过对叶子区域的节点，计算出最佳拟合值 c_{tj}，并以此更新强学习器。

$$c_{tj} = \arg\min \sum_{x_i \in R_{tj}} L(y_i, f_{t-1}(x_i) + c)$$

$$f_t(x) = f_{t-1}(x) + \sum_{j=1}^{J} c_{tj} I(x \in R_{tj})$$

3）得到的强学习器的表达式为

$$f(x) = f_T(x) = f_0(x) + \sum_{t=1}^{T} \sum_{j=1}^{J} c_{tj} I(x \in R_{tj})$$

如果对于上述的梯度计算难以理解的话，可以将负梯度考虑为残差向量，决策树始终朝着残差为训练目标，最后得到一个强分类器，就是 GBDT 得到的最终结果，这会有助于理解回归的 GBDT 算法。

② 对于分类算法

虽然分类算法和回归算法的思想类似，但是回归输出的是连续值，而分类输出的是离散的值，这就导致很难从类别上去拟合，所以用对数似然函数的方法，用概率的形式来表示预测值和真实值。

二分类算法需要将损失函数改成类似于逻辑回归的损失函数，此时损失函数为：

$$L(y, f(x)) = \log(1 + \exp(-yf(x)))$$

这里运用到逻辑回归的意义在于回归的算法可以将回归问题转换为简单的二分类方法。

计算出负梯度误差为：

$$r_{ti} = \frac{y_i}{1 + \exp(y_i f(x_i))}$$

各个叶节点的最佳负梯度的拟合值为：

$$c_{tj} = \arg\min \sum_{x_i \in R_{tj}} \log(1 + \exp(-y_i(f_{t-1}(x_i) + c)))$$

由于负梯度的拟合值比较难优化，一般用近似值代替即可：

$$c_{tj} = \frac{\sum\limits_{x_i \in R_{tj}} r_{ti}}{\sum\limits_{x_i \in R_{tj}} |r_{ti}|(1 - |r_{ti}|)}$$

对于多分类算法，根据多元逻辑回归，k 分类的对数似然函数为：

$$L(y, f(x)) = -\sum_{k=1}^{K} y_k \log p_k(x)$$

如果样本输出的类别是第 k 类，则 $y_k = 1$ ，而对于其他的类别来说，

$$y_i = 0, i = 1, 2, \cdots, k-1, k+1, \cdots, K$$

第 k 类的概率为：

$$p_k(x) = \frac{\exp(f_k(x))}{\sum\limits_{l=1}^{K} \exp(f_l(x))}$$

对于第 i 个样本来说，第 t 轮的负梯度误差为：

$$r_{til} = -\left[\frac{\partial L(y_i, f(x_i))}{\partial f(x_i)}\right]_{f_k(x) = f_{l,t-1}(x)} = y_{il} - p_{l,t-1}(x_i)$$

各个叶节点的最佳负拟合梯度为：

$$c_{tjl} = \arg\min \sum_{i=0}^{m} \sum_{k=1}^{K} L(y_k, f_{t-1,l(x)} + \sum_{j=0}^{J} c_{jl} I(x_i \in R_{tjl}))$$

多元分类的负梯度比二元分类的梯度更加复杂，所以用近似值代替可以进行简化优化：

$$c_{tjl} = \frac{K-1}{K} \frac{\sum\limits_{x_i \in R_{tjl}} r_{til}}{\sum\limits_{x_i \in R_{til}} |r_{til}|(1 - |r_{til}|)}$$

GBDT 的回归和分类算法的主要思想大致相同，除了在负梯度的计算以及在各个叶节点的梯度拟合不同。

（4）GBDT 生成特征

GBDT 不仅可以用于回归和分类算法，还可以用来构造新的特征。在实际问题中，我们获得的数据集中的特征可能不太适合直接用于机器学习，所以需要从数据集中挖掘可以使用的特征。用 GBDT 构建特征的思路是，先用已有特征训练 GBDT 模型，然后通过训练得到的 GBDT 模型的决策树来构建新的特征。Facebook 发表的一篇论文中提到了通过

GBDT 和 RL 结合，可以构建出新的特征。

对于连续值来说，通过非线性变换，可以使用分箱的方法，将连续的特征分为不同的阶段，再用这些阶段的值进行学习，这样有利于将信息最大化。

对离散值来说，通过元组组合，构建特征最简单的方法就是通过笛卡儿积，将不同的特征组合创建一个新的特征，所有创建的特征并不是全部都有意义的，可以去除无意义的特征，保留下有用的特征。

GBDT 是实现非线性转换和元组组合这两种方法的有效又方便的方法。GBDT 构建新特征的思想在于，用原始数据训练 GBDT 模型，再将训练得到的每棵单独的树视为一个分类特征，最终将落入的叶节点作为索引，然后使用 $1-k$ 编码作为特征，如图 4-11 所示。

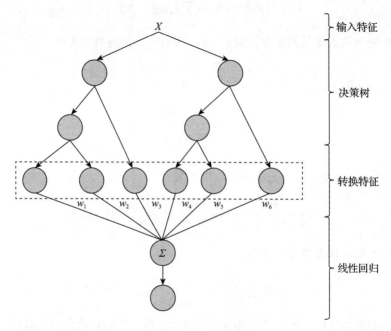

图 4-11　决策树模型

从图 4-11 中可以看出这是有两棵子树的决策树模型，两棵决策树结构都有 3 个叶节点，如果一个实例最后分配到第 1 棵子树的第 3 个叶节点和第 2 棵子树的第 1 个叶节点，那么它的二进制向量为 [0, 0, 1, 0, 1, 0]，其中前 3 项对应的是第 1 棵子树的叶节点，后 3 项是第 2 棵子树的叶节点。将其输入线性分类器。每一轮的迭代都会创建新的树来学习先前的树的残差。从树的根节点到叶节点的遍历可以表示某些特征的规则，将二元向量通过一定的权重进行线性回归，就可以得到新的特征值。

基于 GBDT 构建转换特征的思想，对于不同的决策树进行特征提取，也是可以达到实现自动化特征工程的目的。

4.6　自动化特征工程工具

本节我们将依次介绍实现自动化特征工程过程中可能会用到的系统和框架。它们的共同点是都是基于某一有效算法构建起来的，用户在使用时只需将数据导入，数据便会依据这些系统/框架本身设定的原理自动进行特征转换、特征扩充或降维等操作。当然，根据这些系统和框架与系统等的设计原理不同，它们也具有其各自的优缺点，表 4-11 是一个对常用的 6 种系统/框架的简单对比表。

表 4-11　框架对照表

框架名称	基本原理	优　　点	缺　　点
DSM	依赖深度特征合成算法，提取关系型或用户行为的数据的特征	可以构建出大量新的丰富特征空间的特征	不支持非结构化数据的特征学习
Autolearn	利用每个特征通过应用回归算法来对其他特征值，包括预测得到的特征值进行预测	通过消除模型中不相关的特征来提高分类准确性；通过识别最有效地区分类的特征集来促进更好的分类	输出的特征信息少，如果需要得到新的特征可能需要重新编写代码
ExploreKit	通过组合原始特征中的信息生成大量候选特征	提高预测性能；克服了特征空间中指数增长的问题	选择特征的可解释性不强，应用较少
Cognito	递归地在表的列上应用一组预定义的数学转换，以从原始表中获取新特性	允许用户指定域或数据的选择，以确定探索的优先级；可以处理大型数据集，并与最先进的模型选择策略很好地集成	不支持具有多表的关系型数据库
LFE	基于过去特征工程的经验，学习对数值特征应用变换的有效性	处理过程所使用的时间非常短	依赖过去的特征，会受到过去特征的性能影响

如果你对这些框架没有概念，不用太担心。本节主要是为你介绍目前常用的自动化特征工程框架，当你在自己想要尝试做自动特征时，只需对照表 4-11，将你手上数据集的特点与上述框架适合的场景对应起来，再根据下文的详细介绍进行操作就可以了。此外，自动化特征工程的进行甚至比你想象的更加轻松，本节的最后我们还介绍了 3 种目前比较高效的自动化特征处理平台，在这些平台上即使是没有任何机器学习或深度学习基础的读者也可以进行简便操作。

4.6.1　自动化特征工程系统

1. Data Science Machine 系统

（1）原理介绍

Data Science Machine 系统，简称为 DSM，是一种端到端的学习系统，可以从关系型数据中自主生成完整模型进行预测。该系统主要在两个方面进行自动化从而避免人工干预：特征工程以及机器学习方法的选择和调整。这套系统依赖于 DFS 算法，该算法能够通过提取关系型或用户行为的数据特征，构建出大量新的丰富特征空间的特征。

在完成前面特征工程步骤后，DSM 系统通过一种叫 Deep Mining（深度挖掘）的方法，使得系统构建出一种通用的机器学习管道，包括数据降维、特征选择、聚类和分类设计等。最后，通过高斯 copula 过程完成参数的调整和优化。

DSM 是第一个从多个表的数据库中自动化特征工程的系统。这种特征工程方法基于这样的假设：对于给定的关系数据库，数据科学家通常通过以下方式搜索特征：

❑ 生成 SQL 查询来收集训练集中每个示例的数据。

❑ 将数据转换为特征。DSM 通过创建实体图并执行自动 SQL 查询生成来将给定的两个步骤自动执行，从而沿着实体图的不同路径连接表。它使用一组预定义的简单聚合函数将收集的结果转换为特征。

（2）不足

DSM 框架的一个缺点是它不支持非结构化数据的特征学习，例如集合、序列、系列、文本等。由 DSM 提取的特征是简单的基本统计数据，这些统计数据独立于目标变量和其他示例对每个训练示例进行聚合。在许多情况下，数据科学家需要一个框架，在这个框架中，他们可以从整个收集到的数据和目标变量中进行特征学习。此外，对于每种类型的非结构化数据，这些特征不仅仅是简单的统计数据。在大多数情况下，它们涉及数据中的重要结构和模式。从结构化 / 非结构化数据中搜索这些模式是数据科学家的关键工作。

2. OneBM 系统

One Button Machine 系统，简称 OneBM，是一种自动化发现关系型数据库中特征的系统，旨在解决上述问题和难题。通过直接处理数据库中的多个原始表，按照关系图上的不同路径递增地连接表，自动识别联合结果的数据类型，相较于 DSM 系统，OneBM 的优势在于能够处理结构化和非结构化数据，包括简单数据类型（数值或类别）和复杂数据类型（数字集、类别集、序列、时间序列和文本），并对给定类型应用相应的预定义特征工程技术。为此，可以通过向 OneBM 的特征提取器模块的接口插入新的特征工程技术，以在特定域中提取所需的特征类型。OneBM 可支持数据科学家在结构化和非结构化数据中自动化地使用目前最流行的特征工程技术。

3. AutoLearn 框架

一个基于特征对之间回归的学习模型，提供了一种新的特征生成方法，用来获取潜在数据特征对中导致高度识别信息的显著变化。通过区分各类特征之间是如何相互影响的，来找到线性或非线性的特征关系。并利用这些新的特征来预测其他特征的值，记录这些预测值，提高预测性能。

在 Autolearn 模型中，我们利用每个特征通过应用回归算法来对其他特征值，包括预测得到的特征值（增加每个记录中的信息量）进行预测。Autolearn 模型主要包括以下 4 个步骤：

1）预处理：使用基于信息增益的预处理方式。

2）挖掘相关特征：特征之间的相关性或关联是使用距离相关性确定的，是基于傅立叶变换进行计算的。该度量可用于确定任意维度的两个随机向量之间的依赖性。

3）特征生成：回归是估计自变量和因变量之间关系的基本统计过程。使用正则化回归算法来寻找它们之间的联系，来进行特征构造。正则化回归模型提高了泛化能力，尤其是当特征对高度相关的情况下。

4）特征选择：由特征生成步骤生成的所有新构造的特征不是一样重要。为了选择性能最佳的特征，使用两步特征选择过程，该过程采用基于稳定性的特征选择，然后基于信息增益进行最终修剪。基于稳定性的特征选择在分类的背景下起着重要作用：a）它通过消除模型中不相关的特征来提高分类准确性；b）防止过拟合；c）通过识别最有效地区分类的特征集来促进更好的分类。

4. ExploreKit 框架

（1）基本原理

ExploreKit 是一种用于自动特征生成的框架。ExploreKit 通过组合原始特征中的信息生成大量候选特征，目的是提高预测性能。为了克服特征空间中指数增长的问题，ExploreKit 通过模拟候选特征和数据集之间的相互作用来预测新的候选特征的重要性。与现有的特征选择解决方案相比，这种方法可以有效识别新特征并产生更好的结果。

（2）优势

ExploreKit 具有以下优势：

❑ 自动通过结构化操作和特征评估完成新的候选特征的创建。

❑ 提供一种新方法，可以有效地评估大量产生的候选特征，并基于机器学习方法来预测所给特征的有效性和实用性。

❑ 通过已有经验证明了该方法用于大型数据集和多分类器的显著优点，会减少大约20%的误差。

使用机器学习来预测候选特征的性能，主要思想是基于原始特征的基础上生成新的特征，特征生成是一个迭代的过程，包括 3 个阶段：候选特征生成、候选特征排序和候选特征评估选择。在候选特征生成阶段，应用多个操作生成大量候选特征，为每个特征根据其重要度分配分数，并产生一个排序列表；使用基于机器学习的候选特征排序方法，并使用原特征来表示数据集和候选特征，然后训练一个特征排序分类器；在候选特征评估和选择阶段，使用贪心搜索来评估排序候选特征。

5. Cognito 系统

（1）基本原理

Cognito 系统是另一种自动化特征工程系统。它递归地在表的列上应用一组预定义的数学转换，以从原始表中获取新特性。随着获取步骤增多，特征的数量也呈指数级增加。

因此需要一种有效的特征选择策略用于删除冗余特征。因为 Cognito 不支持具有多表的关系型数据库，为了使用 Cognito，数据科学家需要从多个表的原始数据中获取一个表作为输入。

Cognito 系统可以在给定的数据集上执行自动化特征工程，主要用于监督学习。该系统提供了一系列基于贪婪的分层启发式搜索的变换。此外，可以允许用户指定域或数据的选择，以确定探索的优先级。Cognito 可以处理大型数据集，并与最先进的模型选择策略进行很好地集成。

（2）操作步骤

该方法可以概括为：

❑ 构建一个可扩展的框架；

❑ 将特征工程问题表述为对转换树的搜索，并开发增量搜索策略，以便有效地探索特征工程可用的转换集及其组合；

❑ 与利用数据抽样和性能上限的增量模型搜索策略相结合，以便迅速估计模型及其参数的最佳选择，即使对于大数据也是如此；

❑ 通过从开源和商业平台（例如 R、Weka、sklearn、Spark MLlib）管理数据转换和建模算法，建立一个数据转换和建模算法库。

6. LFE 框架

（1）基本原理

Learning Feature Engineering 框架，简称为 LFE，解决的是分类任务中自动化特征工程的部分。它主要基于过去特征工程的经验，学习对数值特征应用变换的有效性。当给定一个新的数据集时，LFE 从原始数据中学习特征、类的分布形式和转换模式，来执行自动化特征工程，无须基于模型评估或精确的特征扩建与提取。同时通过训练神经网络，旨在预测这些变换方法对于分类性能产生正向影响的程度。使用 QSA（Quantile Sketch Array）方法，缩减特征的大小和数量，来保留基本特征。

（2）QSA

QSA 是一种非参数表示方法，允许描述近似概率分布函数的值。LFE 的核心是一组多层感知器（Multi-Layer Perceptron，MLP）分类器，每一个分类器都对应一个转换形式，通过对 MLP 的训练，从而实现自动化特征工程。

图 4-12 所示的就是一种 QSA 的特征表示方法，注意到这个表示方法有若干种行为方式。例如，对于根据类标签完全分离的特征值，不管特征值比例如何，表示结果都非常相似。在上述例子中，所有特征值已经分离，因此无需任何特征转换。通常，基于先验观察分类器的性能来调整 QSA 的相关参数（块的数量以及比例范围）。

（3）优势

不同于其他特征工程方法，LFE 无须通过开销巨大的分类器评估指标来衡量转换的影响。ExploreKit 能够产生大量的候选特征，并用一种学习排名方法对它们进行排序。这种方法对于一个新的数据集，需要大致 3 天左右的时间产生所有的候选特征，但 LFE 仅仅需要几秒。

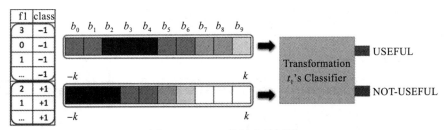

图 4-12　QSA 特征表示例子

LFE 是一种基于元学习的方法，它在学习以往特征工程经验的基础上，自动执行可解释的特征工程进行分类。通过概括不同转换对大量数据集性能的影响，LFE 可以在学习特征、变换和目标之间学习有用的模式，从而提高学习准确性。LFE 将数据集作为输入，并推荐一组范例来构建新的有用特征。每个范例都包含转换和适合转换的有序特征列表。

4.6.2　自动化特征工程平台

1. RapidMiner 平台

RapidMiner 是一款成熟的数据挖掘平台，它通过图形化的方式来搭建模型，避免了编写复杂的代码，使用户无需专业的人工智能背景或者深厚的代码功底，即可完成对于已有的数据集进行机器学习中的分类或者回归，是个十分强大的自动学习平台，如图 4-13 所示。

图 4-13　RapidMiner 平台整体流程

RapidMiner 支持完整端到端的模型生成，从前期的数据准备，中间的训练到后期模型部署，可视化 GUI 的操作缩减了用户使用的整体时间，极大地提高了开发效率，使普通有兴趣的人员也可以轻松实现机器学习中大部分的功能。

图 4-14 中表格展示的就是数据部分，我们可以手动导入自己本地的数据集（格式 CSV、XML 等），或者使用提供的范例作为输入的数据集，并可自己勾选需要分类或者回归

的属性特征，以供后续模型训练。

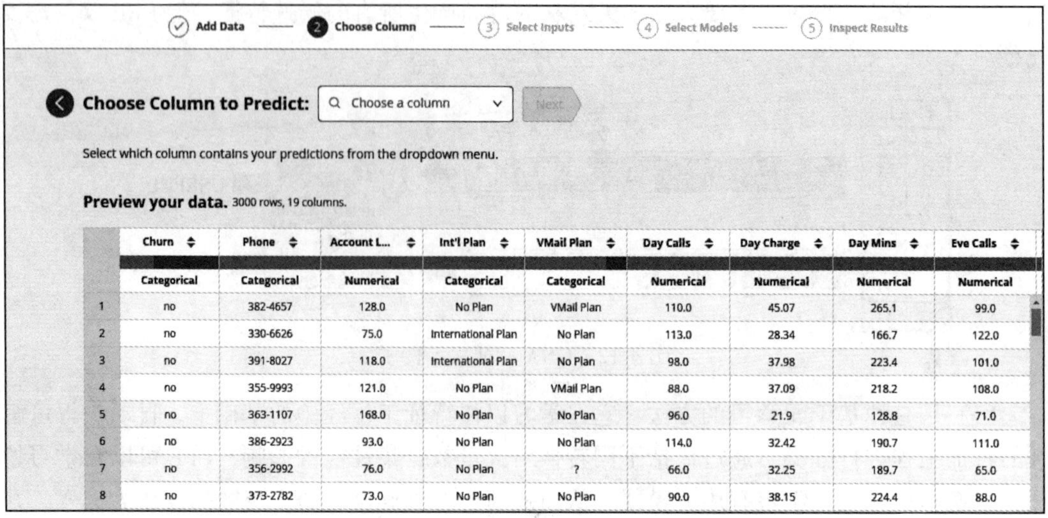

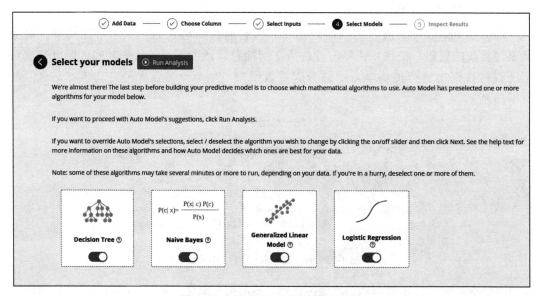

图 4-14　RapidMiner 目标特征选取

图 4-15 展示的就是我们使用的回归算法选择，这里提供了较为常用的广义线性模型和决策树模型，可根据后续相关指标系数来评估最合适的回归算法。

图 4-15　RapidMiner 训练模型选择

图 4-16 展示的就是经过决策树模型和广义线性模型预测得到的结果。从图 4-16 中可以看到，相比于决策树模型，广义线性模型的均方根误差更小，具有更好的预测效果，因此使用广义线性算法得到的预测模型会有更好的性能。

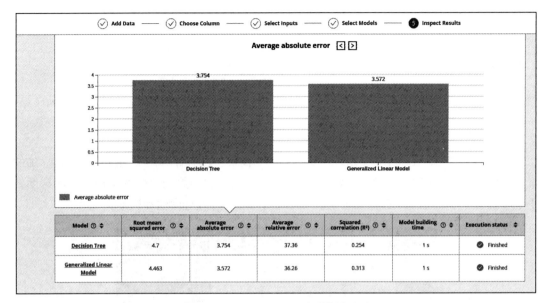

图 4-16   RapidMiner 预测结果展示

RapidMiner 平台的强大标志着自动化机器学习的突破，使人工智能的实现变得更为简单便捷，消除了搭建人工智能模型的高壁垒，为人工智能的发展提供了更大的空间。

2. Datarobot 平台

Datarobot 是一款自动机器学习平台，提供了完整的端到端系统的搭建和部署。相较于人工特征工程烦琐的重复性和耗时性，Datarobot 具有以下优势：

❑ 自动产生新的特征；
❑ 知道何种算法需要特征工程；
❑ 知道每种算法最佳的特征工程方法；
❑ 通过系统端到端的模型构建和比较，展示了哪种算法组合特征工程方法的方式在个人数据集上有最优秀的表现。

Datarobot 平台可以同时并行运作多个先进的算法并能实时地部署最佳性能的模型。为了实现全自动化，Datarobot 通过搜索成千上万个模型组合方式，选择具有最好性能表现的模型。每种模型组合都称为模型蓝图，具有独特的数据处理序列、特征工程、算法训练、算法调参等，具体流程如图 4-17 所示。

针对目前模型难以解释（"黑箱模型"）的现象，Datarobot 的模型蓝图是个使机器学习模块透明化的关键。其中每个模型都由一系列构建的模块来帮助具体解释这些问题：

❑ 该部分如何处理数据？
❑ 什么样的特征被构建？
❑ 利用什么算法进行训练？

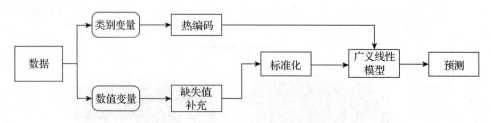

图 4-17　Datarobot 平台整体流程

如图 4-18 所示，Datarobot 系统对每个创建的模块，都有详尽的文档解释，包括详细的说明、默认参数和选项、原始数据的外部链接和引用。这一系列完整的文档不仅能帮助新手学习自动学习的过程，还能帮助专业人员对创建的模型进行优化和调整。

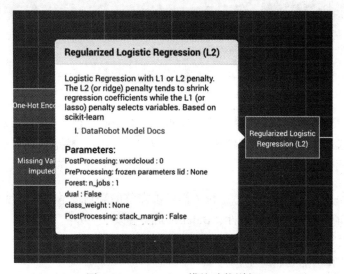

图 4-18　Datarobot 模块功能详解

3. 先知平台

第四范式在其自主研发的"先知平台"中，内嵌了 FeatureGO 自动化特征工程算法。该算法基于蒙特卡洛树搜索算法，通过给定一种收益评估函数和标准，来衡量不同特征组合的情况，创建新的高阶特征组合来使模型的性能得到较大提升。

"先知平台"也通过 GUI 图形化拖曳的方式进行相关模块的组合，完成模型的搭建和部署。而且 GUI 的左侧清晰地展示了整个端到端所有的流程模块。用户无需丰富的机器学习先验知识，即可通过引导在极短时间内完成想要的数据分类或回归预测目的。其中第四范式公司的一名运营人员，通过使用这套成熟的人工智能平台，短时间内在 kaggle 这个大神云集的比赛里拿到第 15 名的名次，可见该套系统的推广性和实用性，极大地降低了非专业领域人员进行人工智能模型训练的门槛，使人工智能"智能化"，让它在各领域规模化和普及化成为可能。

4.7　参考文献

[1]　KANTER J M, VEERAMACHANENI K. Deep feature synthesis: Towards automating data science endeavors[C]//IEEE. 2015 IEEE International Conference on Data Science and Advanced Analytics (DSAA). Washington, DC:IEEE Computational Intelligence Magazine, 2015: 1-10.

[2]　刘建平. 梯度提升树（GBDT）原理小结 [EB/OL]. (2016-12-07)[2019-05-30]. https://www.cnblogs.com/pinard/p/6140514.html.

[3]　HE X R, PAN J F, JIN O, et al. Practical lessons from predicting clicks on ads at Facebook[C]//ADKDD. Proceedings of the Eighth International Workshop on Data Mining for Online Advertising. New York: ACM, 2014: 1-9.

[4]　CHRIST M, et al. The documentation of tsfresh[EB/OL]. (2019-5-21)[2019-05-30]. https://tsfresh.readthedocs.io/en/latest/.

[5]　BROWNLEE J. An introduction to feature selection[EB/OL]. (2014-10-06)[2019-05-30]. http://machinelearningmastery.com/an-introduction-to-feature-selection/.

[6]　zhiyong_will. 机器学习中的特征：特征选择的方法以及注意点 [EB/OL]. (2014-10-12)[2019-05-30]. http://blog.csdn.net/google19890102/article/details/40019271.

[7]　HALL M A, SMITH L A. Feature selection for machine learning: comparing a correlation-based filter approach to the wrapper[C]//KUMAR A N, RUSSELL I.Proceedings of the Twelfth International FLAIRS Conference. Menlo Park: AAAI Press, 1999: 235-239.

[8]　KABIR M M, ISLAM M M, MURASE K. A new wrapper feature selection approach using neural network[J]. Neurocomputing, 2010, 73(16-18): 3273-3283.

[9]　KAUL A, MAHESHWARY S, PUDI V. AutoLearn - Automated feature generation and selection[C]//IEEE.2017 IEEE International Conference on Data Mining (ICDM). Washington, DC:IEEE, 2017: 217-226.

[10]　LAM H T, THIEBAUT J M, SINN M, et al. One button machine for automating feature engineering in relational databases[J]. arXiv preprint arXiv:1706.00327, 2017.

[11]　KHURANA U, NARGESIAN F, SAMULOWITZ H, et al. Automating feature engineering[J]. Transformation, 2016, 10(10): 10.

[12]　KATZ G, SHIN E C R, SONG D. ExploreKit: Automatic feature generation and selection[C]//IEEE. IEEE 16th International Conference on Data Mining (ICDM).Washington, DC:IEEE, 2016: 979-984.

[13]　Khurana U, SAMULOWITZ H, TURAGA D. Feature engineering for predictive modeling using reinforcement learning[C]//AAAI.Thirty-Second AAAI Conference on Artificial Intelligence. Palo Alto: AAAI Press, 2018.

[14]　Wikipedia. Feature engineering[EB/OL]. https://en.wikipedia.org/wiki/Feature_engineering.

第 5 章

自动化模型选择

第 4 章介绍了自动化特征工程，本章将主要介绍自动化模型选择。自动化模型选择框架的研究已经很成熟了，因此本章的重点就放在了介绍成熟的自动化模型选择平台上。集成学习是在基础模型之上的研究，本章也将对其进行简单介绍。

5.1 模型选择

机器学习中的模型选择问题可以描述为：对于一个学习问题，可以有多种模型来解决。如一个分类问题，可以采用逻辑回归、SVM、朴素贝叶斯等。那么如何选择最好的模型呢？即哪个模型可以在偏差和方差之间达到最优？在这里需要先介绍偏差和方差的概念。简单来说，偏差描述的是模型预测结果与真实结果的差距（准确度），方差描述的是模型预测结果的波动范围（稳定性）。

如图 5-1 所示，左上图用线性模型拟合了一个二次模型，无论该训练集中有多少样本，都会不可避免地出现较大的误差，这种情况被称为欠拟合，对应着高偏差；下图用高次模型拟合了一个二次模型，虽然它能够让图中每个样本点都经过该曲线，但是对于新来的数据可能会强加上一些它们并不拥有的特性（一般是训练样本带来的），这会让模型非常敏感，这种情况被称为过拟合，对应着高方差。

选择正则化参数的大小和多项式的次数，被称为模型选择问题。模型选择包括两个步骤：选择一个模型，然后设定它的参数。AutoML 的目的就是自动选择出一个最合适的模型，并且能够设定好它的最优参数。

针对传统的机器学习问题，如何快速有效地选择对应于特定数据集的模型至关重要，因此自动化模型选择应运而生。自动化模型选择可以根据指定的规则和特定的数据集，通过自动获取和分析数据特征，从而选择适用于该数据集的模型，使其获得更好的效果。

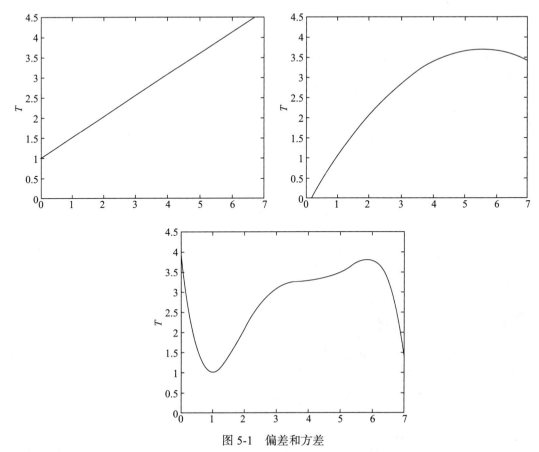

图 5-1　偏差和方差

5.2　自动化模型选择

图 5-2 是自动化模型选择的过程。对于目前的自动化模型选择，用户可以将数据上传到 AutoML 服务器上（该服务器是基于先前的迭代生成的一组智能管道参数集），服务器将收到的数据集进行分析对比，然后选择相应的模型进行训练，最后对训练后的模型进行评估，输出效果最好的模型。在模型选择框架中，对不同模型进行训练的阶段，目前选择模型的规则最具代表性的有基于贝叶斯优化的和基于进化算法的。

自动化模型选择问题可以概括为如下两个核心问题。

（1）搜索空间

搜索空间定义了对于分类或回归问题的可选择的机器学习算法，如 KNN、SVM、k-means 等。

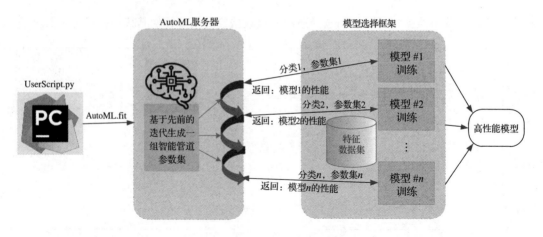

图 5-2　自动化模型选择过程

（2）搜索策略

搜索策略定义了使用怎样的算法可以快速、准确找到最优的模型。常见的搜索方法包括贝叶斯优化、进化算法等。下面我们介绍几种常见的自动化模型选择方法。

5.2.1　基于贝叶斯优化的自动化模型选择

Auto-WEKA 和 auto-sklearn 是首批尝试将 AutoML 应用在机器学习方面的框架，处理的问题包括数据预处理、超参数优化和模型选择，从而找出它们的最佳组合。这两个框架都基于贝叶斯优化，以此避免穷举网格搜索参数。

1. Auto-WEKA

以 Auto-WEKA 为例，如图 5-3 所示，将机器学习过程归约成组合算法选择和超参优化（Combined Algorithm Selection and Hyper-parameter optimization，CASH）问题。Auto-WEKA 框架的搜索空间和搜索策略包含以下内容。

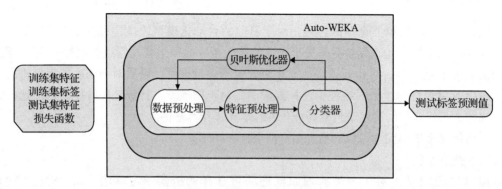

图 5-3　Auto-WEKA 流程

（1）搜索空间

Auto-WEKA 中包括 39 种基本元素：

❑ 27 种基分类器，比如 KNN、SVM、LR 等；

❑ 10 种 meta 分类器，比如 AdaBoostM1、LogitBoost 等；

❑ 2 种 ensemble 方法，Vote 和 stacking。

其中，meta 分类器可以任选一种基分类器作为输入，ensemble 分类器可以使用最多 5 种基分类器作为输入。

数据方面，使用 k-fold 交叉验证，如图 5-4 所示，它将训练数据分成 k 个相等大小的分区，简单地执行 k 次独立运行并行优化方法并选择最低交叉验证错误的结果。

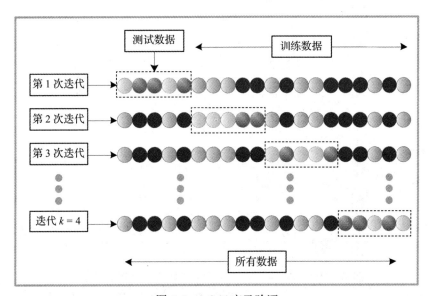

图 5-4　k-fold 交叉验证

（2）搜索策略

CASH 问题的优化算法有两种：Sequential Model-based Algorithm Configuration(SMAC) 和 Tree-structured Parzen Estimator（TPE），都属于 SMBO 算法（一种贝叶斯优化的算法，详见 6.1 节）。

（3）Auto-WEKA 使用实例

Auto-WEKA 通过使用 WEKA 包中的内容实现，将数据集加载到 WEKA 后，可以自动运行，并确定最佳模型及其参数。通过使用 SMAC 工具自动探索分类器和搜索空间。

SMAC 工具的地址为 http://www.cs.ubc.ca/labs/beta/Projects/SMAC/，Auto-WEKA 的源码地址为 https://github.com/automl/autoweka。

通过 WEKA GUI 使用 Auto-WEKA 有两种方式：一种是较为简单，直接使用 Auto-WEKA 面板（pannel）进行运行；另一种是使用 Classify 面板来执行。

图 5-5 为一次完整的运行结果截图（该图片摘自 Auto-WEKA 实操手册），使用 Auto-WEKA 面板，可以直接加载数据集并运行。

图 5-5　Auto-WEKA 运行方式一

另一种运行方式是，通过在正常的 Classify 面板中运行，如图 5-6 所示，可以直接从分类器列表中进行选择。当使用这种方法运行时，评估设置中一定要选择"Use training set"选项，因为 Auto-WEKA 使用 10-fold 交叉验证，不需要将外部数据分为训练集和测试集，所以选择其他选项的操作设置并不会提高结果的质量，反而会增加训练的时间，图 5-7 为评估设置选择的截图。

Auto-WEKA 的选项很少，只有几种，如图 5-8 所示，通常可以设置为默认值。其中 timeLimit 代表用于确定最佳分类器和配置的时间（分钟），如果选择的效果不好，可以通过更改该值提高模型效果。memLimit 是运行分类器的内存限制（以兆字节为单位），如果有一个很大的数据集，可以增加该值来修改。

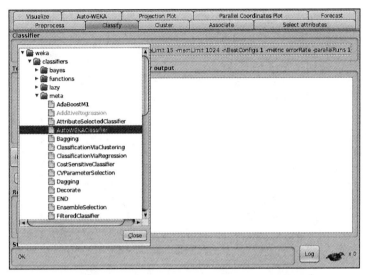

图 5-6　Auto-WEKA 分类器在分类器列表中的位置

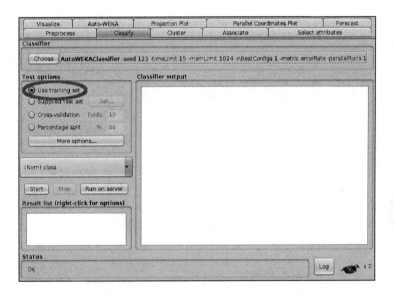

图 5-7　使用 Auto-WEKA 时的推荐评估设置

2. auto-sklearn

auto-sklearn 是 2015 年被提出的，是一个基于 Python 环境下的机器学习包 scikit-learn 的 AutoML 机器学习框架。

图 5-9 总结了整个 auto-sklearn 工作流程。在 Auto-WEKA 的基础上，为 AutoML 框架的贝叶斯超参数优化添加了两个组件：用于初始化贝叶斯优化器的元学习和优化期间模型的自动集成。

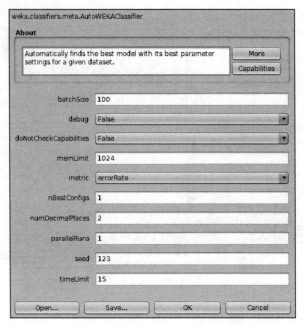

图 5-8 Auto-WEKA 选项设置

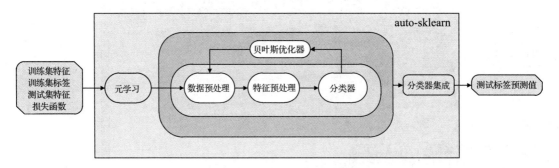

图 5-9 auto-sklearn 框架结构

（1）搜索空间

auto-sklearn 中包括 33 个基本元素：

❑ 15 种分类算法（kNN、AdaBoost、SVM 等）；

❑ 14 种特征预处理方法（PCA、ICA 等）；

❑ 4 种数据预处理方法（one-hot encoding、imputation、balancing 和 rescaling）。

（2）元学习

元学习从以前的任务中获取经验，通过推理跨数据集的学习算法来模拟这种策略。在
auto-sklearn 中，应用元学习来选择给定的机器学习框架的实例，这些实例可能在新数据集
上表现良好。更具体来说，对于大量数据集，收集一组元特征，可以有效计算数据集的特
征，并且有助于在新数据集上确定使用哪种算法。这种元学习方法是贝叶斯优化的补充，

用于优化 AutoML 框架。因为贝叶斯优化开始时很慢，但可以随着时间的推移慢慢微调性能。可以通过选择基于元学习的 k 个配置并利用它们的结果来进行贝叶斯优化，与贝叶斯优化产生一个互补作用。

（3）分类器集成

虽然贝叶斯超参数优化在寻找性能最佳的超参数设置方面具有数据效率，但是，这其实是一个非常浪费的过程：它在搜索过程中训练的所有模型都会丢失，通常包括一些训练情况最好的模型。auto-sklearn 建议存储它们并使用有效的处理方法来构建它们之间的整体，而不是丢弃这些模型。

简单地构建由贝叶斯优化找到的模型的均匀加权集合的效果并不是很好。使用保留集上所有单个模型的预测来调整这些权重至关重要。auto-sklearn 团队尝试了不同的方法来优化这些权重：栈（stacking）、无梯度数值优化（gradient-free numerical optimization）和集成选择（ensemble selection）。stacking 和 gradient-free numerical optimization 过度拟合到验证集并且计算成本高，而选择性集成快速且稳健。简而言之，集成选择是一个贪婪的过程，从空集合开始，然后迭代地添加模型来最大化验证集准确率（具有均匀的权重，但允许重复）。

（4）auto-sklearn 使用实例

图 5-10 是 auto-sklearn 的一个运行实例，该实例的运行时间大约为 1 小时，精确度为 0.98。

```
>>> import autosklearn.classification
>>> import sklearn.model_selection
>>> import sklearn.datasets
>>> import sklearn.metrics
>>> X, y = sklearn.datasets.load_digits(return_X_y=True)
>>> X_train, X_test, y_train, y_test = \
        sklearn.model_selection.train_test_split(X, y, random_state=1)
>>> automl = autosklearn.classification.AutoSklearnClassifier()
>>> automl.fit(X_train, y_train)
>>> y_hat = automl.predict(X_test)
>>> print("Accuracy score", sklearn.metrics.accuracy_score(y_test, y_hat))
```

图 5-10　auto-sklearn 使用实例[⊖]

实例说明：在安装好 auto-sklearn 包后（pip install auto-sklearn），需要在使用前导入 autosklearn.classification 和常用的 sklearn 包中的数据处理工具。然后利用 sklearn 进行提取数据、训练数据和测试数据。准备好训练和测试数据后就可以用 automl.fit 进行模型的训练，并用 auto.predict 对训练好的模型进行评估。

⊖　https://automl.github.io/auto-sklearn/stable/。

5.2.2 基于进化算法的自动化模型选择

除了贝叶斯方法，我们还可以使用进化算法来实现模型的自动选择，最经典的框架是 TPOT（Tree-based Pipeline Optimization Tool，基于树的管道优化工具），一个基于 scikit-learn 包的自动设计和优化机器学习 pipeline 的框架。

图 5-11 是典型监督机器学习过程的描述。需要经历一系列步骤：数据清理、特征处理、特征选择、特征分解、模型选择、参数优化以及模型评估。其中浅灰色区域表示将由 TPOT 自动执行的步骤。这里所说的管道，指的是 sklearn 中的管道机制，也可以说是图 5-11 中的流程，其中的节点代表管道中的操作。

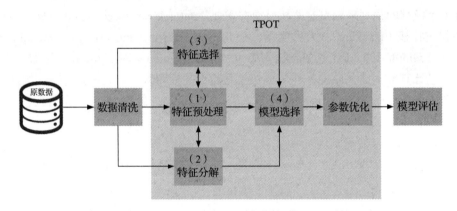

图 5-11　TPOT 的框架结构

1. TPOP 中的 4 种类型的管道操作（以下简称 op）

1）数据预处理 op：包括 3 种处理 op，StandardScaler、RobustScaler 和 Polynomial-Features。StandardScaler 使用样本均值和方差来扩展特征；RobustScaler 使用样本中值和四分位间的范围来扩展特征；PolynomialFeatures 通过数字特征的多项式组合生成交互特征。

2）特征分解 op：RandomizedPCA，一种使用随机奇异值分解（SVD）的主成分分析的变种。

3）特征选择 op：包括 4 种策略——递归特征消除策略（RFE）、选择 Top-K 个特征的策略（SelectKBest）、选择前 *n* 个特征百分位的策略（SelectPercentile）、删除不满足最小方差的特征的策略（VarianceThreshold）。

4）模型选择 op：TPOT 专注于监督学习模型，实现了基于个体和集合树的模型（决策树、随机森林和 GradientBoostingClassifier）、非概率和概率线性模型（SVM 和 LogisticRegression），以及 K-NN 算法（KNeighborsClassifier）。

2. 基于树的管道集成

为了将上述 4 种类型的 op 组合成一个灵活的 pipeline 结构，TPOT 将 pipeline 实现为树，如图 5-12 所示，不同的 op 是树中的节点。每个基于树的 pipeline 都以输入数据集的一个或多个副本作为树的叶子的开始，然后将其馈送到 4 类 pipeline op 中的一个：预处理、分解、特征选择或建模。当数据在树上传递时，它由该节点的 op 修改。当存在正在处理的数据集的多个副本时，可以通过数据集组合 op 将它们组合成单个数据集。

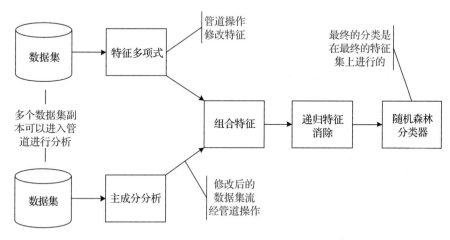

图 5-12　基于树的管道集成

每次通过建模操作传递数据集时，将存储生成的分类，以便处理数据的最新分类器覆盖先前的预测，并且将较早的分类器的预测存储为新要素。一旦数据集被 pipeline 完全处理（例如，当数据集通过图 5-12 中的随机森林分类器 op 时），最终预测将用于评估 pipeline 的整体分类性能。在所有情况下，我们将数据划分为 75% 的训练集和 25% 的测试集。这种基于树的 pipeline 结构有任意多的组合；例如，一个 pipeline 只能在数据集的单个副本上串行应用操作，而另一个管道可以轻松地处理数据集的多个副本，并在最终分类之前将它们组合在一起。

3. TPOT 中构建 pipeline 的进化算法以及帕累托优化

为了自动生成和优化这些基于树的 pipeline，TPOT 使用了一种新的进化算法技术，称为遗传编程（GP），在 Python 包 DEAP 中实现。传统上，GP 构建数学函数树以针对给定标准进行优化。在 TPOT 中，使用 GP 来演化 pipeline op 的序列以及每个 op 的参数（例如，随机森林中的树的数量或在特征选择期间要选择的特征对的数量），以最大化 pipeline 的分类准确性。其中对 pipeline 的更改可以修改，移除或插入新的 pipeline op 序列到基于树的 pipeline 中。

TPOT pipeline 根据其在测试集上的分类精度进行评估。另外，TPOT 使用帕累托优化来优化两个独立的目标：最大化 pipeline 的最终分类准确性以及最小化 pipeline 的总体复杂性（即 pipeline op 的总数）。

通过连续几代的演变，TPOT 的 GP 算法将通过添加新的能提高适应性的 pipeline op，并消除冗余或有害的 op 来优化 pipeline。在每次 TPOT 运行结束时，使用在 TPOT 运行期间发现的单个性能最佳的 pipeline（根据分类准确性）作为代表性 pipeline。

4. TPOT 使用实例

TPOT 使用实例如图 5-13 所示。

```
from tpot import TPOTClassifier
from sklearn.datasets import load_digits
from sklearn.model_selection import train_test_split

digits = load_digits()
X_train, X_test, y_train, y_test = train_test_split(digits.data, digits.target,
                                                     train_size=0.75, test_size=0.25)

tpot = TPOTClassifier(generations=5, population_size=20, verbosity=2)
tpot.fit(X_train, y_train)
print(tpot.score(X_test, y_test))
tpot.export('tpot_mnist_pipeline.py')
```

图 5-13　TPOT 使用实例[⊖]

实例说明：在安装 TPOT 包之前我们需要提前安装几个基础包（numpy、scipy、deap、pywin32），然后使用 pip install tpot 来安装 TPOT 包。TPOT 的使用与 auto-sklearn 类似，都是先使用 sklearn 将数据分为训练集和测试集，然后在 TPOT Classifier 中设置 GP 算法进化轮数，以及每一代个体值等。最后用 tpot.fit 训练数据，用 tpot.score 检查模型结果。

5.2.3　分布式自动化模型选择

1. H2O

H2O 是一个快速、开源、可扩展且可以进行分布式的机器学习和预测分析平台，允许用户在大数据上构建机器学习模型，并在企业环境中轻松实现这些模型的实现和应用。

H2O 的 AutoML 可用于机器学习工作的流程自动化，其中包括在用户指定的时间限制内对许多模型进行自动训练和调整，用户仅需要提供数据集和训练时间就可以完成训练任务。

H2O-AutoML（3.16.04）可以对以下的算法模型进行训练和交叉验证：随机森林算法、极端随机森林算法、广义线性模型、3 个预先指定的 XGBoost 模型、5 个预先指定的 H2O 梯度增强机模型和 1 个随机深度网络。然后，AutoML 会训练两个堆叠的集成模型。除了一些十分罕见的情况，这两个集成模型会拥有比其独立模型更好的效果。第一个集成模型包含所有的模型，第二个集成模型只包含每个算法类 / 族中性能最好的模型。

⊖　https://github.com/EpistasisLab/tpot。

　　图 5-14 为 H2O 的结构图，通过网络云端部分可以分为两部分。顶端部分为供用户使用的 REST API，底端部分为 H2O 的运行架构。从网络层往下依次是语言层、算法层、内存管理和 CPU 管理。

图 5-14　H2O 结构图

　　REST 用户接口支持 JavaScript、R、Python、Excel、Tableau、Flow 和 H2O，云由一个或多个节点组成，每个节点都是一个单独的 JVM 进程。每个 JVM 过程被分成 3 层：语言、算法和核心基础设施。语言层由 R 和 Scala 层的表达式评估引擎组成。R 评估层是 R REST 客户端前端的从属。但是，Scala 层是最高级的，你可以在其中编写使用 H2O 的本地程序和算法。算法层包含自动提供 H2O 的算法。这些是用于导入数据集的解析算法、数学和机器学习算法（如 GLM）以及预测和评分引擎或模型评估。底层（核心）处理资源管理。内存和 CPU 的管理同在底层。

　　那么 R 或是 Python 用户是如何完成与 H2O 的交互呢？

　　用户通过 R（或 Python）的脚本完成与 H2O 的交互。需要注意的是，数据不会通过 R（或 Python），它们只是起到接口作用。

　　第一步，R（或 Python）使用数据导入功能，如图 5-15 所示。

　　第二步，R（或 Python）告知 H2O 集群去读取数据，如图 5-16 所示。

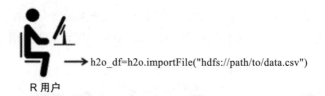

图 5-15 R 使用数据导入功能

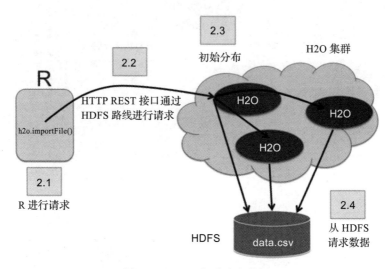

图 5-16 H2O 集群读取数据

第三步，数据从 HDFS 返回 H2O 框架，如图 5-17 所示。

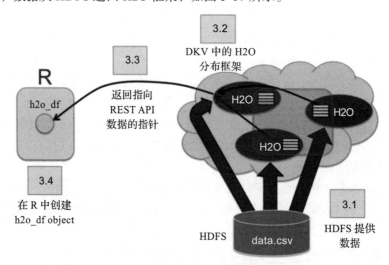

图 5-17 数据返回 H2O 框架

H2O 使用实例如图 5-18 所示。

```
import h2o
from h2o.automl import H2OAutoML

h2o.init()

# Import a sample binary outcome train/test set into H2O
train = h2o.import_file("https://s3.amazonaws.com/erin-data/higgs/higgs_train_10k.csv")
test = h2o.import_file("https://s3.amazonaws.com/erin-data/higgs/higgs_test_5k.csv")

# Identify predictors and response
x = train.columns
y = "response"
x.remove(y)

# For binary classification, response should be a factor
train[y] = train[y].asfactor()
test[y] = test[y].asfactor()

# Run AutoML for 20 base models (limited to 1 hour max runtime by default)
aml = H2OAutoML(max_models=20, seed=1)
aml.train(x=x, y=y, training_frame=train)

# View the AutoML Leaderboard
lb = aml.leaderboard
lb.head(rows=lb.nrows) # Print all rows instead of default (10 rows)

preds = aml.predict(test)

# or:
preds = aml.leader.predict(test)
```

图 5-18 H2O 使用实例[⊖]

实例说明：使用 pip install h2o 安装 H2O 包，从中导入 H2OAutoML 模块，用 h20. init() 初始化 H2O。准备好训练和测试数据，设置好最大训练时间（max_runtime_secs）后使用 am1.train(x,y,train) 训练数据。可以使用 leaderboard 查看模型排名，使用 am1.leader. model_performance(test) 评估模型。

2. TransmogrifAI

TransmogrifAI 是一个基于 scala 编写而运行在 Spark 上的库。它的开发初衷是通过自动化机器学习来提高机器学习开发人员的生产力，以及一个能增加编译安全性、可模块化和重复使用的接口。TransmogrifAI 有许多算法估计器来实现自动化特征工程、特征选择和模型选择。它在机器学习工作流和数据操作之间进行分离，保证 TransmogrifAI 编写的代码是可模块化并且可重复使用的。通过使用 TransmogrifAI 和这些开发工具，开发一个模型的花费时间将会从几周缩短至几小时。

向量化和变形。TransmogrifAI 的 transmogrifier 能够获取一系列的特征并根据功能类型自动对它们进行转换（如插补、空值跟踪、OneHot 编码、标记化）并将它们组成一个向量。

健康诊断器（SanityChecker）。SanityChecker 是一种评估工具，它可以在将模型拟合到特定数据集之前，分析特定数据集存在的问题。它使用各种统计测试方法对数据测试，并丢弃发生标签泄漏或没有预测能力的预测器。

模型选择器（ModelSelectors）。这是机器学习流程中进行自动化模型选择的阶段。TransmogrifAI 会根据用户正在建立的模型类别（分类、回归等）为用户选择最佳的模

⊖ http://docs.h2o.ai。

型和超参数。模型选择器是一个使用数据去寻找最佳模型的预估系统。BinaryClassific-ationModelSelector 用于二进制分类任务，Multi-ClassificationModelSelector 用于多分类任务而 RegressionModelSelector 用于完成回归模型任务。当前可以使用的分类模型有：GBTClassifier、LinearSVC、LogisticRegression、DecisionTrees、RandomForest 和 NaiveBayes。当前可使用的回归模型有：GeneralizedLinearRegression、LinearRegression、DecissionTrees、RandomForest 和 GBTreeRegressor。

TransmogrifAI 的工作流程如图 5-19 所示。

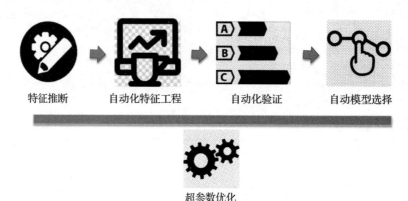

特征推断　　自动化特征工程　　自动化验证　　自动模型选择

超参数优化

图 5-19　TransmogrifAI 的工作流程

TransmogrifAI 的第一步是进行特征推断（Feature Inference），这也是机器学习流程的第一步。获得的数据会放入对应的框架中，但其中可能会出现一些错误，如空值或是类型问题。TransmogrifAI 会帮助用户解决这些问题，它允许用户自己制定"特征"，也可以通过自动推断将某一类定义为特征。当它检测到数据集中某一项为错误时，它会记录下错误并做出适当的处理。

第二步是自动化特征工程（Transmogrification），虽然找到正确的数据类型有助于数据挖掘以及减少对后续流程的负面影响，但最终所有的特征都是要被转换成数字表示的，只有这样才能被计算机学习，才能找到其中的规律。而这个转化过程被称为特征工程。例如中国有 34 个省级行政区，如果我们想要把它们转换成数字，一种方法是将它们映射到 1～34 之间用数字表示。这样确实可以区分出每一个省级行政区，但是却没有保存各个省级行政区之间的距离关系。另一种方法是用离首都的距离来表示，这样同样不能表现东南西北的方向。

所以，数据的特征工程方法有无数种，但是要找出一种合适的却很难。而 TransmogrifAI 恰恰可以帮助用户解决这个问题并自动完成这个步骤。它自身可以对特征提供多种编码技术，不仅可以把数据转化成可用的算法格式，还可以在转换的过程中进行优化，使机器学习算法更容易从数据中进行学习。当然，它也支持用户自己去定义特征。

第三步是自动化特征验证（Feature Validation）。原始数据在经过特征工程之后，根据不同的特征工程方法，数据有可能出现爆发式的增长，而高维度的数据往往会发生错误，其中最典型的问题就是过拟合，这样模型在测试的时候效果"极好"而在实际使用中却一无是处。而 TransmogrifAI 的自动化特征验证就是为了解决这一问题而存在的，它会删除几乎没有预测能力的特征，这些特征通常表现为在测试过程中为零方差或是在训练过程中与预测时表现为明显不同的分布。

以上是 TransmogrifAI 的数据预处理工作，接下来就是自动化模型选择（Model Selection）。按照以往的机器学习过程，数据工程师会根据经验选择模型或者依次尝试不同的算法模型，然后再去调整模型的参数，这是一个十分耗时的过程。TransmogrifAI 的模型选择器会在数据上使用多种不同的算法，并去比较它们的平均误差，从中挑选出效果最好的算法模型。此外，它还可以通过对数据集进行采样，并重新校准预测，进一步生成性能更好的模型。

超参数优化（Hyperparameter Optimization），几乎在机器学习的每一步都存在超参数优化的过程，这是一个十分烦琐的过程，而 TransmogrifAI 可以代替数据工程师完成这个步骤。

3. MLBox

MLBox 是一个强大的自动化机器学习库，它具有以下特征：快速读取以及分布式进行数据处理、清洗、格式化；高度健壮性的特征选取和内存泄漏检测；高维空间的较精确超参优化；分类与回归中的预测模型（深度学习、堆叠、轻量级 GBM 等）；模型解读的预测。

整个 MLBox 流程分为 3 个部分：预处理、优化、预测，完整流程如图 5-20 所示。

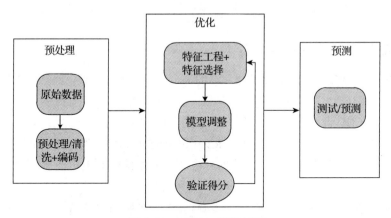

图 5-20　MLBox 框架结构

与其他库相比，MLBox 主要有以下两点不同：

1）漂移发现：一种使训练数据的分布与测试数据更相似的方法。我们通常假设数据的训练集和测试集是通过相同的生成算法或过程创建的，但我们在现实世界中看不到这种行为。在现实世界中，数据生成器可能会发生变化。例如，在销售过程的预测模型中，客户的行为会随着时间的变化而变化，因此生成的数据会变得与创建模型时的数据不同。这就是所谓的漂移。另一点是，在数据集中，独立特征和依赖特征都可能发生漂移。当独立特征发生变化时，称为协变量转移，当独立特征与依赖特征之间的关系发生变化时，称为概念转移。

2）实体嵌入：受 Word2vec 启发的一种特征分类编码技术。

MLBox 模块⊖中包含 3 个子模块——preprocessing、optimisation 和 prediction，它们的功能分别为读取和预处理数据、在数据中测试优化结构、在测试集进行预测。使用实例如下：

a）子模块调用：

```
from mlbox.preprocessing import *
from mlbox.optimisation import *
from mlbox.prediction import *
```

b）数据路径提取：

```
paths=["<file_1>.csv", <file_2>.csv", … , <file_n>.csv"]
target_name="<my_target>.csv"
```

c）数据准备、训练模型：

```
#reading
data=Reader(sep=",").train_test_split(paths, target_name)
#deleting non-stable variables
Data=Drift_thresholder().fit_transform(data)
```

d）评估模型：

```
Optimser().evaluate(None, data)
```

5.2.4 自动化模型选择的相关平台

近几年出现了很多基于自动化机器学习的平台，其中 R2.ai 是一种基于零基础机器学习建模的平台，可以自动学习并构建机器学习模型，重要的是，目前提供免费的使用，支持上限为 50MB 的 CSV 训练数据量、两万行数据预测。R2.ai 于 2015 年在美国硅谷成立，在上海和杭州都有分公司，其 R2 Learn 是 R2.ai 构建的 AutoML 平台，可以提供自动化的服务，及自动优化机器学习工作流，使数据分析和数据建模的实现更简单、更快速，且能达到更高的质量。

其整体的建模流程如图 5-21 所示，步骤 1~3 主要由用户完成，步骤 4~6 主要由 R2 Learn 平台自动完成。

R2.ai 还提供了可视化的界面，使用户可以监测其模型训练的中间过程，如图 5-22 所示，为其对数据预处理的主要概括，可以自动检测变量类型，对缺失值、异常值等提供处理方式。

在建模过程中，提供了两种建模方式，一种是全自动的建模方式，另一种是可以自定义设置的建模方式。其中的设置包括很多参数，既可以根据用户需求选择机器学习算法，还可以设置数据集分割比例、最大模型集成数等。如图 5-23 所示，是 R2.ai 的设置界面。

⊖ https://github.com/AxeldeRomblay/MLBox。

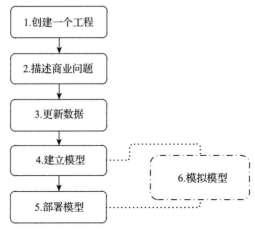

图 5-21 R2.ai 的主要流程

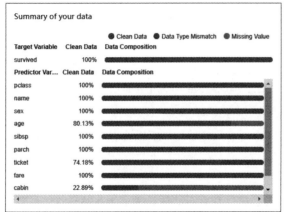
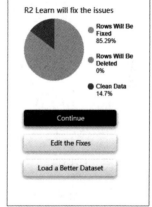

图 5-22 R2.ai 进行数据预处理

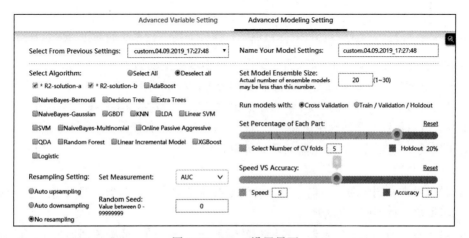

图 5-23 R2.ai 设置界面

最后，在所有已训练的模型中，R2.ai 会根据执行速度、模型性能、验证集模型与流出集的差异等因素来综合进行模型推荐。也可以对每一个已训练模型查看各种可视化特征，例如 ROC 曲线、预测分布、不同变量对预测的重要性等，如图 5-24 所示，为训练结果的可视化界面。

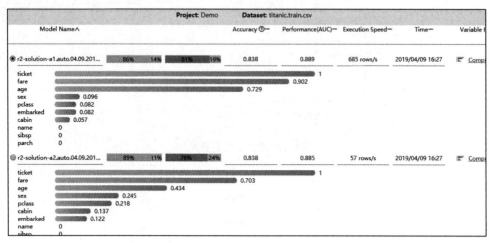

图 5-24　R2.ai 训练结果的可视化界面

5.3　自动集成学习

5.3.1　集成学习基础

对于单一的学习模型来说，往往可能由于缺乏对比性，单个学习器的效果可能不太理想。在选择训练集的时候，部分的异常值区间可能会对某一个模型的性能造成严重影响。将多个学习器融合成一个新的学习器就是集成学习的思想。在实际的过程中，集成学习将不同的算法，按照不同的方式组合到一起，得到了一个学习效果比单个学习器好的机器学习的方法。

集成学习（Ensemble Learning）首先通过一定的策略生成多个分类器，这些分类器都是"弱学习器"，集成学习并不是强行规定要把多个学习器生成弱学习器，假设对于不同弱学习器来说，它们的错误都是独立的，随着弱学习器的数量增加，集成后的错误率会明显减少，这也是集成学习效果优于单一学习器效果的原因。通过一定的策略将不同的弱分类器进行组合，可以得到一个准确率更高的"强学习器"。集成学习的过程如图 5-25 所示。

对于集成学习来说，弱学习器的种类可以是相同的，也可以是不同的。所以得到弱学习器的方法有两种：

- 对于种类相同的弱学习器，这一类的学习器是同质的，弱学习器采用的是相同的学习策略，得到同一种分类器。
- 对于不同种类的弱学习器，这一类的学习器是异质的，弱学习器通过不同的学习策略得到，不同种类的弱学习器也可以结合成强学习器。

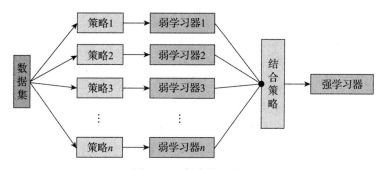

图 5-25　集成学习流程

根据弱学习器之间依赖关系的不同，集成弱学习器的策略也不相同：

❑ 如果弱学习器之间存在部分依赖关系，不同的弱学习器需要串行生成，弱分类器之间会存在依赖关系，例如 Boosting 系列的算法，集成的方法是根据模型之间的关联，通过迭代，将训练错误的样本赋予较高的权重来提高集成模型的性能。

❑ 如果弱学习器之间是相互独立的，则不同的弱学习器可以并行生成，例如 Bagging 系列的算法。

集成学习之所以叫集成，是因为它会将不同的弱学习器结合，集成的策略主要有平均法、投票法和学习法。

（1）套袋（Bagging）算法

Bagging 是 bootstrap aggregation 的简写，是通过平均多个学习器来减少方差的集成学习算法。

Bagging 一般采用的是自助采样法，是随机有放回的抽样，所以数据集中的样本有些可能会多次抽到，有的可能一次也抽不到，每个样本抽取的权重相等。每次从数据集中抽取的样本都是独立的。重复有放回的从数据集中抽取多次样本，每次抽取的样本数量相同。

对于分类任务使用投票的方式来集成，对于回归任务使用平均的方式来集成。

Bagging 的流程图如图 5-26 所示。

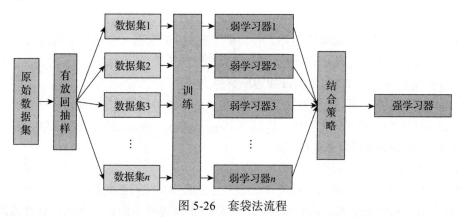

图 5-26　套袋法流程

从图 5-27 中可以看出，首先对原始数据进行有放回的抽样，一共抽取 n 轮，生成 n 组数据集。再分别对这 n 组数据集采用相同的策略进行训练，得到 n 个弱学习器，再将这 n 个弱学习器进行结合，得到最终需要的强学习器。

（2）随机森林（Random Forest）

随机森林是 Bagging 算法中非常重要的算法，是一种基于决策树的集成学习的算法。算法的思想就是通过原始数据集随机采样，构建许多决策树，再根据决策树的共同输出结果来决定最后集成学习的输出。随机森林的随机体现在：从训练集中取数据的时候是随机抽取；在构建决策树的时候是从整体数据集中随机选取特征的。这两步随机使得随机森林在训练的时候避免了过拟合的现象。

随机森林的算法流程图如图 5-27 所示。

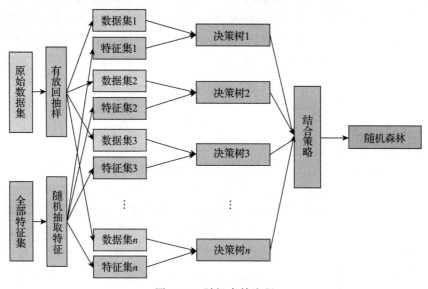

图 5-27   随机森林流程

算法步骤如下：

1）从训练集中随机选取 m 个数据，作为训练数据，m 要远小于数据集的数量 M。

2）从全部的特征中选取 p 个特征，作为需要构建的特征，p 要远小于全部特征的数量 P。

3）选择输入的数据和选择的特征构建决策树。

4）重复进行 n 次，得到大量的决策树，用集成的策略对决策树进行集成构建随机森林。

在 sklearn 库中，对于分类问题可以使用 BaggingClassifier 函数来进行求解，对于回归问题 BaggingRegressor 函数来进行求解。

（3）提升算法

提升（Boosting）算法也是一种能将弱学习器集成为强学习器的算法。它的思想是通过给每个样本分配权重的思想，每轮学习后，将分类正确的样本的权重降低，分类错误的样本的权重提高，直到迭代停止或者满足条件。这样就可以通过提升的方法得到强分类器。

Boosting 在选取样本的方法上与 Bagging 不同，Bagging 是有放回地抽取多次样本，而 Boosting 每一轮参与训练的样本都是相同的，改变的只是样本的权重，样本的权重基于上一轮学习的结果进行改变。在运行上也不相同，Bagging 可以并行训练所有的弱学习器，而 Boosting 需要串行训练弱学习器，因为下一轮的学习需要基于上一轮训练的偏差得到的权重。

Boosting 的流程图如图 5-28 所示。

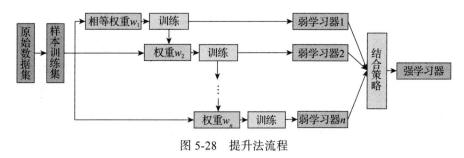

图 5-28　提升法流程

Boosting 的算法步骤如下：

1）一开始从数据集中选取一个固定的样本集，给样本集中的每个数据分配一个相等的权重，将带权重的数据集通过训练得到弱学习器 1。

2）根据学习的误差来更新权重得到权重 w_2，对于误差率高的训练集分配一个较高的权重，这样会使得训练错误的样本在后面的训练中得到更高的重视度。

3）更新权重后使用相同的样本进行第二轮训练。重复训练直到达到所需的弱学习器的数量。

4）最后将所有的弱学习器进行集成，得到最终需要的强学习器。

虽然 Boosting 的思想能够很好地提升模型的准确率，但是在实际应用中，该算法需要预先知道弱分类器的准确率的下限。

针对 Boosting 的缺陷，提出了对 Boosting 的改进算法。例如 Adaboost 算法，Adaboost 算法的全称是 Adaptive Boosting，这是基于 Boosting 算法的改进算法，它将前几轮都分类错误的样本权重提高，这样就可以针对难分类的样本提高关注度。在集成的阶段采用加权投票的方法，这样就可以对准确率较高的分类器分配更高的权重，使其在最后的集成中发挥更大的作用。

在 sklearn 库中，对于分类问题可以使用 AdaBoostClassifier 函数来进行求解，对于回归问题使用 AdaBoostRegressor 函数进行求解。

5.3.2　集成学习之结合策略

集成学习的结合策略有以下 3 种常用方法，如图 5-29 所示，分别为投票法、平均法和学习法。

投票法   平均法   学习法

图 5-29 三种结合策略

（1）投票法

投票法在分类问题中经常被使用，其基本思想是少数受制于多数。在样本 x 的预测结果中，具有最大数量的类别是最终分类类别。如果多个类别获得最高票数，将随机选择一个作为最终类别。另一种稍微复杂的投票方法是绝对多数方法，也称为多数投票。在多数票的基础上，需要多数票以及最高票数。否则它将拒绝预测。

更加复杂的是加权投票方法，与加权平均法一样，将每个弱学习者的分类投票数乘以权重，最终将每个类别的加权投票相加，最多票数对应于最终类别。

（2）平均法

平均法大多用于数值回归预测问题，即基本思想是对几个弱学习者的输出求平均以获得最终预测输出。

（3）学习法

学习法就是将上述两种比较简单的结合方法进行二次结合，一种比较常见的结合方式就是堆叠，当使用组合时堆叠策略，不是学习做一个简单的逻辑处理的弱结果，而是添加一层学习，即将训练集弱学习器的学习结果作为输入，将训练集的输出设置为输出，训练一个新学习器获得最终结果。在这种情况下，将弱学习器称为初级学习器，将用于结合的学习器称为次级学习器。对于测试集，我们首先用初级学习器预测一次，得到次级学习器的输入样本，然后再用次级学习器预测一次，得到最终的预测结果，具体流程如图 5-30 所示。

5.3.3 自动化模型集成

当我们在做机器学习的模型设计时，往往会因为模型的集成方法和交叉验证等产生困惑。如果存在一种自动集成模型的算法，将会大大降人们花费在模型验证上的时间，从而可以在设计模型等环节投入更多精力。自动化机器学习也是科学家在不断尝试和实现改进的一项重要学科，就像前面提到的自动化特征工程。集成学习用不同的算法训练多个弱学习器，再将多个弱学习器集成为一个强学习器，从而得到更准确的模型。当前许多流行的机器学习算法都是在集成学习的思想上建立的。如果能在一系列的方法组合中自动找到最佳的组合方法，那会对机器学习带来极大的便利。

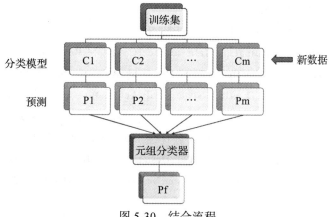

图 5-30　结合流程

　　H2O 是一个开源的分布式可扩展平台，其中的 H2O Ensemble 已经可以让用户通过有监督的学习方式训练集成模型，它使用的是 Super Learner，其主要任务是对弱学习器训练和集成以及交叉验证。

　　主要步骤如下：

❏ 导入训练集和测试集，并指定数据的类型。

❏ 指定初级学习器和次级学习器。初级学习器中包含各类机器学习的算法，例如：随机森林、GBM 和深度神经网络等。H2O 支持常见的机器学习算法，非监督和监督学习都有涉及。训练初级学习器，最后得到次级学习器。

❏ 通过交叉验证生成一个集成模型。

❏ 最后验证集成模型的性能。

　　H2O 也提供了数据可视化的功能，可以清楚直观地观察到不同数据之间的关系以及模型之间的好坏。

　　随着人工智能和机器学习的普及，自动化机器学习也变得越来越重要，自动集成学习也只是自动机器学习的一个开端，在未来，自动化机器学习也会变得越来越普遍和高效。

5.4　参考文献

[1]　THORNTON C, HUTTER F, HOOS H H, et al. Auto-WEKA: Automated selection and hyper-parameter optimization of classification algorithms[J]. CoRR, abs/1208.3719, 2012.

[2]　KOTTHOFF L, THORNTON C, HOOS H H, et al. Auto-WEKA 2.0: Automatic model selection and hyperparameter optimization in WEKA[J]. The Journal of Machine Learning Research, 2017, 18(1): 826-830.

[3]　FEURER M, KLEIN A, EGGENSPERGER K, et al. Efficient and robust automated machine learning[C]//NIPS. Advances in neural information processing systems 28. New York: Curran

Associates, 2015: 2962-2970.

[4] OLSON R S, BARTLEY N, URBANOWICZ R J, et al. Evaluation of a tree-based pipeline optimization tool for automating data science[C]//ACM.Proceedings of the Genetic and Evolutionary Computation Conference 2016. New York: ACM, 2016: 485-492.

[5] LLOYD J R, DUVENAUD D, GROSSE R, et al. Automatic construction and natural-language description of nonparametric regression models[C]//AAAI. Proceedings of Twenty-eighth AAAI conference on artificial intelligence. Menlo Park: AAAI Press, 2014: 1242-1250.

[6] GUYON I, BENNETT K, CAWLEY G, et al. Design of the 2015 ChaLearn AutoML challenge[C]// INNS. 2015 International Joint Conference on Neural Networks (IJCNN). Washington, DC:IEEE, 2015: 1-8.

[7] LINDAUER M, HUTTER F. Warmstarting of model-based algorithm configuration[C]//AAAI. Thirty-Second AAAI Conference on Artificial Intelligence. Palo Alto: AAAI Press, 2018.

[8] Elshawi R, Maher M, Sakr S. Automated Machine Learning: State-of-The-Art and Open Challenges[J]. arXiv preprint arXiv:1906.02287, 2019.

[9] BERGSTRA J, KOMER B, ELIASMITH C, et al. Hyperopt: a python library for model selection and hyperparameter optimization[J]. Computational Science & Discovery, 2015, 8(1): 014008.

[10] WISTUBA M, SCHILLING N, SCHMIDT-THIEME L. Automatic Frankensteining: creating complex ensembles autonomously[C]//SIAM.Proceedings of the 2017 SIAM International Conference on Data Mining. Society for Industrial and Applied Mathematics, 2017: 741-749.

[11] AutoML Freiburg. auto-sklearn background[EB/OL]. https://www.automl.org/automl/auto-sklearn/.

[12] OLSON R S. TPOT description[EB/OL]. http://epistasislab.github.io/tpot/.

[13] H2O.ai. H2O features[EB/OL]. https://www.h2o.ai/products/h2o/.

[14] Salesforce. TransmogrifAI docs[EB/OL]. https://docs.transmogrif.ai/en/stable/.

[15] DE ROMBLAY A A. MLBox docs[EB/OL]. https://mlbox.readthedocs.io/en/latest/.

第6章

自动化超参优化

第4章和第5章分别介绍了自动化特征工程和模型选择，在模型选择的过程中会遇到非常多的超参数需要设置和优化，这是一个很复杂且耗时的过程，因此本章将介绍超参优化的自动化实现。本章主要介绍超参优化的基本概念、基本方法以及自动化超参优化的实现。

6.1 概述

当提到超参优化的时候，一般都是指一个算法模型中无法使用常规优化手段直接优化的部分，例如线性回归的 Elastic Net 里的 L1、L2 正则化系数，又如随机森林算法中的森林的大小、每次抽样的变量个数，XGBOOST 算法中正则项系数的大小。

传统的机器学习模型的超参数目一般都不多，比如 Elastic Net 只有 2 个超参数，随机森林也只有 2 个超参数。由于这些算法的计算量较小，机器可以在很短的时间内采用网格搜索的方法把所有的可能都遍历一遍，最后画成 3D 可视化图同时直接给出最优超参数。

对于 SVM 而言，其网格搜索的结果如图 6-1 所示，x、y 轴分别为超参变量 C 和 Gamma，z 轴为分类正确率 / 错误率。

对于某个特定任务，只要顺着超参 [C, Gamma] 完整验证一遍即可。即使把核函数也算作超参，那么其实用 3 维网格就可以完成。对于这类超参状态空间有限的任务而言，只要采用这样简单的方式就可以完成超参优化。

但是，当深度学习时代来临，超参优化问题就不一样了。一个深度学习模型有大量的超参，随着网络结构的增长，超参也会增加。

那么一般而言有什么超参呢？

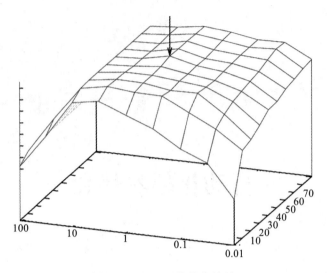

图 6-1   SVM 网格搜索结果

❑ 优化器。优化器有 Adam 优化器、RMSProp 优化器等上十种。

❑ 优化器超参。在使用 RMSProp、Adam 等优化器的时候会涉及 β_1、β_2 等优化器超参。

❑ 学习率。反向传播的初始学习率会对结果造成巨大的影响。

❑ 迭代次数。要训练多少轮比较合适。

❑ 激活函数。每一个神经元 / 卷积层都有一个激活函数，激活函数也是多种多样的，包括 sigmoid 函数、tanh 函数、relu 函数以及它们的种种变形。

❑ 批大小。在一次训练中的数据输入量的大小，对结果会有较大影响。

❑ 网络结构。网络结构本身就是最大也最复杂的超参。

一个复杂的大型网络训练一次需要的时间以周为单位，同时会消耗大量的计算资源，这时候网格搜索就既不现实也不经济了。同时调参的过程也占用了算法工程师的大量时间，在计算资源与成本极高的前提下，为了确保模型在正确的方向上优化，一个算法工程师需要像照顾熊猫一样片刻不停地紧盯模型训练过程，发现稍有不对就要立刻停止训练，调整方向，再重新开始训练，这样会大幅降低其工作效率，也使得其不能将主要精力投入到更重要的算法创新上。因此，一种更高效率的自动化优化方法就显得尤为必要。

近几年，神经网络的架构搜索和超参数优化成为一个研究热点。2017 年谷歌大脑的一篇叫作《 Neural Architecture Search with Reinforcement Learning 》的论文使 AutoML 成为了一个学术界与工业界的热点研究方向，它利用强化学习进行神经架构搜索并首次获得超过人类专家设计的 SOTA 模型的效果。2018 年谷歌也有利用进化算法实现神经架构搜索并获得了超过了人类专家 SOTA 的效果。至此，自动化深度学习成了一个被重点研究和关注的方向。

然而为了与本书其他章节进行区分，本章重点不会放在神经架构搜索上。先假设网络架构是固定的，基于此介绍一个模型超参优化的一般思路与方法。

6.1.1　问题定义

在深度学习中，关于网络架构和超参数优化的问题有以下特点：

❏ 非线性。不存在简单的优化规律。

❏ 非凸。因此无法以梯度方法进行优化，也难以验证找到的解是否是最优解。

❏ 组合优化。需要同时优化大量的超参，例如网络层数、通道数、激活函数等。

❏ 混合优化。既有连续变量，又有整数变量，还有类别变量。

❏ 试错成本高。训练一次网络进行验证与评估需要耗费大量时间。

在深度学习领域，传统的超参优化主要有 2 种方式，一种是基于经验试错法的人工研究型方法，研究员根据最新的研究进展以及个人灵感，在实验中不断尝试积累直觉和经验并调整超参数以得到更好的结果；另一种是基于网格搜索与随机搜索的简单自动化搜索方法。前者严重依赖于研究员的调参经验，后者效率过于低下，浪费大量资源同时还不能保证效果。

自动超参优化要解决如下两个问题：

❏ 如何找到一个可以接受的优解？

❏ 如何在可接受的时间范围内找到这个解？

下面将从超参搜索空间、搜索策略、评价预估、迁移学习 4 方面介绍超参优化的几个要点。

6.1.2　搜索空间

搜索空间定义了优化问题的参数空间。通常而言，拟合能力越强，模型结构越复杂的模型就会拥有更多的超参，也因此超参空间也会越大。

最简单的模型，如线性回归，是没有超参的。即使我们把 L1、L2 正则化系数算入，也最多只有两个超参，因此搜索空间是较小的。SVM 与随机森林等算法同理，由于超参空间较小，我们采用网格搜索的方式便可以在可预期的时间与资源消耗下找到最优解。

但是伴随着深度学习的出现，网格搜索方法变得捉襟见肘。深度学习从优化器到网络拓扑结构甚至到节点属性都充满了大量的超参，因此参数空间非常庞大，比如从学习率的搜索、激活函数的选择，到网络结构的选择，再到每一个卷积层的卷积核超参选择。再加上深度学习模型的训练与评估时间要很久，因此用网格搜索是不现实的。传统方法都是依赖于研究员的多次尝试与经验总结去实现超参优化，如图 6-2 所示。

6.1.3　搜索策略

为了能够实现自动化高效率的超参搜索，我们需要利用更加有效的自动化超参优化算法，也就是采用有效的搜索策略。

如果把神经网络架构本身也看作一种超参的话，目前主流的自动化超参优化算法有以下几种：

图 6-2　传统网格搜索的限制

❑ 基于强化学习的学习式超参优化。相当于由一个强化学习中的智能体来代替人类的角色进行调参的试错并给予经验建模学习规律。这也是 NASNet 中采用的网络架构搜索方法，更准确地说这其实并不是搜索式的算法，而是一种基于模型学习与预测的方法。

❑ 基于进化算法的搜索式超参优化。进化算法的重点是如何更有效率地在搜索空间中进行随机搜索。

❑ 基于贝叶斯优化的概率式超参优化。贝叶斯优化的重点是通过概率代理模型来指导超参优化的调试方向，这种方法一般用于中低维度的优化问题。

本章的重点放在基于概率的贝叶斯优化以及基于进化算法的超参优化上，基于强化学习的方法与本书的后续章节关系更为紧密，因此会在后面进行重点讲述。

6.1.4　评价预估

传统的超参调优方法依赖于一次又一次进行模型训练与评估，也因此研究人员需要花费大量时间等待机器完成学习，这也导致了整个流程的效率被大幅降低。如果研究人员经验不足，那么试错所需的时间成本以及计算资源成本将会大幅上升，这无论对公司还是个人而言都是非常低效的。

为了解决上述问题，我们需要有方法去通过一些有限的先验信息快速预测模型训练的最终结果，也就是评价预估方法。评价预估，顾名思义就是对模型的效果进行预估，在真实对模型进行训练与测试之前就通过某种方法对模型的效果做出评判。

用生活中的案例做类比，那就是面试。在现实生活中，要客观准确全面地了解一个人的工作表现是需要长达数月的时间去观察的。但是现实中没有公司会这么做，因为这样成本实在太高了，相对的，公司招聘者通常会基于职位需求的某些特质来筛选职员，例如价值观、学习经历、技能储备、身体特质、精神特质等。通过这些指标，招聘者可以在免去大量的时间与金钱的评估成本的同时保留足够的评价可信度。

贝叶斯优化是一种基于概率模型实现评价预估的超参搜索方法，它通过代理模型建立超参空间与模型表现之间的关系，随着训练模型数的增多以及对某个模型的训练数的增加，对这种关系的刻画会越来越准确可靠。

6.1.5　经验迁移加速

传统的训练方法是，针对每个任务各自从头训练；但是这其实没有充分利用已有的这些训练好的任务的信息，那为什么不能去发掘不同任务之间的信息去加速训练呢？

这个思想起源于元学习。目前元学习应用上较为出名的是迁移学习，本节会介绍一些利用迁移学习加速训练的技巧，同时也会涉及一些关于元学习的思路。其实在迁移学习上，元学习还有许多可以挖掘的技巧和方向，希望读者留心注意。

目前主流的迁移学习的思路有如下几个：

- ❑ 小样本与大样本之前的迁移。
- ❑ 预训练模型的结构与参数迁移。
- ❑ 高斯分布代理模型的直接或间接的经验迁移。
- ❑ 利用元特征与元数据进行经验迁移。

6.2　基本方法

6.2.1　网格搜索

网格搜索的思想本质就是穷举法，通过尽可能穷举所有的可能性从而找到最优的结果。

以做菜为例，假如不知道该放多少盐多少油，那么就把所有可能都试一次就好了，如表 6-1 所示。

表 6-1　遍历法

	少盐	中盐	多盐
少油	还行	还行	难吃
中油	还行	好吃	难吃
多油	难吃	难吃	难吃

该方法的优点在于简单易用，在处理计算量较小的问题时会很好用；缺点在于当参数维度增长且单次计算量高时，无论是时间上还是算力资源上的计算成本都过高。

6.2.2　随机搜索

随机搜索，顾名思义，就是随机而独立地从参数空间中完全随机地抽取不同的组合 $\{\lambda(1), \cdots, \lambda(S)\}$。随机搜索具有以下特点：

❑ 随机搜索具有网格搜索的所有实际优点（概念简单、易于实现、可并行）。

❑ 在低维空间中的效率略有降低。

❑ 高维搜索空间的搜索效率远高于网格上搜索。

随机搜索的产生主要是为了应对高维广阔且不规则的参数空间以及难以快速评估的大型模型。在这样的情况下，网格搜索的搜索效率会指数级下降，因此必然需要采用更多的方法去进行超参搜索，例如 CMA-ES、SMBO 等。但是，目前还没有一个优化算法可以保证找到全局最优解，例如图 6-3 的情况。

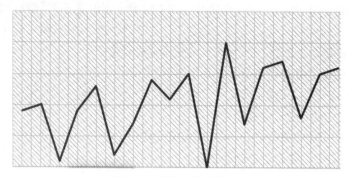

图 6-3　获得全局最优解

对于寻找最小值的情况，所有的引导式优化算法都会存在陷入局部最优的可能，无法探索到真正的最优点。如果最优值只是参数空间里的一个不起眼的孤点，那其实没有任何算法可以通过纯粹的引导去找到它，除非算法的初始起点就恰好落在最优值附近的那个非常小的范围里；这时候随机搜索带来的随机性就变得非常重要。

随机搜索的作用有 3 点：

❑ 作为其他方法的 baseline。在其他方法无效的时候也能提供一个可行的结果。

❑ 给其他方法提供先验信息。例如基于随机搜索的结果构建一个统计概率模型。

❑ 为更复杂的方法提供随机性去跳出局部最优点。

6.3　基于模型的序列超参优化

本节主要介绍 SMBO 框架以及 3 个经典实例方法，这是目前最常见的基于贝叶斯优化的超参优化方法框架。

SMBO（Sequential Model-Based Optimization）可以翻译为基于模型的序列优化，它是一个流程框架，这个框架里的核心成分主要有如下几个：

❑ 代理模型的选择。

❑ 代理模型的更新。

❑ 基于后验分布下新的超参组合的选择。

下面用流程图的形式简单描述其序列迭代的过程，如图 6-4 和图 6-5 所示。

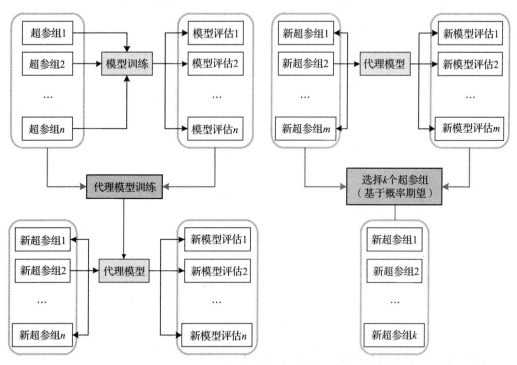

图 6-4　基于已有观测进行代理模型训练及超参挑选

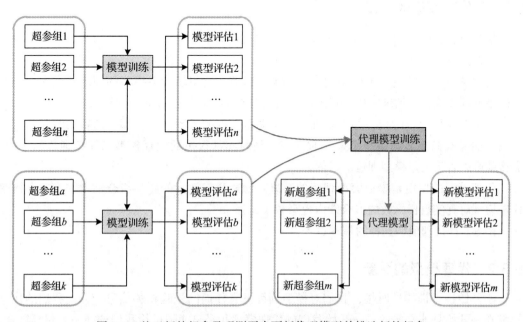

图 6-5　基于新的超参及观测再次更新代理模型并挑选新的超参

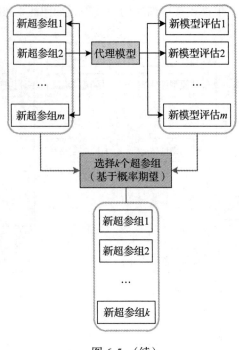

图 6-5 （续）

SMBO 的核心思想就是上面迭代的两个过程。

6.3.1　代理模型的选择

基于模型，即使用一个概率模型 $p(y\,|\,x)$ 作为目标函数的代理函数，通过这个模型对目标函数进行预估评价。

正常情况下，给定一组模型超参，如果想知道在这组超参下模型的训练错误率，需要对模型进行训练，在训练完成迭代收敛后就能对数据进行评估进而得到错误率。

但是在深度学习时代，如果要训练一个海量数据的大型网络，那么消耗的时间是非常长的。如果我们能够利用一个训练时间与评估时间都很短的代理模型来模拟训练的过程，那么就可以省下大量模型训练的时间。

代理模型的作用是模拟模型训练的结果。随着我们搜索的超参组合的增加，这个概率代理模型对真实目标函数的拟合能力也会越来越强。

图 6-6 是代理模型选择的基本过程。

6.3.2　代理模型的更新

刚开始进行训练的时候，我们对模型训练没有任何的先验相关信息，因此我们的代理模型在一开始是非常弱的。一开始我们的代理模型几乎只能随机给我们选择一个超参组合，但随着观测的增加，我们可以基于新的观测去更新模型进而增强模型能力，从而其选择也会越来越靠谱有效。

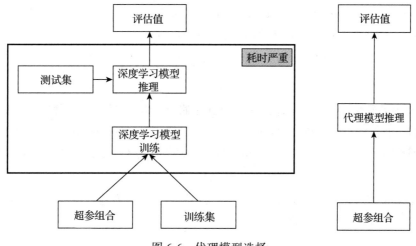

图 6-6　代理模型选择

图 6-7 是代理模型更新的基本过程。

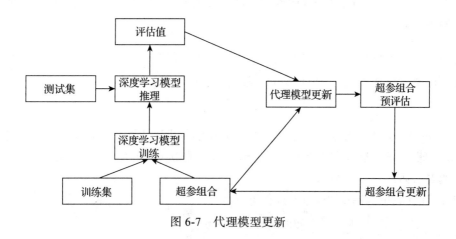

图 6-7　代理模型更新

6.3.3　新超参组的选择

Sequential 指的是迭代式地采用贝叶斯方法对代理函数进行优化，随着观测的增加找到的超参模型会有更高的把握找到最优超参。其结构类似于先验分布—选取超参组合—模型评估—新的观测—生成新的后验，新的后验会作为先验进行循环往复。

我们上面强调了，代理模型都采用概率代理模型，那为什么要用概率代理模型呢？首先概率代理模型可以提供更高的灵活性，每一个超参组合的评估结果我们都可以用一个概率分布来表达；其次，基于概率分布的模型可以用于选取期望最大的新超参组合并支持模型的更新迭代。

基于代理模型进行新的超参组合选取的方法主要有 3 种：PI（Probability Improvement）、EI（Expected Improvement），以及 UCB（Upper Confidence Bound）。通过这 3 种方法定义的用来计算超参组合优劣程度的函数叫作获益函数（Acquisition Function），它根据某种标准描述了选择某个超参组合会带来改善的程度。

1. PI

PI 即概率提升法，它的核心思路是寻找到在期望上最有可能获得更好结果的超参组合。

首先假设我们的目标函数是误差率 $f(x)$，x 是超参组合，那么我们就是想要找到使得其尽可能低的超参组合。假设我们当前阶段的最优目标函数值为 f'，也就是当前最小误差率的值。

$$f' = \min f$$

当基于某个超参的训练误差率大于当前最小值时，就认为其效用值为 0，反之为 1。这个设定是为了下面进行概率积分。

$$\text{utility}(x) = 0\{f(x) > f'\}$$

$$\text{utility}(x) = 1\{f(x) \leqslant f'\}$$

以下积分计算的是 $\text{utility}(x^*)$ 的期望，这个值越大，说明选择这个超参可以带来超过 f' 的结果的概率就越大。

$$\alpha_{\text{PI}}(x^*) = E\left[\text{utility}(x^*) \mid x^*, \text{dataset}\right] = \int_{-\infty}^{+\infty} \text{unility}(x^*) P(f \mid x, y, x^*) \mathrm{d}f = \int_{\infty}^{f'} P(f \mid x, y, x^*) \mathrm{d}f$$

在应用中，会挑选让这个值最小的超参组合进行下一轮迭代。

2. EI

EI 即期望提升法。PI 法的核心是选择最有可能提供更优结果的超参组合，但是没有考虑优化的幅度，毕竟最可能变得更好不等于最有可能最大程度变得更好，因此 EI 算法引入了优化幅度从而计算期望优化度。

基于 EI 的思想，将效用函数改成如下：

$$\text{utility}(x) = \max(0, f' - f(x))$$

接下来就是跟 PI 一样对 utility 进行积分，得到如下结果：

$$\alpha_{\text{EI}}(x^*) = E[\text{utility}(x^*) \mid x^*, \text{dataset}] = \int_{-\infty}^{+\infty} \text{utility}(x^*) P(f \mid x, y, x^*) \mathrm{d}f$$

$$= \int_{\infty}^{f'} (f' - f) P(f \mid x, y, x^*) \mathrm{d}f$$

3. UCB

UCB 的核心思想是统计学的置信区间。如果目标函数是往最大值优化，就使用上边界；如果是往最小值优化，那么就要用下边界。加入优化最小值，那么式子就会如下所示：

$$\alpha_{\mathrm{UCB}}(x^*;\beta) = E\left[(f_*)\,|\,x,y,x^*\right] - \beta\sqrt{\mathrm{var}(f(f_*)\,|\,x,y,x^*)}$$

β 是一个需要人为进行调控的值：β 越大，则越看重该超参组合的极限潜力；β 越小，则越看重其稳定值的范围。

6.3.4　基于高斯过程回归的序列超参优化

本节简单介绍下高斯过程先验的贝叶斯超参优化方法。基于高斯过程先验的贝叶斯优化算法是最早期的 SMBO 方法，它由于具有一系列良好的性质，在低维连续变量的组合优化问题中能够取得很好的效果。

1. 代理函数

代理模型为高斯过程回归模型，其初始参数为 $m(x)=0, \mathrm{cov}(x,x')=K(x,x')$。其中，$m(x)=0$ 是一种零信息的先验假设，代表对真实分布一无所知；$K(x,x')$ 是对超参组之间相关性的一种刻画方法。

$K(x,x')$ 为核函数，传统的协方差计算方法其实只是核函数的一种。

核函数的选择多种多样，目前还没有定论哪个是最好的。但有论文提到过，matern 3/5 的效果通常会比较好。

高斯过程回归模型是一个不太依赖于 $m(x)$ 但是比较依赖核函数选择的模型。

2. 代理函数更新

x 为超参组合，$f(x)$ 为目标函数预估值。如果取 $m(x)=0$，那么根据已有的观测结果 $y=f(x)+\varepsilon$，其中 y 为实际的损失函数值，假设 y 可以满足同方差，同时 $f(x)$ 被称为无噪模型，y 被称为有噪模型，可以求出 $f(x)$ 的后验分布 $f(x^*)$，步骤如下：

$$y = f(x)+\varepsilon, \varepsilon \sim N(0,\sigma^2)$$

$$P\left(\begin{bmatrix} y \\ f_* \end{bmatrix}\right) = N\left(0, \begin{bmatrix} K(x,x)+\sigma_n^2 I & K(x,x^*) \\ K(x^*,x) & K(x^*,x^*) \end{bmatrix}\right)$$

根据高斯分布的条件概率分布公式：

$$x = \begin{bmatrix} x_a \\ x_b \end{bmatrix} \quad u = \begin{bmatrix} u_a \\ u_b \end{bmatrix} \quad \Sigma = \begin{bmatrix} \Sigma_{aa} & \Sigma_{ab} \\ \Sigma_{ba} & \Sigma_{bb} \end{bmatrix}$$

$$u_{b|a} = \Sigma_{ba}\Sigma_{aa}^{-1}(x_a - u_a) + u_b$$

$$\Sigma_{b|a} = \Sigma_{bb} - \Sigma_{ba}\Sigma_{aa}^{-1}\Sigma_{ab}$$

把上述数据代入这个公式，即 $x_a = y, x_b = f_*, u_a = u_b = 0, \Sigma_{aa} = K(x,x)+\sigma_n^2 I, \Sigma_{ab} = K(x,x^*)$，$\Sigma_{ba} = K(x^*,x), \Sigma_{bb} = K(x^*,x^*)$，化简后得到如下结果：

$$E[f(x^*) \mid x, y, x^*] = K(x^*, x)(K(x^*, x) + \sigma_n^2 I)^{-1} y$$

$$\mathrm{var}(f(x^*) \mid x, y, x^*) = K(x^*, x^*) - K(x^*, x)(K(x, x) + \sigma_n^2 I)^{-1} K(x, x^*)$$

有了均值与方差的表达式，那么对于每一个超参组合 x^*，我们都能计算出其对应的 $N[f(x^*) \mid x, y, x^*]$。

3. 新超参组选择

得到了 $f(x^*)$ 的概率分布后，我们就可以根据前文提到的 PI、EI、UCB 等方法去挑选新的超参配置进行新一轮的真实目标函数的估计。

基于高斯过程分布代理模型下的 PI、EI、UCB 计算如下：

$$\alpha_{\mathrm{PI}}(x^*) = E\Big[\mathrm{utility}(x^*) \mid x, \mathrm{Dataset}\Big] = \int_{-\infty}^{f'} N(f; u(x^*), K(x^*, x^*)) \mathrm{d}f$$

$$= \Phi(f'; u(x^*), K(x^*, x^*))$$

$$\alpha_{\mathrm{EI}}(x^*) = E\Big[\mathrm{utility}(x^*) \mid x, \mathrm{dataset}\Big] = \int_{-\infty}^{f'} (f' - f) N(f; u(x^*), K(x^*, x^*)) \mathrm{d}f$$

$$= (f' - u(x^*))\Phi(f'; u(x^*), K(x^*, x^*)) + K(x^*, x^*)N(f' : u(x^*), K(x^*, x^*))$$

$$\alpha_{\mathrm{UCB}}(x^*; \beta) = u(x^*) - \beta\sqrt{K(x^*, x^*)}$$

4. 优缺点

优点：

❏ 适用于大部分机器学习算法。

❏ 算法迭代过程平稳，不会大起大落。

❏ 结果可靠，不同的随机种子下的结果相近。

❏ 相对于评估原模型速度极快。

缺点：

❏ 不适用于高维情况。

❏ 无法像 SMAC 方法那样灵活应对复杂的参数结构。

❏ 方法本身也依赖于超参选择。

由于存在这些不足，诞生了基于随机森林代理模型的 SMAC 算法。

6.3.5　基于随机森林算法代理的序列超参优化

该方法利用随机森林算法作为代理模型。每一轮迭代我们会利用已有的观测（超参、评估值）去拟合一个随机森林模型，根据这个模型去预测未知超参组合的评估值；随机森林中的每一棵树都会给出一个评估值，那么我们就可以根据 N 棵树的评估值去构建一个经验高斯分布。

1. 代理模型建模阶段

代理模型的建模阶段（见图 6-8）跟一般的随机森林算法是一样的，特征为各个不同的超参，标签数据为这些不同组的超参对应的真实模型的评估值。这样，就可以训练出一个能对新超参组合进行评估的模型。

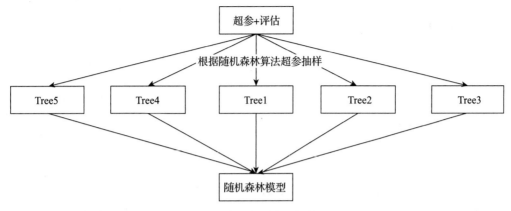

图 6-8　代理模型建模

2. 超参评估阶段

类比基于上一节中基于高斯过程回归代理的方法，我们需要有一个关于 $f(x)$ 的随机过程分布。基于训练出来的随机森林模型，可以通过图 6-9 中的方法利用经验概率估计得到这样一个近似的高斯分布。

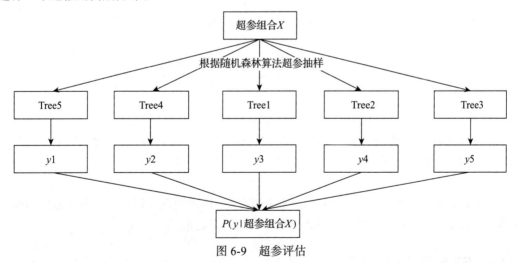

图 6-9　超参评估

3. 超参选择阶段

有了经验高斯分布，那么剩下的步骤跟高斯过程回归代理是一样的，根据前面的 PI、EI、UCB 方法完成新超参的选择即可。

随机森林代理的优势在于易于使用，不像高斯过程代理一样必须想办法把数据处理成连续的形式，如果是类别型数据几乎完全无法处理，但是由于随机森林代理是基于随机森林算法的，因此对数据量的要求会更高，在没有足够的先验数据下，其前期的算法效率必定是比较低下的。

6.3.6　基于 TPE 算法的序列超参优化

该方法与前面两种方法有所不同，前面两种方法是直接去拟合 $P(y\,|\,$超参$)$，而该方法拟合的是 $P($超参$\,|\,y)$。

它的核心思想是基于一个阈值 y^*，分别建立两个关于超参 X 的概率模型 P（超参$\,|\,y)$。首先做如下设定：

$$y \in \begin{cases} D_1, & y < y^* \\ D_2, & y \geq y^* \end{cases}$$

那么观测（超参，评估值）将会分为 2 组，分别为 D_1, D_2。

接着对 P（超参 $|\,y_1$）建模，得到 $g(x)$；对 P（超参 $|\,y_2$）建模，得到 $l(x)$：

$$p(x\,|\,y) = \begin{cases} l(x), & y < y^* \\ g(x), & y \geq y^* \end{cases}$$

根据贝叶斯概率原理，我们有如下表达：

$$p(y\,|\,x) = \frac{p(x\,|\,y)p(y)}{p(x)}$$

经过一系列的积分转换与计算，可以得到如下表达：

$$\alpha_{EI}(x^*) = \frac{\gamma y^* l(x^*) - l(x^*) \int_{-\infty}^{y^*} p(y)\mathrm{d}y}{\gamma l(x) + (1-\gamma)g(x)} \propto \left(\gamma + \frac{g(x)}{l(x)}(1-\gamma) \right)^{-1}$$

$$\gamma = p(y < y^*)$$

有了 EI，我们就可以找到新的超参组合，并继续迭代过程了。

该方法是较为纯粹的一种贝叶斯方法，即通过将观测划分为两组，分别建立后验概率模型，进而利用这两个模型对一组超参的性能进行评价，并将这一过程融入到了获益函数的计算中。

该方法跟随机森林算法一样不受数据结构限制，使用较为灵活；不过由于需要为每个超参变量都设置先验概率，因此对使用者的能力有一定要求。

6.3.7　SMBO 的进阶技巧

前面 6 小节对基于模型的序列超参优化进行了基础概念的介绍。在实际应用中，为了从应用效果和时间成本上进行优化，学术界目前提出了以下几种对基本方法进行改进的应用技巧。

（1）基于 MCMC 代理函数超参融合的方法

高斯过程回归、随机森林本身都是有超参的，如果我们基于这些代理模型的单一超参去计算获益函数，那么结果可能会没那么好，因此可以考虑基于多个超参去计算获益函数。

我们可以给代理模型的超参赋予一个先验分布，这样它也可以随着迭代而更新。每一轮迭代我们可以根据 MCMC 采样方法从代理模型的超参分布中采样 K 个超参来计算 K 个获益函数，并取平均。

有研究证明该方法可以显著提高算法收敛速度。

$$\hat{\alpha}(x) = \int \alpha(x; \theta) p(\theta \mid dataset) d\theta$$

利用 MCMC 采样算法，可以得到如下表达：

$$\hat{\alpha}(x) \approx \frac{1}{K} \sum_{k=1}^{K} \alpha(x; \theta^k)$$

$$\theta^k \sim P(\theta \mid dataset)$$

这样的话，就会有两个概率分布需要计算，一个是 $f(x^*)$ 的，一个是 θ。为了计算 θ 的后验概率，需要给它设置一个先验概率，用无信息先验即可。

（2）考虑时间在内的多目标优化

如果可以对深度学习模型的评估值用代理函数进行拟合，那为什么不可以再另创建一个同样的过程去拟合它的训练时间呢？

同时考虑模型评估值与模型训练时间，可以再有效提高算法收敛速度。

（3）基于预期估计的并行优化

假如已经评估好了 N 个模型，但是此时还有 M 个模型正在评估，此时我们会希望能够同时用 N + M 个观测结构去更新代理函数，但是我们暂时只有 N 个观测。

为了解决这个问题，可以利用这 M 个模型的分布函数去参与获益函数的计算。

第一条思路是用代理函数计算出来的分布的均值。尽管我们不知道它们实际评估值的观测，但根据代理函数算出来的分布，我们可以知道其预期评估值，接着将预期评估值当作真实评估值使用即可。

第二条思路是从概率角度将这 M 个模型的分布融合进获益函数的计算中：

$$\hat{\alpha}(x; dataset, \theta, \{x_1 : x_j\}) = \int_{R^j} \alpha(x; dataset, \theta, \{x_{1:j}, y_{1:j}\}) p(\{y_{1:j}\} \mid x_{1:j}, dataset) dy_1 \cdots dy_j$$

有学者通过实验表明，这个做法可以大幅提高算法收敛速度，且效果更好。

6.4　基于进化算法的自动化超参优化

6.4.1　基于进化策略的自动化超参优化

前面简单提过，超参优化本质上可以归类为搜索问题或预测问题。从搜索问题的角度而言，进化算法自然就成了当仁不让的可选方法之一。

在进化算法介绍的章节中会介绍进化策略算法。进化策略（Evolutionary Strategy，ES）

适用于连续变量的组合优化问题，可以高效进行搜索并得到不错的结果。

CMA-ES 是一种基于进化策略的改进方法。进化策略中每一个参数的数值变异的强度大小是预先设置好后固定不变的，而 CMA-ES 会在搜索过程中根据搜索的反馈不断调整变异强度，实现搜索幅度的动态调整与弹性搜索，在搜索空间内以一种自适应的极具弹性的方式进行搜索。

CMA-ES 算法从如下 x 的分布中进行采样：

$$x = m_t + \sigma_t y, \quad y \sim N(0, C_t)$$

CMA-ES 的核心思想：

$$采样产生新解 \rightarrow 计算目标函数值 \rightarrow 更新分布参数\ m_t, c_t, \sigma_t$$

一个深度学习模型中包含有大量的连续变量以及整数型连续变量，对于后者可以处理成连续型变量。

CMA-ES 在现实中被广泛应用，大量的研究与实践也证明在效果与收敛速度上，CMA-ES 相较于 ES 算法有显著提升。

6.4.2　基于粒子群算法的自动化超参优化

PSO（Particle Swarm Optimization，粒子群优化）方法与 CMA-ES 算法一样，适合于连续值的组合优化，已经在许多领域被证明效果突出，但是目前还没有将其应用在 DNN 超参优化上的研究，因此本节将提出基于 PSO 的 DNN 超参优化。从适用性的角度而言，粒子群算法其实跟 ES 处理的是同样的问题。

有研究者针对 MNIST 进行实验，对比对象为网格搜索以及随机搜索；基于 PSO 的搜索算法在合适的参数下，只需要 10 次左右的搜索次数就可以找到与随机搜索 400 次搜索几乎同样好的超参组合。如果搜索对象为更大型的模型，那么在时间上的效率提升就会显得非常可观，PSO 优势如图 6-10 所示。

Algorithm	s	Time(sec.)	Positions	g_s	Acc.on Ψ
GS	—	87 356	1 008	—	0.9897
RS	—	39 906	400	—	0.9897
PSO	4	934	14	14	0.9852
PSO	10	2 091	29	20	0.9864
PSO	16	13 892	49	23	0.9871

图 6-10　PSO 优势[⊖]

PSO 算法在不同的 PSO 自身的超参下搜索出来的结果都差不多，可以理解为算法不太依赖于自身的超参选择，即算法稳定性较高。

⊖　来自论文《CMA-ES for Hyperparameter Optimization of Deep Neural Networks》。

6.5　基于迁移学习的超参优化加速方法

在前面提到的 SMBO 框架中，每一次都要从头开始积累训练经验，然后慢慢更新代理模型，这样会导致前期的搜索很没有效率。要解决这个问题，就需要引入元学习的方法，通过不同的数据集、模型、训练过程的先验知识的迁移来实现加速。

迁移学习是元学习的一部分，也是现在比较热门的研究方向。本节主要介绍的是在迁移学习方面的一些方法。

6.5.1　经验迁移机制

对于同一类任务的不同实例，例如不同的人的某个指标的时间序列变化，可以用同样的模型去训练，虽然最优超参可能是不一样的，但是在 A 上的最优超参对 B 而言依旧有借鉴意义。

下面用一个小故事来解释这个思想。有一个家中有 3 兄弟，老大通过阅读金庸小说找到了学习方法 A 并获得了优异的成绩，老二通过玩电子游戏找到了学习方法 B 也获得了优异的成绩，老三目前还比较迷茫不知道该怎么学习才可以获得好成绩。尽管读武侠小说以及打电子游戏都不是公认的能够启发人学习的事情，但是既然老大老二都从中有所收获，并且都得到了成绩提升的结果，那同是一家人且正在迷茫的老三是不是也应该尝试一下这两个过程呢？

上述的兄弟对应的就是相同背景下的 3 个不同数据实例 ABC，学习方法是他们的模型超参。武侠小说是 A 的评估值代理函数，电子游戏是 B 的评估值代理函数，而 C 如果想要找到自己的最优超参，借鉴一下 A 与 B 的代理函数就算不能马上找到最优结果成为人生赢家，也可以加速这个过程。

6.5.2　经验迁移衰退机制

上节中提到老三应该要向老大和老二学习，也就是要去看金庸小说和打电子游戏；但是，这其实是因为老三对自己一无所知，因此不得不借鉴一下两个兄弟的经验。可是，每个人都是有所不同的，对老大和老二而言最好的事情对老三而言都未必是。老三在看小说和打游戏的过程中尝试摸索自己的学习方法，很有可能会逐渐发现，其实写小说才是最适合它的启发活动，因此慢慢地老三就会逐渐放弃看小说和打游戏。

以上过程就是一个迁移衰退机制。以上节的 ABC 为例，一开始 C 借鉴了 A 和 B 的代理函数，但是随着 C 的观测实例逐渐增多，C 自身的观测权重值应该会上升，而 A 和 B 的先验经验的权重应该逐渐衰退直至没有。这一过程很符合前文中描述的直观经验。

6.5.3　经验迁移权重机制

在人的一生中，每个人都会遇到非常多对他有影响力的人，然而最能影响他的往往是跟他最相像的那类人。

在迁移学习中也可以引入这样的机制。每一个数据集都有自己的元特征，例如变量的方差、均值等统计学特征，又例如连续型变量、离散型变量这样的结构特征。如果假设两个元特征相似的数据集的模型超参相似，那么在迁移学习的时候就应该调整权重使得与当前任务越相似的数据集的经验权重就越大。

6.5.4   优化过程的试点机制

前面讲了基于其他数据集的经验迁移思想。那如果没有其他数据集的话，又该怎么进行优化过程的加速呢？这里可以考虑使用试点机制。

试点是指在全面开展工作前，先在一处或几处试做，或正式进行某项工作之前，先做试验，以取得经验。试点机制是贯穿我国经济文化发展的一个重要指导机制，通过这个机制可以对某个政策或者规划进行区域性探索与试错，为其全国性推广积累经验，最终保证政策推广的效率与质量。

迁移学习同样可以引入这样的思路去提高学习效率。在正常情况下，模型的训练和评估都是在完整的数据集上进行的，数据越多，时间就越长。可是，在超参搜索阶段，我们想要做的是找到最优的超参，而不是找到最优的模型；就像政策的试点，是为了找到最优的实施方案，而不是现阶段就推广开来以求取得最优效果。

基于这样的思想，有学者提出基于整体数据中的部分数据进行超参搜索获取先验经验，然后再在整个数据集上基于这些先验经验进一步优化的方法。结合前面提到的 SMBO 方法，就是先在小数据集上建立一个代理模型，接着直接用在大数据集中，从而提升前期的探索效率。

有研究表明，可以取得较优结果的比例为 40%。

6.6   参考文献

[1]   BERGSTRA J S, BARDENET R, BENGIO Y, et al. Algorithms for hyper-parameter optimization[C] // NIPS. Advances in neural information processing systems 24. New York: Curran Associates, 2011: 2546-2554.

[2]   RASMUSSEN CE, WILLIAMS C. Gaussian process for machine learning[M]. Cambridge, MA: MIT Press, 2006.

[3]   HUTTER F, HOOS H H, LEYTON-BROWN K. Sequential model-based optimization for general algorithm configuration[C]//International Conference on Learning and Intelligent Optimization. Springer, Berlin, Heidelberg, 2011: 507-523.

[4]   Wikipedia. kernel density estimation[EB/OL]. https://en.wikipedia.org/wiki/Kernel_density_estimation.

[5]   BROCHU E, CORA V M, DE FREITAS N. A tutorial on Bayesian optimization of expensive cost functions, with application to active user modeling and hierarchical reinforcement learning[J]. arXiv preprint arXiv:1012. 2599, 2010.

[6]   Pe'er D. Bayesian network analysis of signaling networks: a primer[J]. Science's STKE, 2005(281): pl4.

[7]   ADAMS R P. A tutorial on Bayesian optimization for machine learning[EB/OL].(2014-08-14)[2019-05-30].https://www.cs.toronto.edu/~rgrosse/courses/csc411_f18/tutorials/tut8_adams_slides.pdf.

[8]   THORNTON C, HUTTER F, HOOS H H, et al. Auto-WEKA: Combined selection and hyperparameter optimization of classification algorithms[C]//ACM. Proceedings of the 19th ACM SIGKDD international conference on Knowledge discovery and data mining. New York: ACM, 2013: 847-855.

[9]   ADAMS R P, MURRAY I, MACKAY D J C. Tractable nonparametric Bayesian inference in Poisson processes with Gaussian process intensities[C]//ACM. Proceedings of the 26th Annual International Conference on Machine Learning. New York: ACM, 2009: 9-16.

[10] GARRIDO-MERCHÁN E C, HERNÁNDEZ-LOBATO D. Dealing with categorical and integer-valued variables in Bayesian optimization with Gaussian processes[J]. arXiv preprint arXiv:1805.03463, 2018.

[11] Snoek J, Larochelle H, Adams R P. Practical Bayesian optimization of machine learning algorithms[C]//NIPS.Advances in neural information processing systems 25. New York: Curran Associates, 2012: 2951-2959.

[12] LORENZO P R, NALEPA J, KAWULOK M, et al. Particle swarm optimization for hyper-parameter selection in deep neural networks[C]//ACM. Proceedings of the Genetic and Evolutionary Computation Conference. New York: ACM, 2017: 481-488.

[13] HANSEN N. The CMA evolution strategy: A tutorial[J]. arXiv preprint arXiv:1604.00772, 2016.

[14] LOSHCHILOV I, HUTTER F. CMA-ES for hyperparameter optimization of deep neural networks[J]. arXiv preprint arXiv:1604.07269, 2016.

[15] YOUNG S R, ROSE D C, KARNOWSKI T P, et al. Optimizing deep learning hyper-parameters through an evolutionary algorithm[C]//MLHPC. Proceedings of the Workshop on Machine Learning in High-Performance Computing Environments. New York: ACM, 2015: 4.

[16] BARDENET R, BRENDEL M, KéGLB, et al. Collaborative hyperparameter tuning[C]//Proceedings of the 30th International conference on machine learning. 2013: 199-207.

[17] YOGATAMA D, MANN G. Efficient transfer learning method for automatic hyperparameter tuning[C]//Artificial intelligence and statistics. Atlanta: JMLR W&CP, 2014: 1077-1085.

[18] JOY T T, RANA S, GUPTA S K, et al. Flexible transfer learning framework for Bayesian optimization[C]//Pacific-Asia Conference on Knowledge Discovery and Data Mining. Cham: Springer, 2016: 102-114.

[19] WISTUBA M, SCHILLING N, SCHMIDT-THIEME L. Two-stage transfer surrogate model for automatic hyperparameter optimization[C]//Joint European conference on machine learning and knowledge discovery in databases. Cham: Springer, 2016: 199-214.

[20] LI L, JAMIESON K, DESALVO G, et al. Hyperband: A novel bandit-based approach to hyperparameter optimization[J]. arXiv preprint arXiv:1603.06560, 2016.

[21] HINZ T, NAVARRO-GUERRERO N, MAGG S, et al. Speeding up the Hyperparameter Optimization of Deep Convolutional Neural Networks[J]. International Journal of Computational Intelligence and Applications, 2018, 17(02): 1850008.

[22] FEURER M, LETHAM B, BAKSHY E. Scalable meta-learning for Bayesian optimization[J]. arXiv preprint arXiv:1802.02219, 2018.

[23] FEURER M, SPRINGENBERG J T, HUTTER F. Initializing Bayesian hyperparameter optimization via meta-learning[C]//AAAI. Twenty-Ninth AAAI Conference on Artificial Intelligence. Menlo Park: AAAI Press, 2015.

[24] BERGSTRA J, BENGIO Y. Random search for hyper-parameter optimization[J]. Journal of Machine Learning Research, 2012, 13(Feb): 281-305.

第 7 章

深度学习基础

广义的 AutoML 包含自动化机器学习和自动化深度学习，我们在前面的章节中介绍了自动化机器学习，本章起我们将介绍自动化深度学习。本章主要介绍深度学习的基础，首先说明什么是神经元以及人工神经网络的发展历程，然后展开介绍经典的卷积神经网络模型和循环神经网络模型。

7.1　深度学习简介

7.1.1　什么是神经元

人脑是自然形成的，在其中完成了人的思维，而思维则是人类智能的集中体现。人脑皮层中包含 100 亿个神经元、60 万亿个神经突触，以及它们的连接体。神经系统的基本结构和功能单位就是神经细胞，即神经元，它主要由细胞体、树突、轴突和突触组成。神经网络是由大量的神经元单元相互连接而构成的网络系统。

深度学习是机器学习研究中的一颗新星，建立它的目的是通过建立类似于人脑的神经网络，来模拟人类学习的能力，即科学家们试图利用深度学习神经网络来重构人脑解释数据的机制。深度学习起源于对人工神经网络的研究，常见的深度学习网络由多个隐含层和多层感知器组成。深度学习网络能组合低层特征来形成更加抽象的高层，进而表示需要研究的数据特征。

人们对于神经元的研究由来已久，在 1904 年生物学家就已经知道了神经元的组成结构。一个神经元通常具有多个树突，主要用来接收传入信息。而轴突只有一条，轴突尾端有许多轴突末梢可以向其他的多个神经元传递信息。轴突末梢跟其他神经元的树突产生连接，从而传递信号。这个连接的位置在生物学上叫作"突触"。人脑中神经元的形状可以用图 7-1 做简要说明。

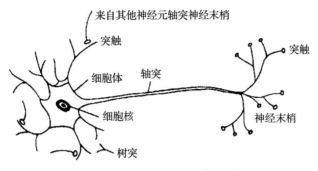

图 7-1　人脑中的神经元

1943 年，神经生理学家沃伦·麦卡洛克（Warren McCulloch）和逻辑学家沃尔特·皮茨（Walter Pitts）参考了生物神经元的结构，发表了抽象的神经元模型 MCP。典型的神经元模型包含输入、权值、求和模块、非线性函数以及输出。图 7-2 是一个典型的神经元模型，包含 3 个输入、1 个输出，以及两个计算功能（求和以及非线性函数计算）。注意中间的箭头线，这些线被称为"连接"，每条线上有一个"权值"。

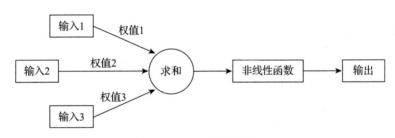

图 7-2　MCP 神经元模型

此后，随着计算机科学的发展，许多科学家和学者都在神经网络的发展上做了不懈的努力。经过几十年，神经网络也历经了几次起起落落的高潮与寒冬的发展期。

7.1.2　人工神经网络的发展历程

人工神经网络依靠系统的复杂度，通过调整内部大量节点之间相互连接的关系，从而达到信息处理的目的。人工神经网络具有自学习和自适应的能力，可以通过预先提供的一批相互对应的输入输出数据，分析两者的内在关系和规律，最终通过这些规律形成一个复杂的非线性系统函数，这种学习分析过程被称作"训练"。神经元的每一个输入连接都有突触连接强度，用一个连接权值来表示，即将产生的信号通过连接强度放大，每一个输入量都对应一个相关联的权重。处理单元将经过权重的输入量化，然后相加求得加权值之和，计算出输出量，这个输出量是权重和的函数，一般称此函数为传递函数。

人工神经网络的发展历程如图 7-3 所示。

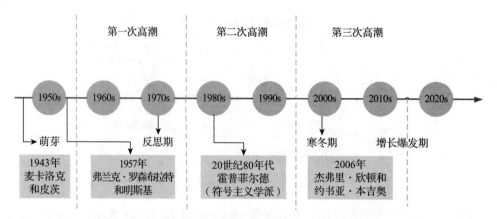

图 7-3   人工神经网络发展历程

（1）神经网络萌芽

1943 年，麦卡洛克和皮茨在《数学生物物理学公告》上发表论文《神经活动中内在思想的逻辑演算》（A Logical Calculus of the Ideas Immanent in Nervous Activity），并建立了神经网络和数学模型，称为 MCP 模型，即根据生物神经元的结构和工作原理构造出一个抽象和简化模型。"模拟大脑"由此诞生，人工神经网络的大门正式开启。

（2）第一次高潮

1957 年，计算机科学家弗兰克·罗森布拉特（Frank Rosenblatt）提出了两层神经元组成的神经网络，称之为"感知器"（Perception）。"感知器"算法使用 MCP 模型对输入的多维数据进行二分类，且能够使用梯度下降法从训练样本中自动学习更新权值，该方法第一次将 MCP 用于机器学习分类任务。

1969 年，美国数学家及人工智能先驱马文·明斯基在其著作中证明了感知器本质上是一种线性模型（linear model），只能处理线性分类问题，就连最简单的 XOR（异或）问题都无法正确分类。这等于直接宣判了感知器的死刑，神经网络的研究因此陷入了将近 20 年的停滞。

（3）第二次高潮

约翰·霍普菲尔德（John Hopfield）在 1982 提出了 Hopfield 网络，这是最早的循环神经网络（Recurrent Neural Network，RNN）。1986 年神经网络之父杰弗里·欣顿（Geoffrey Hinton）发明了适用于多层感知器（MLP）的 BP（Backpropagation）算法并采用 Sigmoid 进行非线性映射，有效解决了非线性分类和学习的问题。该方法引起了神经网络的第二次热潮。

1991 年 BP 算法被指出存在梯度消失问题，也就是说在误差梯度后向传递的过程中，后层梯度以乘性方式叠加到前层，由于 Sigmoid 函数的饱和特性，后层梯度本来就小，误差梯度传到前层时几乎为 0，因此无法对前层进行有效学习，该问题直接阻碍了深度学习的进一步发展。

20 世纪 90 年代中期，支持向量机（SVM）等各种浅层机器学习模型被提出，SVM 是一种有监督的学习模型，应用于模式识别、分类以及回归分析等。SVM 以统计学为基础，和神经网络有明显的差异，该算法的提出再次阻碍了深度学习的发展。

（4）第三次高潮

1998 年，Yann LeCun 提出了深度学习常用模型之一——卷积神经网络（Convolutional Neural Network，CNN）。2006 年，加拿大多伦多大学教授、机器学习领域泰斗、神经网络之父 Geoffrey Hinton 和他的学生 Ruslan Salakhutdinov 在顶尖学术刊物《科学》上发表了一篇论文，文中提出了深层网络训练中梯度消失问题的解决方案：无监督预训练对权值进行初始化和有监督训练微调相结合。斯坦福大学、纽约大学、加拿大蒙特利尔大学等成为研究深度学习的重镇，至此开启了深度学习在学术界和工业界的浪潮。

7.1.3 深度学习方法

和机器学习类似，深度学习方法也可以分为：监督学习、半监督学习和无监督学习。这里所说的"监督"是指使用的数据集是否有详细的标注信息。监督学习是一种使用标注数据的学习方法，使用主要包括：卷积神经网络（CNN）、深度神经网络（DNN）、循环神经网络（如 LSTM）以及门控循环单元（GRU）。半监督学习使用了部分标注，通常将深度强化学习（DRL）和生成对抗网络（GAN）用作半监督学习技术。无监督学习通常包括聚类、降维和生成技术。在深度学习领域，卷积神经网络和循环神经网络应用最为广泛，因此，我们下面对这两种方法进行详细的概述与解读。

7.2 卷积神经网络简介

卷积神经网络推动了图像识别技术的不断发展。从结构上看，卷积神经网络其实就是多层的人工神经网络，网络的每一层都是由一个二维平面构成，每个平面都是由多个独立的神经元构成。卷积神经网络主要由这几类层构成：输入层、卷积层、激活层、池化（Pooling）层和全连接层。通过将这些层叠加起来，就可以构建一个完整的卷积神经网络。在实际应用中往往将卷积层与激活层共同称为卷积层。

7.2.1 卷积层

卷积是一种数学运算，简单来讲是二维滤波器滑动到二维图像上所有位置，并在每个位置上与该像素点及其领域像素点做内积。卷积操作被广泛应用于图像处理领域，不同卷积核可以提取不同的特征，例如边沿、线性、角等特征。在深层卷积神经网络中，通过卷积操作可以提取出图像低级到复杂的特征。卷积一般用符号"*"来表示。

（1）卷积计算

图 7-4 给出了一个卷积计算过程的示例图，输入图像大小为 $H=5$、$W=5$、$D=3$，即 5×5 大小的 3 通道（RGB，也称作深度）彩色图像。

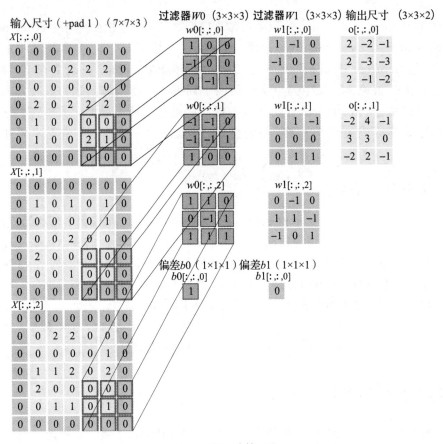

图 7-4　卷积计算过程

其中，H 代表图片高度；W 代表图片宽度；D 是原始图片通道数，也是卷积核个数。

图 7-4 中包含两组卷积核（用 K 表示），即图中滤波器 W_0 和 W_1。在卷积计算中，通常对不同的输入通道采用不同的卷积核，如图中每组卷积核包含 3 个（$D=3$）3×3（用 $F\times F$ 表示）大小的卷积核。另外，这个示例中卷积核在图像的水平方向（W 方向）和垂直方向（H 方向）的滑动步长为 2（用 S 表示）；对输入图像周围各填充 1（用 P 表示）个 0，即图中输入层原始数据为浅色部分，深色部分进行了大小为 1 的扩展，用 0 来进行扩展。经过卷积操作得到输出为 $3\times3\times2$（用 $H_o\times W_o\times K$ 表示）大小的特征图，即 3×3 大小的 2 通道特征图，其中 H_o 计算公式为：$H_o=(H-F+2\times P)/S+1$，W_o 同理。而输出特征图中的每个像素，是每组滤波器与输入图像每个特征图的内积再求和，再加上偏置 b_o，偏置通常对于每个输出特征图是都共享的。

数，经过上面的示例介绍，每层卷积的参数大小为也是由卷积层的主要特性即局部连接和共享权重所

入神经元的一块区域连接，这块局部区域称作感受野神经元在空间维度（spatial dimension，即图 7-4 中深度上是全部连接。对于二维图像本身而言，也是了学习后的过滤器能够对于局部的输入特征有最强学中视觉系统结构的启发，视觉皮层的神经元就是

片的神经元时采用的滤波器是共享的。如图 7-4 中相同，都为 $W0$，这样可以在很大程度上减少参数。，例如图片的底层边缘特征与特征在图中的具体位的，比如输入的图片是人脸，眼睛和头发位于不同的特征。请注意权重只是对于同一深度切片的神经组卷积核提取不同特征，即对应不同深度切片的特共享。另外，偏重对同一深度切片的所有神经元都是

为获得更多不同的特征集合，卷积层往往会有多个卷

通过介绍卷积计算过程及其特征，可以看出卷积是线性操作，并具有平移不变性（shift-invariant），平移不变性即在图像的不同位置执行相同的操作。卷积层的局部连接和权重共享使得需要学习的参数大大减少，这样也有利于训练较大卷积神经网络。

7.2.2　池化层

通常在卷积层的后面会加一个池化层。池化是非线性下采样的一种形式，主要作用是通过减少网络参数来减小计算量，并且能够在一定程度上控制过拟合。池化包括最大池化、平均池化等。

1）最大池化：最大池化是用不重叠的矩形框将输入层分成不同的区域，对于每个矩形框的数取最大值作为输出层，如图 7-5 所示。

2）平均池化：最大池化是用不重叠的矩形框将输入层分成不同的区域，对于每个矩形框的数取最大值作为输出层，如图 7-6 所示。

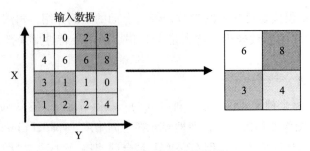

图 7-5　最大池化计算过程

$$a = \frac{\sum_{i}^{N} a_i}{N}$$

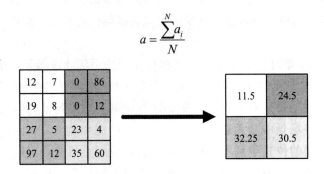

图 7-6　平均池化计算过程

7.2.3　全连接层

全连接层其实就是一种普通的卷积网络层，目的是把前一层的输出连接到下一层的所有节点，即把卷积层得到的特征图线性展开输入到非线性变换函数（如 Sigmoid）中进行分类或回归操作。通常全连接层位于一个网络结构的末端。

7.3　CNN 经典模型

7.3.1　LeNet

LeNet 是 1998 年由 Yann LeCun 提出的用于解决手写数字识别任务的一种卷积神经网络，出自论文《Gradient-Based Learning Applied to Document Recognition》。从 LeNet 开始，CNN 的基本架构就被定义为：卷积层、池化层和全连接层。图 7-7 显示了 LeNet-5 的结构：输入的二维图像（单通道），经过两次卷积和池化，再经过两次全连接层，最后使用 softmax 分类作为输出层。

各层详解如下。

（1）输入层

输入数据是一张尺寸为 32×32 二维图像。

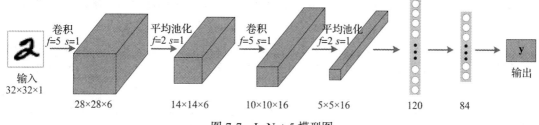

图 7-7　LeNet-5 模型图

（2）第一层卷积

对输入图像进行第一次卷积运算，使用 6 个 5×5 的卷积核，步幅为 1，每一个卷积核生成一张特征图，一共有 6 个，最终得到 6 通道的特征图，特征图的大小为 28×28。计算公式为 $28 = \dfrac{32-5+0}{1}+1$。

（3）第一层池化

池化层就是进行下采样的过程，即缩小特征图的尺寸。在该层中，使用了步幅为 2 的 2×2 的核进行平均池化，最终得到的特征图通道数不变，大小变为原来的一半：14×14。

（4）第二层卷积

这一层中的每个特征图是连接到上一层中的所有 6 个特征图的，表示本层的特征图是上一层提取到的特征图的不同组合。卷积的输出是 16 个 10×10 的特征图，卷积核大小是 5×5。

（5）第二层池化

与上一个池化层一样，最终特征图变为原来的一半：5×5×16。

（6）全连接层

全连接层就是把前一层的高维特征图全部展开，第一个全连接层一共有 120 个节点，第二个有 84 个节点。最终输出有 10 个节点，分别代表数字 0 到 9。采用的是径向基函数（RBF）的网络连接方式。假设 x 是上一层的输入，y 是 RBF 的输出，则 RBF 输出的计算方式是：

$$y_i = \sum_j (x_j - w_{ij})^2$$

上式中 w_{ij} 的值由 i 的比特图编码确定，i 从 0 到 9，j 取值从 0 到 7×12−1。RBF 输出的值越接近于 0，则越接近于 i，即越接近于 i 的 ASCII 编码图，表示当前网络输入的识别结果是字符 i。

7.3.2　AlexNet

AlexNet 在 2012 年的 ImageNet 奖赛中取得了冠军，并且 top5 测试错误率比第二名低 10.9 个百分点，之后通过论文《ImageNet Classification with Deep Convolutional Neural

Networks》发表，成为卷积神经网络领域的经典之作。在 AlexNet 之后，越来越多的深度神经网络被提出，比如优秀的 VGGNet、GoogLeNet。

AlexNet 一共包括 5 个卷积层和 3 个全连接层，每一个卷积层中包含了激活函数 Relu 以及局部响应归一化（LRN）处理，然后再经过下采样（池化处理）。局部响应归一层的基本思路是：假如这是网络的一块，比如是 $13 \times 13 \times 256$，LRN 要做的就是选取一个位置，从该位置穿过整个通道，这样就能得到 256 个数字，并进行归一化。和 LeNet 相比，输入图像是三维彩色图像，结构没有变化，但是网络的深度增加了很多。并且 AlexNet 使用了多 GPU 训练，图 7-8 为我们展示了在单个 GPU 上的网络结构。

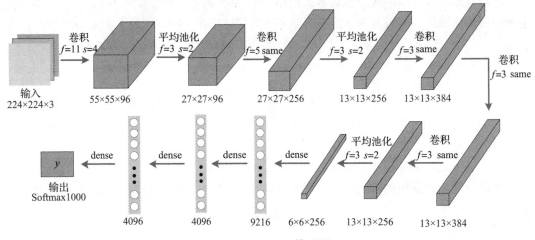

图 7-8　AlexNet 模型图

AlexNet 网络的学习参数有 6000 万个，神经元有 650 000 个；AlexNet 在第 2、4、5 层（1 个卷积加 1 个池化看作一层）均是在前一层的自己的 GPU 内连接，第 3 层是与前面两层全连接，全连接是 2 个 GPU 进行全连接。

在 AlexNet 中，使用了 Relu 激活函数代替 Sigmoid 函数，这也加快 SGD 的收敛速度。并且该模型在前两个全连接层中引入了 Dropout 优化函数，缓解了模型的过拟合。

7.3.3　VGGNet

VGGNet 是由牛津大学 VGG（Visual Geometry Group）提出，是 2014 年 ImageNet 竞赛定位任务的第一名和分类任务的第二名的基础网络。该网络出自论文《Very Deep Convolutional Networks for Large-scale Image Recognition》。论文给出了一个非常振奋人心的结论：卷积神经网络的深度增加和小卷积核的使用对网络的最终分类识别效果有很大的作用。其结构如图 7-9 所示。

由图 7-9 可以看出，VGGNet 十分简洁，它把网络分为 5 组，每个卷积层使用 3×3 的 same 的卷积核，same 的意思就是卷积之后不改变特征图大小，卷积核之后加了 Relu 激活函数,每个阶段使用了平均池化进行下采样,减小特征图尺寸。5 个卷积序列之后使用了 3 个全连接层,最终输出 1000 维的结果,代表了 1000 个图片类别。

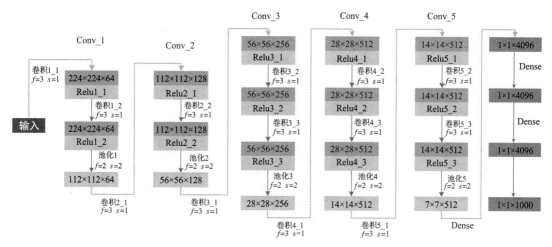

图 7-9　VGGNet 模型图

VGGNet 的主要特征和贡献如下:

1)使用了小卷积核,所有的卷积核均使用了 3×3 的大小。同样,池化核均采用 2×2。

2)由于卷积核专注于扩大通道数,池化专注于缩小宽和高,使得模型架构上更深更宽的同时,放缓了计算量的增加。

VGGNet 与 AlexNet 的异同如下:

1)VGGNet 与 AlexNet 均采用 5+3 结构,即 5 个卷积层用 pooling 分开,然后卷积层后接 3 个全连接层。

2)AlexNet 每层只有一个卷积,而 VGGNet 每层有多个卷积。

3)AlexNet 卷积核大小较大,VGGNet 全部采用 3×3 大小的卷积。

VGGNet 的网络分析如下:

1)用 2 个 3×3 的卷积层连接,就达到了 5×5 的效果,3 个 3×3 的卷积层连接,就达到了 7×7 的效果。

2)用 3 个 3×3 卷积层代替 7×7 的卷积层可以有效减少参数的数量。

7.3.4　GoogLeNet

GoogLeNet 是 2014 年 Christian Szegedy 提出的一种全新的深度卷积神经网络结构。与 AlexNet、VGGNet 不同的是,AlexNet 和 VGGNet 都是通过增加网络层数来提升训练结果,随着网络的加深,随之而来的就是过拟合、梯度消失以及梯度爆炸的问题。GoogLeNet 提出的 Inception 结构从另一个角度来提升网络性能,可以概括为两个方面:一是使用了 1×1 的卷积进行升降维,二是多个尺寸同时进行卷积后融合,增加了网络的宽度。

如图 7-10 所示就是 Inception V1 模块的结构图。这种模块能够并联不同大小的滤波器并将结果结合起来，每个模块在不同的尺度下并联提取特征从而获得不同的感受野。这种思想在于卷积神经网络中一个优化的局部稀疏结构怎样能由一系列易获得的稠密子结构来近似和覆盖。此外，在 GoogLeNet 中还使用了 1×1 卷积，即输出与输入一一对应并通过权重相连接，这样能有效减少输出的维度，方便训练和收敛。

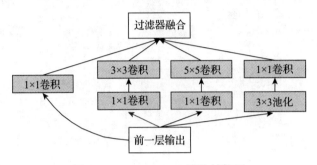

图 7-10　Inception v1 模块结构图

GoogLeNet 使用模块化的结构，方便层数的增加和修改。网络的最后采用平均池化替代全连接层，同时使用了 Dropout。为了避免梯度消失问题，网络额外增加了两个辅助的 softmax 用于向前传导梯度。相比 VGGNet 140M 的参数，GoogLeNet 的参数明显少得多，仅有 6.8M。

7.3.5　ResNet

ResNet（Residual Neural Network）残差网络于 2015 年在 ImageNet 比赛 classification 任务上获得第一名，因为它"简单与实用"并存，之后很多方法都建立在 ResNet50 或者 ResNet101 的基础上完成的。

ResNet 由当时微软亚洲研究院的何凯明等人提出，通过使用残差块单元成功训练出了 152 层的神经网络，并在 ILSVRC2015 比赛中取得冠军，在 top5 上的错误率为 3.57%，同时参数量比 VGGNet 低，效果非常突出。ResNet 的结构可以极快地加速神经网络的训练，模型的准确率也有了比较大的提升。同时 ResNet 的推广性非常好，甚至可以直接用到 InceptionNet 网络中。

ResNet 提出了一个残差块结构，即增加一个恒等映射，将原始所需要学的函数 $H(x)$ 转换成 $F(x)+x$。这个残差块通过快捷连接实现，快捷连接将块的输入和输出进行一个元素级别的加叠，这个简单的加法不仅不会给网络增加额外的参数和计算量，反而可以大大增加模型的训练速度、提高训练效果，并且当模型的层数加深时，这个简单的结构能够很好地解决退化问题。

ResNet 有 2 个基本的块，一个是标准残差块（见图 7-11a），是 ResNet 中使用的标准块，对应于输入与输出具有相同的维度的情况，可以串联多个；另外一个基本块是卷积残差块（见图 7-11b），与标准块不同的是，在快捷连接上增加了 1×1 的卷积核，当输入和输出维度不匹配时，串联该块结构，它的作用是改变特征向量的维度。因为 CNN 最后都是要把输入图像一点点转换成很小但是很深的特征图，一般的方法是用统一的比较小的卷积核（比如 VGG 都是用 3×3），但是随着网络深度的增加，输出通道也增大（学到的东西越来越复杂），所以有必要在进入标准块之前，用卷积块转换维度，这样后面就可以连续串联标准块。

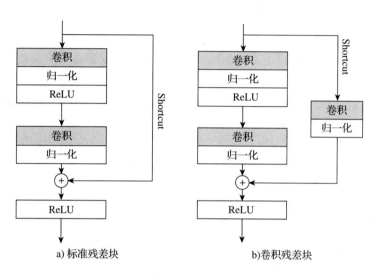

图 7-11　残差块

ResNet50 网络基本结构如图 7-12 所示，首先对输入进行 0 填充，然后将网络分为 5 个阶段，将 7×7 的卷积层、batchNorm 层、ReLU 激活函数和最大池化划分为第一个阶段，其余 4 个阶段由不同的块堆叠，卷积核均为 3×3。

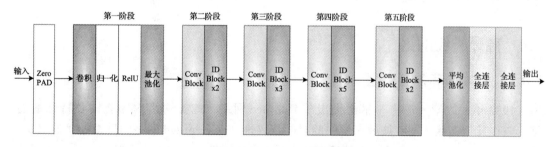

图 7-12　ResNet50 模型图

7.3.6　DenseNet

基于传统 CNN 网络和 ResNet 网络的思想，DenseNet 中每一个卷积层 L 会接收到之前所有层的维度为 K 的输出特征图，得到 $L×K$ 个通道。结构如图 7-13 所示。

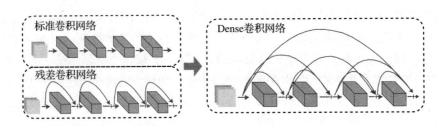

图 7-13　Dense Block 结构图

这样做的优点有：1）收集了之前所有卷积层提取的抽象特征；2）神经网络可以变得很深（L 大），特征层数可以较小（K 小）；3）大大减少了需要学习的参数个数（ResNet：$C \times C$。DenseNet：$L \times K \times K$，$K<<C$）。

因为网络深度 L 可以很大，所以用 1×1 卷积的操作，就是所谓的 bottlenecklayer（瓶颈层），目的是减少维度和计算量，同时又能融合各个通道的特征。

因为 L 层需要聚合之前所有层的特征，所以每一层都要有相同的空间维度，在 DenseNet 中用一系列用池化层分割的稠密连接块来完成。图 7-14 所示为由 3 个 Dense Block 组成的模型图。

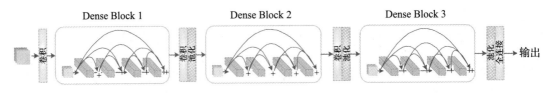

图 7-14　DenseNet 模型图

DenseNet 核心思想在于建立了不同层之间的联系，充分利用了之前层提取的特征，进一步减轻了梯度消失问题。

7.4　循环神经网络

7.4.1　基本循环神经模型

1982 年，约翰·霍普菲尔德提出了 Hopfiled 网络，此类网络内部有一种特殊的连接，叫作反馈连接，能够处理信号中的时间依赖性。受 Hopfiled 网络的反馈连接的启发，Michael Jordan 于 1986 年首次在神经网络中引入循环连接。1990 年，Jeffrey Elman 正式提出 RNN（Recurrent Neural Network，循环神经网络）模型，当时的 RNN 叫作简单循环网络（Simple Recurrent Network，SRN）。

卷积神经网络是在神经网络中添加了卷积操作，可以提取局部特征，然后层层递进，获得全局特征，最后使用一个分类器来识别物体。但是卷积神经网络用到的都是空间上的特性，比如空间局部性，并没有考虑时间上的特性。然而，现实生活中存在很多数据都是时序数据，例如，一段文字，必须按照顺序来组织，不能随意打乱其顺序。这些时序数据就不能直接使用简单的卷积神经网络来学习了，必须考虑时间上的特性。

循环神经网络是可以处理时序数据的，该网络在神经网络中添加了循环，因此具备了有限短期记忆的优势。如图 7-15 所示，循环神经网络在隐藏层中添加了一个循环操作，如果将循环网络展开就变成按照时间顺序排列的多个神经网络了，输入层输入的是一组时序数据 x_0，x_1，x_2，$\cdots$，x_t，相应地，输出对应的是 h_0，h_1，h_2，$\cdots$，h_t。

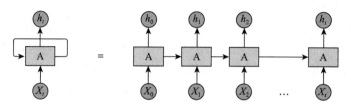

图 7-15　展开后的循环神经网络

7.4.2　LSTM 模型

传统 RNN 模型的记忆能力非常有限，基本上只具有短时记忆功能。但是，真实场景网络需要长时间的记忆功能，LSTM（Long Short Term Memory，长短时记忆）模型应运而生。

LSTM 模型的主要手段是门机制。门机制使用的 sigmoid 函数的输出范围是 0～1：如果输出 0，表示阻塞所有的信息流通；如果输出 1，那么让所有的信息流通过去。

如图 7-16 所示，是一个简单的 LSTM 模块，由 3 个机制门和 2 个基本单元组成，分别是：

❏ 输入门 i：负责对当前短期输入信息的保留程度进行控制。

❏ 遗忘门 f：负责对历史长期信息 $c(t-1)$ 的保留程度进行控制。

❏ 输出门 o：负责对输出信息的保留程度控制。

❏ 元胞状态 c：存放的是历史长期信息。

❏ 隐藏单元 h：保存神经元的输出信息。

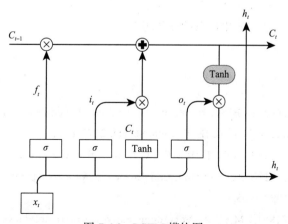

图 7-16　LSTM 模块图

那么这里就有一个问题：为什么 LSTM 用到的激活函数是 Tanh 函数，而不是 ReLU 函数？其实也可以使用 ReLU 作为激活函数，在 IRNN 模型中就用了 ReLU 函数，并取得了不明显差于 LSTM 的效果，但需要更多的超参优化经验和细节处理。之所以这里不使用 ReLU 函数是因为 RNN 很容易就发生梯度爆炸，而 ReLU 并不能解决梯度爆炸的问题，反而会使梯度变化波动过大，不容易收敛。

7.4.3　GRU 模型

GRU 模型对 LSTM 模型进行了一些改进，对 LSTM 做了一定的简化，如图 7-17 所示。简化的思路很简单，输入门和遗忘门分别对长期信息和短期信息的保留程度进行控制。在 LSTM 中，输入门和遗忘门这两个门所用到的变量是完全独立变量，但是 GRU 模型却认为这两个变量应该是此消彼长的关系，于是把 3 个门变成了 2 个门。

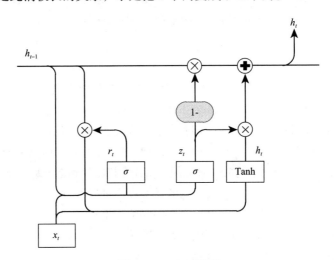

图 7-17　GRU 模型

❑ 更新门 z：负责把控短期信息和长期信息的保留程度。
❑ 重置门 r：负责把控输出信息的保留程度。

7.5　参考文献

[1] LECUN Y, BOTTOU L, BENGIO Y, et al. Gradient-based learning applied to document recognition[J]. Proceedings of the IEEE, 1998, 86(11): 2278-2324.

[2] KRIZHEVSKY A, SUTSKEVER I, HINTON G E. ImageNet classification with deep convolutional neural networks[C]//NIPS. Advances in neural information processing systems 25. New York: Curran Associates, 2012: 1097-1105.

[3] SIMONYAN K, ZISSERMAN A. Very deep convolutional networks for large-scale image

recognition[J]. arXiv preprint arXiv:1409.1556, 2014.

[4] SZEGEDY C, LIU W, JIA Y, et al. Going deeper with convolutions[C]//IEEE. Proceedings of the IEEE conference on computer vision and pattern recognition. Boston: IEEE, 2015: 1-9.

[5] IOFFE S, SZEGEDY C. Batch normalization: Accelerating deep network training by reducing internal covariate shift[J]. arXiv preprint arXiv:1502.03167, 2015.

[6] SZEGEDY C, VANHOUCKE V, IOFFE S, et al. Rethinking the inception architecture for computer vision[C]//IEEE. Proceedings of the IEEE conference on computer vision and pattern recognition. Boston: IEEE, 2016: 2818-2826.

[7] SZEGEDY C, IOFFE S, VANHOUCKE V, et al. Inception-v4, inception-resnet and the impact of residual connections on learning[C]//AAAI.Thirty-First AAAI Conference on Artificial Intelligence. Palo Alto: AAAI Press, 2017.

[8] He K M, ZHANG X Y, Ren S Q, et al. Deep residual learning for image recognition[C]//IEEE. Proceedings of the IEEE conference on computer vision and pattern recognition. Boston: IEEE, 2016: 770-778.

[9] HUANG G, LIU Z, VAN DER MAATEN L, et al. Densely connected convolutional networks[C]// IEEE. Proceedings of the IEEE conference on computer vision and pattern recognition. Boston: IEEE, 2017: 4700-4708.

SHI X J, CHEN Z R, WANG H, et al. Convolutional LSTM network: a machine learning approach for precipitation nowcasting[C]//NIPS. Advances in neural information processing systems 28. New York: Curran Associates, 2015: 802-810.

[10] CHUNG J, GULCEHRE C, CHO K H, et al. Empirical evaluation of gated recurrent neural networks on sequence modeling[J]. arXiv preprint arXiv:1412.3555, 2014.

第 8 章

自动化深度学习概述

第 7 章主要介绍了经典的深度学习模型，本章将介绍 AutoDL——自动化深度学习。自动化深度学习的研究方向和领域非常多，我们在接下来的章节中将尽可能介绍最前沿的技术和算法，只不过仍然不能涵盖所有的知识点。本章作为一个过渡章节，主要介绍自动化深度学习的基础知识，即什么是神经架构搜索。

8.1 深度学习 vs 自动化深度学习

在过去的几年中，深度神经网络在许多具有挑战性的应用中取得了巨大的成功，例如语音识别、图像目标检测和机器翻译等。随着这些成功，越来越强大的网络模型被构建，从 AlexNet 到 VGGNet、GoogLeNet 以及 ResNet。虽然这些模型足够灵活，但人工神经网络结构仍然需要大量的专业知识并且需要充足的时间，而且调参对于深度模型来说也是一项非常艰苦的事情，众多的超参数和网络结构参数会产生爆炸性的组合，常规的随机搜索和网格搜索效率非常低，因此最近几年神经网络的架构搜索和模型优化成为一个研究热点。图 8-1 所示为现在的深度学习方法与自动化深度学习的对比图，自动化深度学习的目标是通过元学习的方法让机器学会自动调参优化。

8.2 什么是 NAS

NAS（神经架构搜索）是一种基于策略梯度的方法，它可以针对特定数据集从头开始设计性能良好的模型。由于神经网络的结构和连接通常可以由可变长度的字符串指定，因此使用循环网络（控制器）来生成这种字符串。在实际问题中，根据特定数据集生成指定的"子网络"，通过训练得到验证集的准确性，使用该准确性作为 reward 信号，计算策略梯度来更新 RNN 控制器。在下一次迭代中，控制器为具有更高准确率的网络结构提供更高的概率，即控制器将学习如果随着时间的推移改进其搜索。具体实现过程如图 8-2 所示。

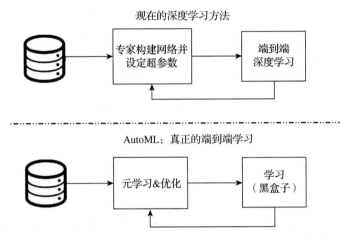

图 8-1　传统深度学习与 AutoDL 比较

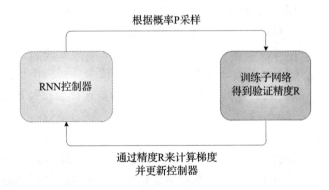

图 8-2　神经网络搜索的概述

如图 8-3 所示，NAS 主要由 3 个基本问题组成，分别是搜索空间、优化方法以及评估方法。其中，每一个部分都可以展开成为独立的研究方向，下节我们仅做简要概述，在第 9 章和第 10 章，我们会根据搜索算法分章节进行介绍，其中最主要的就是强化学习和进化算法。关于模型评估和优化算法，我们在第 11 章进行详细展开。

8.2.1　问题定义

一般 NAS 问题可以被定义为两个子问题：搜索空间和搜索算法。

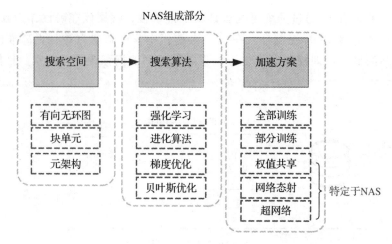

图 8-3 NAS 组件

1. 搜索空间

如其名所示，就是可供搜索的一个网络结构集合，它的数字表示为：

❏ 网络的结构（如神经网络的深度，即隐藏层个数，以及特定的隐藏层宽度）

❏ 配置（如操作 / 网络间的链接类型、核的大小、过滤器的数量）

因此，给定搜索空间，可以将其中的神经网络结构编码成该空间下的表示。这种搜索空间被称为 marco（宏）搜索空间。marco 搜索空间下的网络深度是固定的。不过最近出现一种可变化搜索空间，其可对不同的网络深度进行搜索。

除了传统的结构外，"多分支"结构也开始起着越来越重要的作用，特别是在最新的前沿卷积网络中。ResNet 和 DenseNet 这两种现有技术分别提出了残差连接和密集连接，在网络中创建了数据流的分支。所以目前这些残差连接也已经被加入到搜索空间的定义中。

最近的另一个趋势是设计一个只包含一个基本单元（cell）的搜索空间，其被用作整个网络中的 block（如卷积块）的构建。这类搜索空间被称为 micro（微）搜索空间，其中搜索成本和复杂性可以被显著降低。除了降低搜索复杂度外，找到最好的 block 的设计也可以很容易地被推广到其他任务中，仅仅通过改变单元堆叠的数量。不过搜索单元结构而不是搜索整个网络，存在两个潜在的缺点：

❏ 搜索空间通常更小且更受约束，其中即使随机搜索有时也可以获得可比较的结果。

❏ 单元结构会受到网络设计专家的偏见，这可能会降低找到真正新颖和令人惊讶的网络结构的可能性。

2. 搜索算法

搜索算法是一个迭代过程，用于确定以何种规则来探索搜索空间。在搜索过程的每个步骤或迭代中，一个来自搜索空间的样本会被生成，即子网络（child network）。所有的子网络在训练集上被训练，在验证集上的准确率作为目标被优化（或者是强化学习中的奖励）。搜索算法的目的是找到最佳子网络，例如最小化验证集损失或最大化奖励。

神经网络架构存在以下特点：

1）评价函数未知，是一个黑箱优化问题，因为评价往往是在不可见的数据集上进行评价。

2）神经网络结构搜索通常都是非线性问题，比较复杂。

3）神经网络搜索是非凸问题，即局部最优解并非全局最优解。

4）神经网络搜索问题通常是混合优化问题，即问题空间既包括离散空间，又包括连续空间。

5）一次优化结果的评价非常耗时，大型的深度学习模型参数数亿计，运行一次结果需要几周的时间。

6）在某些应用场景中，存在多个目标。例如：移动端的模型结构优化，既希望得到尽量高的准确率，又希望有非常好的模型计算效率。

下面我们从网络架构搜索的两个重要方面进行分类阐述，即搜索策略和加速方案。

8.2.2　搜索策略

搜索策略定义了使用怎样的算法可以快速、准确地找到最优的网络结构参数配置。目前比较前沿的搜索策略大致可以分为两类，分别是强化学习和进化算法。强化学习和进化算法的共同点就是，这两种算法都有一个更新改进的过程，进化算法更像是随机搜索，强化学习是在指导下改进。下面我们分别介绍这两种搜索策略。

（1）强化学习

强化学习又称评价学习，是一种重要的机器学习方法，它以"试错"的方式进行学习，通过与环境交互获得奖励来指导行为。在 NAS 任务中的强化学习问题和传统的强化学习问题略有不同，其主要流程是构建了一个 RNN 控制器，通过迭代的方式来更新控制器从而生成合适的架构。强化学习是一个很庞大的算法体系，采用不同的学习算法就是一种新的架构搜索方法。研究最广泛的一种搜索的算法就是使用 Q-learning 训练控制器，依次选择层的类型和相关的参数。在第 9 章，我们会详细介绍基于强化学习的搜索方法。

（2）进化算法

进化算法是一种无梯度的优化算法（Derivative Free Optimization Algorithm），可以通俗地理解为一种随机搜索策略。主要过程是先随机初始化一个种群，在这里可以把种群看成是简单的子网络或层类型，然后依次执行选择算子、交叉算子、变异算子，根据适应度的评价结果，迭代进化，直到适应度满足条件。

使用进化算法的一大好处是只要进化代数足够，就可以得到全局最优解，但是这也是非常消耗算力的一个过程，一个解决方法就是使用分布式计算来提高进化效率。用进化算法进行神经架构搜索，不同算法的侧重点不同，有的算法重点在于如何初始化种群，有的算法比较关注如何选择更有效。我们会在第 10 章详细介绍基于进化算法的 NAS。

（3）其他方法

除了上述两种方法，还有一些前沿的论文提出了新的方法，比如分级优化，以及逆强化学习和超网络的使用。每一种方法都有其独特新颖之处，我们会在后文中简单介绍比较有代表性的几种。

8.2.3　加速方案

神经架构搜索可以根据特定数据集生成合适的神经网络，但是搜索空间巨大，而且神经网络模型非常依赖数据集的规模，往往大规模的数据集训练效果更佳，但这是非常耗时的，因此 NAS 的搜索加速方案成为一大研究热点。

一种应用比较广泛的方案就是权值共享，通过对 NAS 搜索空间的优化实现了权值共享功能，大大节约了搜索时间，代表算法是 ENAS（详见第 11 章）。另一种方法是基于代理模型的加速方案，用观测到的点进行插值预测，这类方法中最重要的是在大搜索空间中如何选择尽量少的点预测出最优结果的位置。还有一种方法是基于超网络的改进，在超网络的基础上提出了 one-shot 模型，将所有的架构都看作 one-shot 模型的子图，子图之间通过超图的边来共享权值。

除了上述方法外，还有其他一些方法，如网络态射、可微分架构搜索等，我们都会在第 11 章进行详细介绍，感兴趣的读者可以仔细研读。

8.3　NAS 方法分类

8.2 节已经介绍了什么是神经架构搜索，本节我们将概述 NAS 的方法。通过研究关于 NAS 的相关论文，下面将从三个方面展开介绍 NAS：

- ❑ 基于强化学习的 NAS
- ❑ 基于进化算法的 NAS
- ❑ 搜索加速

（1）基于强化学习的方法

强化学习是 NAS 的主流方法，超越了领域专家设计的最先进的模型。强化学习的 3 个基本要素：智能体、环境和奖励。目标则是智能体学习与环境交互的行动策略，以便获得最大的长期奖励。智能体和环境之间的交互可以被视为顺序决策过程：在每个时间 t，智能体在动作集合中选择动作与环境交互并接收奖励。要将 NAS 框架化为强化学习问题，代理的操作是选择或生成子网络，而将验证性能作为奖励。要结构化 NAS 作为一个强化学习问题，智能体的动作是去选择或生成一个子网络，验证集上的表现作为奖励。

（2）基于进化算法的方法

NAS 的目标本质上也可以通过自然选择的过程来实现。最近基于 EA 的 NAS 方法专注于搜索网络结构并通过反向传播更新连接权重。

进化算法（EA）在演化步骤中，把子模型作为种群来进化。群体中的每个模型都是训练过的网络，并被视为个体。与 RL 方法类似，模型在验证集上的表现（例如，准确度）作为每个个体的质量好坏。在进化步骤中，根据其适应度高低选择一个或多个个体作为父本。随后将创建父本的副本，并通过变异算子生成子网络（child network）。在验证和评估子网络后，它将被添加到种群中。为了对种群中的父本进行抽样，采用了锦标赛选择（tournament selection），它采用随机个体的重复竞赛，而不是总人口的重复配对比赛来提高搜索效率。

EA 算法的一个缺点是通常认为进化过程是不稳定的，并且最终群体的质量可能由于随机突变而变化。所以后来提出了用一个强化学习（RL）控制器来作出突变决策，而不是做随机突变来使进化过程稳定。

（3）搜索加速

无论是基于强化学习还是进化算法的搜索，子网络都要被训练和评估，以指导搜索过程，但是从头开始训练每个自网络需要超大的资源和时间，所以 NAS 的加速方案被提出，主要代表方案是改进代理模型和权值共享。

① 改进代理（Improve proxy）

很明显代理模型的引入会带有误差，为了改进这一点，有研究员观察到子网络的 FLOP（每秒计算的浮点数）和模型大小与最终准确度呈负相关，因此引入了一种应用于奖励计算的校正函数，通过早期停止获得子网络的精度，弥合代理与真实准确性之间的差距。根据这一想法，研究者们提出了几种通过"预测"神经架构的精度来改进代理度量的方法，预计精确度较差的子网络将被暂停训练或直接放弃。以下是 3 种预测神经架构搜索的方法：

❏ 根据子网络的学习曲线预测神经架构的精度。

❏ 回归模型。使用基于网络设置和验证曲线的特征来预测部分训练模型的最终性能。

❏ 训练代理模型，基于 progressively architectural properties 预测子网络的准确性。

② 权值共享（Weight sharing）

在神经网络的搜索和训练过程中，涉及很多权值和超参数，我们在前文中已经介绍过权值共享加速方案，在这里列举几个权值共享的经典方法：

❏ 在进化过程中，允许子网络继承父本的权重，而不是从头训练每个子模型。使用 one-shot 模型实现共享。

❏ 设计带有辅助超网络的"主"模型，以生成以模型架构为条件的主模型的权重。从超网络（Hypernetwork）代表的分布中采样的权重。

❏ 使用 one-shot 模型，主要有两种方法，第一种是训练表示各种候选结构的 one-shot 模型，然后使用预训练的 one-shot 模型权重在验证集上随机评估这些候选结构。另一种是使用包含整个搜索空间的 one-shot 模型训练所有权重，同时，使用梯度下降来优化候选结构的分布。

❏ 通过网络转换／态射来探索搜索空间，它使用诸如插入层或添加跳过连接之类的操作将训练好的神经网络修改为新的结构。由于网络转换／态射从现有的训练网络开始，因此重用权重并且仅需为数不多的训练迭代来完成新结构的训练。

CHAPTER 9

第 9 章

基于强化学习的 AutoDL

本章主要介绍基于强化学习的自动化深度学习。强化学习是机器学习领域十分复杂的一种方法，说它复杂是因为强化学习方法的逻辑性很强。我们将在本章前半部分首先介绍常用的强化学习算法，其中比较重要的是 AC 系列算法。在算法介绍过程中，我们尽可能避免使用公式，读者若有兴趣可自行查找具体的公式推理方法。在本章后半部分，我们将介绍最前沿的基于强化学习的神经架构搜索算法和框架。

9.1　强化学习基础

9.1.1　强化学习简介

强化学习的学习思路和人比较类似，一边实践一边学习。如图 9-1 所示，假设小孩在学走路，如果不小心摔倒了，那么他的大脑会告诉他这是一个不正确的走路姿势，类似于给出一个负面的奖励值，然后小孩从摔倒状态中爬起来，如果后面继续走了一步没有摔倒，那么大脑会给一个正面的奖励值，从而让他下次走路时能用正确的走路姿势。那么这个过程和之前讲的机器学习方法有什么区别呢？

监督学习有数据和数据对应的正确标签。强化学习只有奖励值，而且这个奖励值和监督学习的标签不一样，它不是事先给出的，而是通过一次次在环境中的尝试，获取这些数据和标签，然后再学习通过哪些数据能够对应哪些标签，比如上面的例子里走路摔倒了才得到大脑的负面的

图 9-1　强化学习基本思想示意图

奖励值。同时，强化学习的每一步与时间顺序前后关系紧密。而监督学习的训练数据之间一般都是独立的，没有这种前后的依赖关系。

再来看看强化学习和非监督学习的区别，如表 9-1 所示，最大的区别在于奖励值。非监督学习是没有输出值也没有奖励值的，它只有数据特征；而且和监督学习一样，数据之间也都是独立的，没有强化学习这样的前后依赖关系。

表 9-1　强化学习与监督、非监督学习的比较

	监 督 学 习	非监督学习	强 化 学 习
输出值	标签	没有	奖励值
标签或奖励值	事先给出	没有	延后给出
记忆 / 经验	无	无	有
损失值	有	无	无
输入	独立同分布	独立同分布	变化的

强化学习任务由两大主体构成：智能体（Agent）和环境（Environment）。这里的智能体就是学习者，同时也是决策者。学习者通过和环境进行交互来实现目标，交互过程的框图表示如图 9-2 所示。

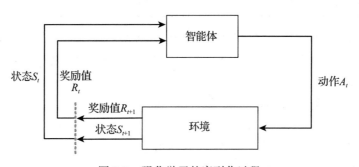

图 9-2　强化学习的序列化过程

从图 9-2 中可以看出，这是一个序列化过程，在时刻 t，智能体基于当前状态 S_t 发出动作 A_t，环境做出回应，生成新的状态 S_{t+1} 和对应的奖励值 R_{t+1}，这里需要强调一点，状态 S 和奖励值 R 是成对出现的。智能体的目标就是，通过更加明智地执行动作，从而最大化接下来的累计奖励 G_t，公式表示如下：

$$G_t = R_{t+1} + \gamma R_{t+2} + \gamma^2 R_{t+3} + \cdots = \sum_{k=0}^{\infty} \gamma^k R_{t+k+1}$$

其中，$T = t + k + 1$ 表示最后的时间步，也就意味着在 T 时刻智能体同环境的交互过程结束，这个开始到结束的过程称作一个"轮回（episode）"。当前轮回结束后，智能体的状态会被重置，从而开始一个新的轮回，因此，所有的轮回之间是相互独立的。γ 表示奖励衰减因子，当 $\gamma = 0$ 时，表示这个学习体"目光短浅"，只考虑了眼前利益；当 γ 接近于 1 时，表示这个学习体"目光长远"，考虑了将来可能带来的整体利益。

9.1.2 基本要素及问题定义

在了解强化学习的问题定义以及问题求解思路之前，首先应该明确强化学习的基本要素，如表 9-2 所示。

表 9-2 强化学习基本要素

符　号	名　称	定　义
S	环境的状态	t 时刻环境的状态 S_t 是它的环境状态集中某一个状态
A	个体的动作	t 时刻个体采取的动作 A_t 是它的动作集中某一个动作
R	环境的奖励	t 时刻个体在状态 S_t 采取的动作 A_t 对应的奖励 R_{t+1} 会在 $t+1$ 时刻得到
π	个体的策略	个体会依据策略 π 来选择动作
$v_\pi(s)$	价值（value）	个体在策略 π 和状态 s 时，采取行动后的价值，是一个期望函数。要综合考虑当前的延时奖励和后续的延时奖励。一般表示为： $v_\pi(s) = \mathrm{E}_\pi(R_{t+1} + \gamma R_{t+2} + \gamma^2 R_{t+3} + \cdots \mid S_t = s)$
γ	奖励衰减因子	在 [0,1] 之间。如果为 0，则是贪婪法，即价值只由当前延时奖励决定；如果是 1，则所有的后续状态奖励和当前奖励一视同仁
$p_{ss'}^a$	环境的状态转换模型	在状态 s 下采取动作 a，转到下一个状态 s' 的概率
ϵ	探索率	主要用在强化学习训练迭代过程中

强化学习算法按照解决策略可以划分为两大类：基于模型的（model-based）和不基于模型的（model-free）。需要解决的问题一般分成两种：预测问题和控制问题。

（1）基于模型

预测问题：给定强化学习的 6 个要素，状态集 S、动作集 A、模型状态转化概率矩阵 P、即时奖励 R、衰减因子 γ、给定策略 π，求解该策略的状态价值函数 $v(\pi)$。

控制问题：给定强化学习的 5 个要素，状态集 S、动作集 A、模型状态转化概率矩阵 P、即时奖励 R、衰减因子 γ，求解最优的状态价值函数 v^* 和最优策略 π。

（2）不基于模型

预测问题：给定强化学习的 5 个要素，状态集 S、动作集 A、即时奖励 R、衰减因子 γ、给定策略 π，求解该策略的状态价值函数 $v(\pi)$。

控制问题：给定强化学习的 5 个要素，状态集 S、动作集 A、即时奖励 R、衰减因子 γ、探索率 ϵ，求解最优的动作价值函数 q^* 和最优策略 π^*。

9.1.3 发展历史

一方面，强化学习起源于动态规划。“最优控制”问题在 20 世纪 50 年代后期被提出，用于描述设计控制器以最小化动态系统随时间变化的行为问题。理查德·贝尔曼（Richard Bellman）在 1957 年提出了求解最优控制问题以及最优控制问题的随机离散版本马尔可夫决策过程（Markov Decision Process，MDP）的动态规划（Dynamic Programming，DP）方法。

使用动态系统的状态和值函数或"最优返回函数"的概念来定义函数方程，现在通常称为 Bellman 方程，通过求解该方程来解决最优控制问题的方法被称为动态规划。Ron Howard 在 1960 年提出了 MDP 的策略迭代方法。所有这些都是现代强化学习理论和算法的基本要素。

另一方面，导致现代强化学习领域的另一个主要思路是，以试错学习的思想为中心，这个主题始于心理学，其中"强化"学习理论很常见，其本质观念为，良好或不良结果所遵循的行动是否会相应地改变其重新选择的倾向。

Minsky 在 1954 年首次提出"强化"和"强化学习"的概念，探索试错学习作为工程原理。到此，强化学习的理论基础知识 MDP 和求解算法试错的策略迭代基本确定了。在此后的一段时间，强化学习被监督学习的光芒所覆盖，期间许多研究人员似乎相信他们可以在有监督学习时研究强化学习，例如，Rosenblatt 感知机（1962）和 Widrow-Hoff（1960）等神经网络明显受到强化学习的影响，使用奖励和惩罚的语言，但研究的系统是适用于模式识别的监督学习系统。监督学习是通过外部有知识的监督者提供的例子来进行学习的，但这种学习已经完全违背了强化学习的宗旨，因为监督学习有了"教师"（supervisor）和预备知识（examples）。

1988 年 Richard Sutton 提出时序差分算法，描述了由时间上连续预测的变化驱动的学习规则，开发了一种基于时差学习的经典条件心理模型，还介绍了 TD（λ）算法并证明了它的一些收敛性。后来在试错法学习中使用时差学习的方法，也就是 Actor-Critic 方法，将时序差异学习与控制分开，将其作为一般预测方法。1989 年，Chris Watkins 开发了 Q-Learning 方法，将时空差异和最佳控制线程完全汇集在一起，Q-Learning 使得在缺乏立即回报函数（仍然需要知道最终回报或目标状态）和状态转换函数的知识下依然可以求出最优动作策略，换句话说，Q-Learning 使得强化学习不再依赖于问题模型。此外，Watkins 还证明了当系统是确定性的 MDP，并且回报是有限的情况下，强化学习是收敛的，也即一定可以求出最优解。1994 年 Rummery 提出 SARSA 算法，相比于 Q-Learning 是时序差分的离线控制算法，SARSA 是在线控制的。2015 年 Google DeepMind 提出 Deep Q-Network（DQN）算法，是对 DQN 算法的改进，利用神经网络代替 Q-table，优化了 Q-table 太大、很难维护的问题，同时采用了经验回放加强对强化学习的学习过程进行训练。

强化学习领域在过去十几年中热衷于发展随机策略搜索方法。随机策略本身自带探索，通过探索产生各种各样的数据，有好的数据，也有坏的数据，强化学习算法通过在这些好的数据中学到知识而改进当前的策略。2014 年 Silver 提出确定性策略梯度（Deterministic Policy Gradent）算法，利用异策略学习方法，即 off-policy 来学习。异策略是指行动策略和评估策略不是一个策略。这里的行动策略是随机策略，以保证充足的探索。评估策略是确定性策略，这种方式也就是之前提到的 Actor-Critic 架构。2015 年 Hausknecht 等人提出的 DRQN 算法和 Lillicrap 等人提出的 DDPG 算法，都结合了策略梯度和 DQN 的 Actor-Critic 架构，优化了 DQN 的学习效率，解决了 DQN 不能处理连续动作空间的缺陷。后续的 A3C、DPPO 等算法都是在异步学习方面，利用多线程、分布式等技术，提高了学习效率和消除数据之间的相关性。

9.1.4 基本方法

强化学习问题包括 3 种基本方法：动态规划、蒙特卡洛方法和时序差分方法。如图 9-3 所示，我们根据方法类型对这 3 种方法进行了简单展示，下面我们会依次介绍 MDP 和这 3 种方法。

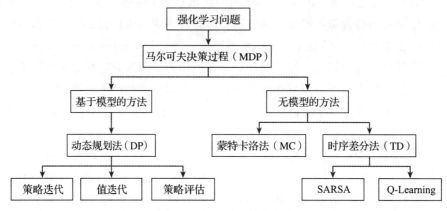

图 9-3　强化学习基本方法

（1）MDP

在现实环境中，从一个状态转化到下一个状态 s' 的概率不仅与当前状态 s 和动作 a 有关，还与之前的状态有关。如果考虑这么多的状态，会导致环境转化模型非常复杂，复杂到难以建模。马尔可夫性简化了这种问题。

首先假设状态转化的马尔可夫性，也就是假设转化到下一个状态 s' 的概率仅与当前状态 s 有关，与之前的状态无关。对策略 π 作马尔可夫假设，即在状态 s 时采取动作 a 的概率仅与当前状态 s 有关，与其他的要素无关。对于价值函数 $v_\pi(s)$ 也是一样，$v_\pi(s)$ 现在仅仅依赖于当前状态，$v_\pi(s)$ 没有考虑到所采用的动作 a 带来的价值影响，因此除了 $v_\pi(s)$ 这个状态价值函数外，还有一个动作价值函数 $q_\pi(s,a)$。

解决强化学习问题意味着要寻找一个最优的策略让个体在与环境交互过程中获得始终比其他策略都要多的收获，这个最优策略用 π^* 表示。

定义最优的状态值函数 $v^*(s) = \max_\pi v_\pi(s)$，也就是所有策略中最大的状态值函数；同理，最优的动作价值函数 $q^*(s,a) = \max_\pi q_\pi(s,a)$，也是所有策略中最大的动作价值函数值。MDP 的解决方案是描述 MDP 中每个状态的最佳操作的策略，称为最优策略。这种最优策略可以通过各种方法找到，比如动态规划、蒙特卡洛和时序差分。

（2）动态规划

动态规划（Dynamic Programming）可以用于在给定完整的环境模型作为 MDP 的情况下计算最优策略。动态规划的关键点有两个：一是问题的最优解可以由若干小问题的最优解构成，即通过寻找子问题的最优解来得到问题的最优解；二是可以找到子问题状态之间的递推关系，通过较小的子问题状态递推出较大的子问题状态。

动态规划算法基于遍历状态空间，使用全宽度的回溯机制进行状态价值的更新，也就是说，在每一次回溯更新某一个状态的价值时，都要回溯到该状态的所有可能的后续状态，并利用贝尔曼方程更新该状态的价值。这种全宽度的价值更新方式对于状态数较少的强化学习问题还是比较有效的，但是当问题规模很大的时候，动态规划算法将会因贝尔曼维度灾难而无法使用。因此还需要寻找其他的针对复杂问题的强化学习问题求解方法。

（3）蒙特卡洛

前面所讲的动态规划解决 MDP 问题是一种 model-based 方法，很多时候，环境是未知的，也就是无法知道环境的状态转化模型 P，这时动态规划法就无法使用。蒙特卡洛（Monte-Carlo，MC）方法不需要对环境进行完全建模，只需要经验，也就是实际或者仿真的与环境进行交互的整个样本序列，包括状态动作和反馈信息。所谓的整个样本序列，就是这个序列必须是达到终点的。比如下棋问题分出输赢，驾车问题成功到达终点或者失败。有了很多组这样经历完整的状态序列，就可以近似估计状态价值，进而求解预测和控制问题了。

（4）时序差分

时序差分算法（Temporal-Difference，TD）也是一种 model-free 的强化学习算法。它继承了动态规划和蒙特卡洛方法的优点。在用蒙特卡洛法求解中，不需要环境的状态转化概率模型，但是它需要所有的采样序列都是经历完整的状态序列。如果没有完整的状态序列，那么就无法使用蒙特卡洛法求解了。这里就来讨论不使用完整状态序列求解强化学习问题的时序差分法。

时序差分法的单步更新是在环境中每走一步，更新一次状态价值。如果每走 n 步更新一次状态价值，就叫 n 步时序差分。当 n 越来越大，趋于无穷，或者说趋于使用完整的状态序列时，n 步时序差分就等价于蒙特卡洛法了。

9.2　两类基本模型

强化学习基本模型可以分为两大类，一类是基于价值（value-based）的方法，一类是基于策略（policy-based）的方法。所谓基于价值的方法，就是先评估每个动作的 Q 值（Value），再根据 Q 值求最优策略的方法。强化学习的最终目标是求解策略，因此基于价值的方法是一种"曲线救国"。基于价值的强化学习策略（比如 ϵ- 贪婪法）是不变的，即在某个状态、选择哪种行动是固定的。基于价值的强化学习以通过潜在奖励计算出的动作回报期望作为选取动作的依据。代表算法有 SARSA 和 Q-Learning。

但是基于价值的方法有很多不足，比如它一般只处理离散动作，无法处理连续动作，因此引入了基于策略的方法。基于策略的方法学习的并不是值函数，而是直接学习策略函数，将状态映射为动作。该方法可以分为两种，确定性策略和随机策略，确定性策略将状态映射为对应的函数，随机策略则是将状态映射为动作分布。

在后文中，我们将首先介绍经典的基于价值的方法，两种属于 TD 算法的同策略和异策略算法；然后介绍了 DQN 系列算法，DQN 系列算法也是基于价值的方法，不同的是引入了神经网络进行函数近似；最后介绍了基于策略的方法。

9.2.1　TD 经典算法

时序差分法的控制问题可以分为两类：一类是在线控制，即一直使用一个策略来更新价值函数和选择新的动作，如 SARSA 算法；另一类是离线控制，会使用两个控制策略，一个策略用于选择新的动作，另一个策略用于更新价值函数，如 Q-Learning 算法。

（1）SARSA

SARSA 算法其实是由 S、A、R、S′、A′ 几个字母组成的，S 代表状态（State）、A 代表动作（Action）、R 代表奖励（Reward）。简单理解 SARSA 算法就是使用 ϵ- 贪婪法来更新价值函数和选择新的动作。流程如图 9-4 所示。

图 9-4　SARSA 算法示意图

首先基于 ϵ-贪婪法在当前状态 s 选择一个动作 a，这时系统会转到一个新的状态 s'，同时反馈一个即时奖励 r，在新的状态 s'，基于 ϵ-贪婪法选择一个新的动作 a'，但是并不执行，而是通过这个动作更新价值函数，价值函数的更新公式是：

$$Q(s,a) = Q(s,a) + \alpha[r + \gamma Q(s,a') - Q(s,a)]$$

其中，γ 是衰减因子，α 是迭代步长即学习率，收获 G_t 的表达式是 $r + \gamma q(s',a')$。

（2）Q-Learning

Q-Learning 是时序差分法的离线控制算法，会使用两个控制策略，首先使用 ϵ-贪婪法来选择新的动作，然后使用贪婪法进行价值更新。

Q-Learning 算法的流程如图 9-5 所示。

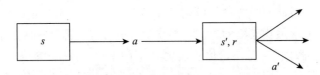

图 9-5　Q-Learning 流程图

首先基于状态 s，用 ϵ-贪婪法选择动作 a，得到奖励 r 并进入到状态 s'。然后基于状态

s'，使用贪婪法选择 a'，也就是说选择使 $Q'(s',a)$ 最大的 a 作为 a' 来更新价值函数，用公式表示如下：

$$Q(s,a) = Q(s,a) + \alpha[r + \gamma \max_a Q(s',a) - Q(s,a)]$$

此时选择的动作只会参与价值函数的更新，不会真正地执行。价值函数更新后，新的执行动作需要基于状态 s'，用ϵ-贪婪法重新选择得到。

9.2.2 DQN 系列算法

在 Q-Learning 中要维护一张 Q 值表，表的维数为：状态数 $s\times$ 动作数 a。随着问题的状态空间和动作空间规模不断扩大，在内存中维护一张巨大的 Q 表将变得非常困难。一个可行的方法是将 Q 表的更新问题变成函数拟合问题。相近的状态得到相近的输出动作。如下所示，接受状态 s 和动作 a 作为输入，通过更新参数 w 使 Q 函数逼近最优 Q 值。因此，Q-Network 就是要设计一个神经网络结构，通过函数来拟合 Q 值。如果把计算价值函数的神经网络看作一个 "黑箱"，那么整个近似过程可以看作图 9-6 中所示的两种情况。

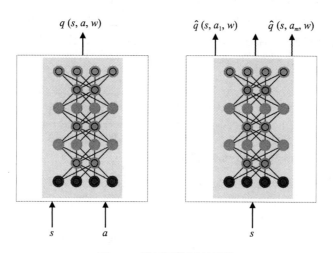

图 9-6 神经网络近似函数

对于 Q 价值函数，有两种方法求解：一种是输入状态 s 的特征向量和动作 a，输出对应的动作价值 $\hat{q}(s,a,w)$；另一种是只输入状态 s 的特征向量，动作集合有多少个动作就有多少个输出 $\hat{q}(s,a_i,w)$。这里隐含了动作是有限个离散动作。

（1）DQN

Deep Q-Network（简称 DQN）算法的基本思路来源于 Q-Learning，但是和 Q-Learning 的区别在于，它的 Q 值不是直接通过状态值 s 和动作来计算，而是通过上面提到的第二个 Q 网络来计算的。

DQN 的输入是状态 s 对应的状态向量 $\phi(s)$，输出是在该状态下所有动作 a 以及每个 a

对应的价值 Q。Q 网络可以是 DNN、CNN 或 RNN，没有具体的网络结构要求。

众所周知，神经网络的训练需要超大量的带标签的数据样本，然后通过反向传播使用梯度下降的方法来更新神经网络的参数。那么要训练 Q 网络，需要为 Q 网络提供有标签的样本，在本算法中，利用奖励 r 和 Q 计算出来的目标 Q 值作为标签，训练目标是让 Q 值趋近于目标 Q 值。

DQN 主要使用的技巧是经验回放（experience replay），即将每次和环境交互得到的奖励与状态更新情况都保存起来，用于后面目标 Q 值的更新。通过经验回放得到的目标 Q 值和通过 Q 网络计算得到的 Q 值是有误差的，可以通过梯度的反向传播来更新神经网络的参数 w，当 w 收敛后，就得到近似的 Q 值计算方法，进而求出贪婪策略。

（2）Nature DQN

在 DQN 中，数据样本和网络训练之间循环依赖，相关性太强，不利于算法的收敛，因此提出了 Nature DQN，即使用两个 Q 网络来减少依赖。

Nature DQN 使用了两个 Q 网络，如图 9-7 所示，一个当前 Q 网络 Q 用来选择动作，更新模型参数，另一个目标 Q 网络 Q' 用于计算目标 Q 值。目标 Q 网络的网络参数不需要迭代更新，而是每隔一段时间从当前 Q 网络的 Q 复制过来，即延时更新，这样可以减少目标 Q 值和当前的 Q 值相关性。需注意，两个 Q 网络的结构是一模一样的，这样才可以复制网络参数。

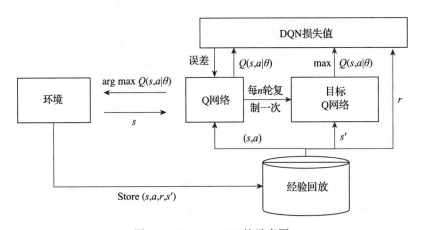

图 9-7　Nature DQN 的示意图

（3）Double DQN

在 Double DQN 之前，基本上所有的目标 Q 值都是通过贪婪法 $Q_{\max}$ 直接得到的，使用 max 虽然可以快速让 Q 值向可能的优化目标靠拢，但是 max 本身就有误差，很容易过犹不及，导致过度估计（Over Estimation），所谓过度估计就是最终得到的算法模型有很大的偏差。为了解决这个问题，DDQN 通过解耦目标 Q 值动作的选择和目标 Q 值计算这两个步骤，来达到消除过度估计的问题。

DDQN 和 Nature DQN 一样，也有一样的两个 Q 网络，不同的是不直接在目标 Q 网络中寻找各个动作中最大 Q 值，而是先在当前 Q 网络中先找出最大 Q 值对应的动作 A_{max}，然后利用这个选择出来的动作 A_{max} 在目标网络里面去计算目标 Q 值，如图 9-8 所示。

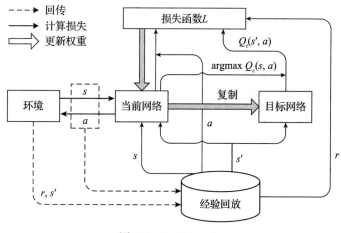

图 9-8　Double DQN

（4）Prioritized DQN

在前面的 DQN 网络中，都是通过经验回放进行采样，在这个过程中，所有的样本被采样的概率都是相同的，但是不同的样本由于 TD 误差不同，对反向传播的作用是不一样的。因此引入了样本优先级的概念，即 Prioritized DQN。在该算法中，通常使用 SumTree 的二叉树结构存储带有优先级的经验回放池样本。具体的 SumTree 结构如图 9-9 所示。

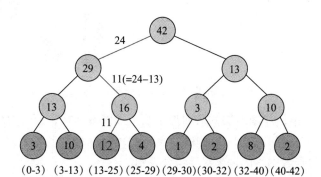

图 9-9　SumTree 二叉树结构

所有的经验回放样本只保存在最下面的叶节点上，一个节点对应一个样本。叶节点除了保存数据外，还要保存该样本的优先级，即图 9-9 中显示的数字。对于内部节点，每个节点只保存子节点的优先级之和。

（5）Dueling DQN

Prioritized DQN 通过对经验回放池按权重采样来优化 DQN 算法，另一种优化算法是 Dueling DQN，即通过优化神经网络的结构来优化算法。

Dueling DQN 将 Q 网络分成两部分，第一部分是仅仅与状态 s 有关，与具体要采用的动作 a 无关，这部分叫作价值函数部分，记做 $V(s,w,\alpha)$；第二部分同时与状态 s 和动作 a 有关，这部分叫作优势函数（Advantage Function）部分，记为 $A(s,a,w,\beta)$，那么最终的价值函数可以重新表示为：

$$Q(s,a,w,\alpha,\beta) = V(s,w,\alpha) + A(s,a,w,\beta)$$

其中，w 是公共部分的网络参数，而 α 是价值函数独有部分的网络参数，β 是优势函数独有部分的网络参数。

Dueling DQN 的网络结构和之前的 DQN 不同，如图 9-10 所示。

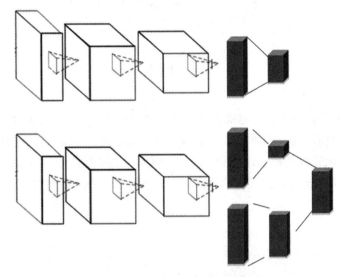

图 9-10   Dueling DQN 与经典 DQN 比较

在 Dueling DQN 中，在隐藏层的后面加了两个子网络结构，分别对应价值函数网络部分和优势函数网络部分，如图 9-10 下侧的 Dueling DQN 网络。最终 Q 网络的输出由价值函数网络的输出和优势函数网络的输出线性组合得到。

9.2.3   策略梯度算法

前面两节介绍的方法都是基于价值的方法，这些方法都是通过计算动作得分来决策的，计算采取每个动作的价值，然后根据价值函数贪心地选择动作。如果省略中间的步骤，即直接根据当前的状态来选择动作，也就引出了强化学习中的另一种很重要的算法，即策略梯度（Policy Gradient）。策略梯度不通过误差反向传播，它通过观测信息选出一个行为直接进行反向传播，利用奖励直接对选择行为的可能性进行增强和减弱，好的行为会增加下一次被选中的概率，不好的行为会减弱下次被选中的概率，策略梯度算法交互流程如图 9-11 所示。策略梯度算法的基本要素包括：

- ❑ 优化目标：损失函数
- ❑ 策略函数：包括 softmax 和高斯函数
- ❑ 梯度计算公式
- ❑ 梯度更新算法

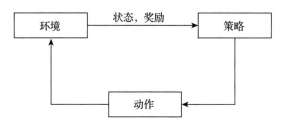

图 9-11　策略梯度算法交互流程

策略梯度下降方法的基本思想是考虑由参数 θ 控制的随机策略 $\pi(\theta)$，然后通过优化与策略相关的目标函数 $L(\theta)$（比如累积折扣回报和）来更新代表策略的参数。这种基于策略方法与强化学习中的另一个重要分支基于价值的方法相比，不仅避免了价值函数误差导致的策略退化，而且更加易于用在连续动作空间问题。

从数学意义上理解，策略梯度下降方法就是用随机梯度下降的优化算法去计算策略梯度的估计，最常见的方法就是优化下面这个目标函数，使其最大化：

$$L^{\text{PG}}(\theta) = \widehat{\mathbb{E}}_t[\log\pi_\theta(a_t|s_t)\hat{A}_t]$$

其中 π_θ 是随机策略，$\hat{A}_t$ 是 t 时刻的优势函数，$\widehat{\mathbb{E}}_t$ 表明需要在一系列采样中进行经验平均，交替进行采样与优化，$L^{\text{PG}}(\theta)$ 为目标损失函数。

为了对以上目标函数进行优化，我们对其进行求导得到：

$$\hat{g}(\theta) = \widehat{\mathbb{E}}_t[\nabla_\theta\log\pi_\theta(a_t|s_t)\hat{A}_t]$$

我们的目标就是要优化这个目标函数，使其最大化。尽管我们可以用同一个轨迹应用多次优化损失函数，但这么做的话会让策略更新幅度过大，显然这会使得整个算法失去意义。

通过策略梯度法获得优秀的结果是十分困难的，因为它对步长大小的选择非常敏感。如果迭代步长太小，那么训练进展会非常慢；但如果迭代步长太大，那么信号将受到噪声的强烈干扰，因此我们会看到性能将急剧降低。同时这种策略梯度法有非常低的样本效率，它需要数百万甚至更多的时间步骤来学习一个简单的任务。

总结来说，PG 算法的优缺点可概括如图 9-12 所示。

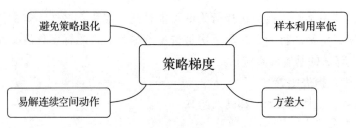

图 9-12　PG 算法特点总结

　　PG 的数据效率低，也可以说是样本利用率低，因为它仅能够利用采样得到的样本进行一次更新，更新后就要将这些样本扔掉，重新采样，再实现更新。此外，利用策略梯度法计算的结果方差会很大，无法收敛的可能性会使得训练困难。

9.3　强化学习之 Actor-Critic 系列

9.3.1　Actor-Critic 算法

　　Actor-Critic 算法包括 Actor 和 Critic 两部分。Actor（行动者）是一个 Policy Network，需要奖惩信息调节不同状态下采取各种动作的概率，在传统的 Policy Gradient 算法中，奖惩信息是通过走完一个完整的 episode 来计算得到的。这不免导致了学习速率很慢，需要很长时间才可以学到东西。Critic（评价者）是一个以值为基础的学习法，它可以进行单步更新，计算每一步的价值。

　　如图 9-13 所示，策略网络是 Actor，输出动作（action-selection）。动作网络是 Critic，用来评价 Actor 网络所选动作的好坏（action value estimated），并生成 TD 误差信号同时指导 Actor 网络的更新。

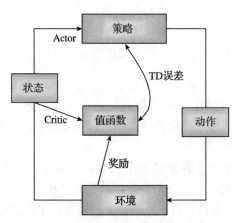

图 9-13　Actor-Critic 算法交互流程

　　Actor-Critic 结合了 value-based 和 policy-gradient based 两类方法的优势，在原有的

Policy Gradient 上加速了学习过程。

在 Actor-Critic 算法中，需要做两组近似，第一组是策略函数近似：

$$\pi_\theta(s,a) = P(a|s,\theta) \approx \pi(a|s)$$

第二组是价值函数的近似，包括状态价值和动作价值：

$$\hat{v}(s,w) \approx v_\pi(s)$$

$$\hat{q}(s,a,w) \approx q_\pi(s,a)$$

策略的参数更新公式为：

$$\theta = \theta + \alpha\nabla_\theta\log\pi_\theta(s_t,a_t)v_t$$

其中，$\nabla_\theta\log\pi_\theta(s_t,a_t)$ 是分值函数，v_t 是 Critic 通过 Q 网络计算状态的最优价值。Actor 利用 v_t 迭代更新策略函数的参数 θ，进而选择动作，并得到奖励和新的状态。Critic 使用奖励和新的状态更新 Q 网络参数 w，然后循环迭代。v_t 会根据 Critic 不同的评估点而改变。

Actor-Critic 评估点

Actor-Critic 可以选择其他的指标作为 Critic 的评估点。针对不同的评估点，策略函数参数更新的公式是不同的，主要体现在 v_t 的不同上，比如基于状态价值 $v_t = V(s,w)$；基于动作价值 $v_t = Q(s,a,w)$，也就是 DQN 中的 Q 值；基于优势函数的 $v_t = A(S,A,w,\beta)$ 和基于 TD 误差的 $v_t = \delta(t)$，其中 $\delta(t) = R_{t+1} + \gamma Q(S_{t+1},A_{t+1}) - V(S_t,A_t)$。

对于 Critic 本身的模型参数 w，一般使用均方误差损失函数做迭代更新，迭代方法使用神经网络表示状态和 Q 值的关系。

比如评估点基于 Q 值，Critic 使用神经网络来计算 Q 误差并更新网络参数，Actor 也使用神经网络来更新网络参数。

对于 Actor 的分值函数 $\nabla_\theta\log\pi_\theta(S_t,A)$，可以选择 softmax 或者高斯分值函数。

需要注意，Actor-Critic 并不是一个完善的算法，Actor-Critic 涉及两个神经网络，而且每次都是在连续状态中更新参数，每次参数更新前后都存在相关性，导致神经网络只能片面地看待问题，甚至导致神经网络学不到东西。

DDPG（Deep Deterministic Policy Gradient）是一个 Actor-Critic 的改进算法，它吸收了 Actor-Critic 让 Policy gradient 单步更新的特点，同时还吸取了 DQN 的优势。

还有一种先进的 Actor-Critic 算法是异步优势 Actor-Critic（A3C）算法，它是采用同机多线程的 Actor-Learner 对，每个线程对应不同的探索策略，总体上样本间是低相关的，因此不需要在 DQN 中引入经验回放机制来进行训练。我们在后文中将介绍这两类算法。

9.3.2　确定性策略梯度

无模型的策略搜索方法可以分为随机策略搜索方法和确定性策略搜索方法（DPG）。在学习确定性策略之前，首先应该学习随机策略。随机策略的公式为 $\pi(a|s) = P[a|s;\theta]$，即在

状态 s 时动作 a 符合参数为 θ 的概率分布。采用随机策略时，即使在相同的状态，每次采取的动作也很可能不一样。随机策略输出的是动作的概率，即每个动作都有概率被选到。随机策略梯度算法的基本思想是按照性能梯度 $\nabla_\theta J(\pi_\theta)$ 的方向调整策略的参数 θ，定理公式为 $\nabla_\theta J(\pi_\theta) = E_{S\sim\rho^\pi, a\sim\pi_\theta}\left[\nabla_\theta \log \pi_\theta(a\,|\,s) Q^\pi(s,a)\right]$，即状态分布依赖于策略参数，但是策略梯度并不依赖于状态分布。

确定性策略的输出即是动作，公式为 $a = \mu_\theta(s)$。与随机策略不同相同的策略在状态 s 时，动作是唯一确定的。我们已知策略梯度算法是无模型的算法，这种算法基于广义的策略迭代，即策略评估可以和策略更新相结合。策略评估可以使用蒙特卡洛或时序差分法来估计动作价值函数，如 $Q^\pi(s,a)$ 或 $Q^\mu(s,a)$。策略更新就是针对动作值函数来更新策略参数，通常使用贪婪法。使用贪婪法来更新策略需要在每一步都实现全局最大化，因此考虑将策略沿着 Q 的方向移动。具体来说，对于每个访问过的状态 s，策略参数 θ^{k+1} 会根据梯度 $\nabla_\theta Q^{\mu^k}(s, \mu_\theta(s))$ 更新。这样每个状态都会提出不同的策略更新方向，为了确定更新方向，对状态分布的期望 $\rho^\mu(s)$ 取平均值：

$$\theta^{k+1} = \theta^k + \alpha E_{s\sim\rho^{\mu^k}}[\nabla_\theta Q^{\mu^k}(s, \mu_\theta(s))]$$

通过应用链式法则，发现策略改进可以分解为动作值相对于动作的梯度，以及策略相对于策略参数的梯度：

$$\theta^{k+1} = \theta^k + \alpha E_{s\sim\rho^{\mu^k}}\left[\nabla_\theta \mu_\theta(s) \nabla_a Q^{\mu^k}(s,a)\big|_{a=\mu_\theta(s)}\right]$$

因此，确定性定理公式可以写为：

$$\nabla_\theta J(\mu_\theta) = E_{s\sim\rho^\mu}\left[\nabla_\theta \mu_\theta(s) \nabla_a Q^\mu(s,a)\big|_{a=\mu_\theta(s)}\right]$$

与随机策略相比，确定性策略需要采样的数据少，算法效率高，但是该策略无法探索环境，因此引入了异策略的 AC 算法作为实现框架。异策略的 AC 算法使用两个不同的策略：Actor 代表行为策略，Critic 代表评估策略，其中行为策略使用随机策略，评估策略采用确定性策略。因此可以将该算法描述为从任意随机行为策略 $\pi(s,a)$ 生成的轨迹中学习确定性目标策略 $\mu_\theta(s)$ 的异策略方法。将性能目标函数修改为目标策略的值函数：

$$J_\beta(\mu_\theta) = \int_S \rho^\beta(s) Q^\mu(s, \mu_\theta(s))\mathrm{d}s$$

对行为策略的状态分布求均值，则策略梯度为：

$$\nabla_\theta J_\beta(\mu_\theta) = E_{s\sim\rho^\beta}[\nabla_\theta \mu_\theta(s) \nabla_a Q^\mu(s,a)\big|_{a=\mu_\theta(s)}]$$

使用一个可微的动作价值函数 $Q^w(s,a)$ 代替真正的动作价值函数 $Q^\mu(s,a)$，确定性异策略 AC 算法更新过程如下：

$$\delta_t = r_t + \gamma Q^w(s_{t+1}, \mu_\theta(s_{t+1})) - Q^w(s_t, a_t)$$

$$w_{t+1} = w_t + \alpha_w \delta_t \nabla_w Q^w(s_t, a_t)$$

$$\theta_{t+1} = \theta_t + \alpha_\theta \nabla_\theta \mu_\theta(s_t) \nabla_a Q^w(s_t, a_t)|_{a=\mu_\theta(s)}$$

上面计算过程的前两行是 Critic 利用 Q-learning 方法更新动作价值函数参数，第三行是 Actor 利用确定性策略梯度的方法更新策略参数 θ。

9.3.3　深度确定性策略梯度

上一节我们介绍了 DPG 算法，本节我们将介绍 DDPG（Deep Deterministic Policy Gradient，深度确定性策略梯度）。DDPG 在 DPG 的基础上借鉴了 DQN 经验回放和分离目标网络的思想。针对 DPG 很少对动作进行探索的问题，DDPG 在参数空间或动作空间中添加随机噪声，使确定性的动作转换成随机动作决策。

DDPG 的结构类似 Double DQN，每个 Actor 或 Critic 都有两个网络：当前网络和目标网络。这 4 个网络的功能如下：

1）Actor 当前网络：负责策略网络参数 θ 的迭代更新，负责根据当前状态 s 选择当前动作 a，用于和环境交互生成 s', r。

2）Actor 目标网络：负责根据经验回放池中采样的下一状态 s' 选择最优下一动作 a'。网络参数 θ' 定期从 θ 复制。

3）Critic 当前网络：负责价值网络参数 w 的迭代更新，负责计算当前 Q 值 $Q(s, a, w)$。目标 Q 值 $y_i = R + \gamma Q'(s', a', w')$。

4）Critic 目标网络：负责计算目标 Q 值中的 $Q'(s', a', w')$ 部分。网络参数 w' 定期从 w 复制。

DDPG 的 4 个网络布局以及算法流程如图 9-14 所示，首先 Actor 根据策略选择动作 a_t 与环境进行交互，当前状态 s_t 执行动作后反馈一个奖励值 r_t 并移动到下一个状态 s_{t+1}。Actor 会将环境的状态转换数据存储到经验回放池中，然后进行小批量采样。Critic 会根据动作值函数进行评估，将评估结果反馈给当前 Q 网络，并计算 Q 网络梯度进行更新。Critic 将评估结果传到 Actor 中用于更新策略网络参数。最后更新 Actor 和 Critic 的目标网络。

在 DDPG 中，Actor 和 Critic 的当前网络都是使用均方误差来更新网络参数的，目标网络参数的更新采用软更新，一次只更新一点：

$$\theta^{\mu'} \leftarrow \tau\theta^\mu + (1-\tau)\theta^{\mu'}$$

$$\theta^{Q'} \leftarrow \tau\theta^Q + (1-\tau)\theta^{Q'}$$

其中 τ 是更新系数，一般取的值比较小，比如 0.1 或 0.01 这样的值。

OU 随机过程，即 Ornstein-Uhlenbeck Process，译为奥恩斯坦 – 乌伦贝克过程。OU 过程在时序上具备很好的相关性，可以使智能体很好地探索具备惯性属性的环境。

对于连续空间，计算公式为：

$$\mathrm{d}x_t = \theta(\mu - x_t)\mathrm{d}t + \sigma\mathrm{d}W_t$$

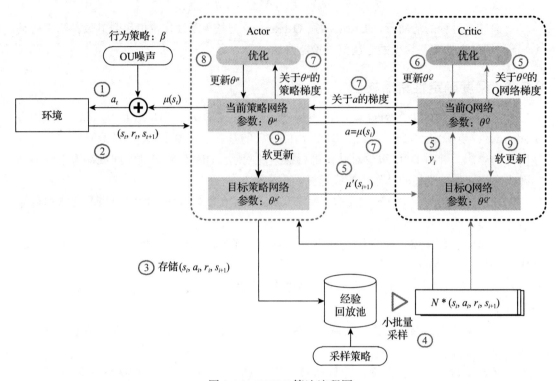

图 9-14　DDPG 算法流程图

对于离散空间，可以写为

$$x_t - x_{t-1} = \theta(\mu - x_{t-1}) + \sigma W$$

其中，x_t 表示需要刻画的量，μ 表示它的均值，W 表示维纳过程（也叫作布朗运动，是一种外界的随机噪声），σ 是随机噪声的权重。OU 过程其实就是一个存在随机噪声的均值回归。当 x_{t-1} 大于均值 μ 时，x_t 就会变小，朝向均值 μ 靠拢；当 x_{t-1} 小于均值 μ 时，x_t 就会变大，也朝向均值 μ 靠拢。

DDPG 中给 action 添加一个均值为 0 的 OU 噪声，作为其探索的方法。因为 OU 过程是一个时间相关的过程，对于惯性系统探索效率比较高。所谓惯性系统，就是保持之前的运动状态的系统，即系统拥有连续动作空间。

9.3.4　异步优势 Actor-Critic 算法

深度学习是一种基于特征的学习模式，但是深度学习会受制于深度以及变量的数量和复杂度，所以在现实中，深度学习不一定能处理好所有问题。由于缺乏反馈，对于有延迟的反馈问题，对于机器人或围棋等情况，可能需要用到强化学习才能更好地解决实际问题。

强化学习的思想是从环境状态到行为特征，使得这一过程的奖励信号最大。强化学习的基本原理是：智能体对当前的环境采取一个动作，环境会因为这个动作发生变化，同时产生一个信号反馈给智能体，智能体会根据这个信号反馈采取下一步的行动，这里采取步骤的原理是要使得正强化的概率最大。在实际处理中，很多时候状态是连续的，就算是很小的场景，也会因为指数增长，使得状态的数量变得非常大。维度大的数据需要很大的计算资源，如果借助于深度学习的处理高维数据的能力，可以结合两者的优点，让深度神经网络使得强化学习更有效地执行。

基于经验回放的深度强化学习网络虽然已取得了巨大的成功，但是经验回放也存在着两个问题：一是在智能体与环境交互的时候需要耗费大量的内存和计算资源来处理实时的信息；二是经验回放机制采用的是 off-policy 的策略，只能根据旧数据对策略进行更新。如果只是采用旧数据进行学习，训练出来的模型参数总是固定的，那么学习的性能总会有达到上限的时候，这个时候如果不引入新的数据，就会无法再提高。这个时候最好的方法就是从新的数据和状态中学习。基于深度学习的强化学习方法也需要计算能力强的硬件资源，比如高性能的 GPU 和大规模分布式架构。为了提高计算资源以及减少对硬件的依赖，可以在多个环境中异步并行执行多个智能体，在不同的时间步长中，并行的智能体会执行不同的状态，这种并行化执行智能体的方法相对于深度强化学习来说，不需要高性能的计算硬件，只需要标准的多核 CPU 计算机即可执行。

在并行强化学习的多种算法中，异步优势 Actor-Critic 算法（Asynchronous Advantage Actor-Critic，A3C）是根据异步强化学习思想提出的，通过异步梯度下降来优化网络参数，能够高效使用计算资源。A3C 的思路在于，利用多线程的方式进行异步学习，在不同的线程中分别对环境进行学习，学习完成后再将结果汇总。这样的学习方式也避免了经验回放的相关性问题。

A3C 算法相比于 Actor-Critic 算法，优化了其难以收敛的问题，通过主线程更新 Actor 和 Critic 的参数，多个辅助线程异步进行环境交互，可以得到很好的效果。

A3C 的异步训练框架如图 9-15 所示。

A3C 主要有两个部分构成。可以看作是中央大脑的神经网络的主线程部分和以下多个同样结构的辅助线程部分。图 9-15 的左侧部分是主线程控制的公共共享部分，也是最后需要学习的模型部分。其中包含 Actor 和 Critic 两个网络，通过汇总各个辅助线程的信息来更新公共部分的参数；而右侧的多个辅助线程和环境部分则体现了异步的思想，每一个辅助线程都有和主线程相同的结构，每一个线程都会独立和自己对应的环境进行交互学习。每个线程在交互和学习达到一定数量的时候，就会用自己的损失函数的梯度去更新主线程中的网络参数。

A3C 的算法流程图如图 9-16 所示。

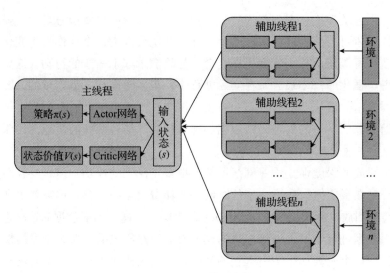

图 9-15   A3C 算法框架

首先需要对整个网络进行初始化，用当前公共部分的网络进行参数初始化对应的异步辅助线程中的网络参数，然后初始化辅助线程中的计数器和新状态。Actor 通过策略函数和状态来生成动作，用动作价值函数和状态价值函数对该动作进行评估，执行动作得到奖励函数和新状态，用新状态来得到下一步的动作，一直执行到终止状态或者计数器达到最大值。在辅助线程中的学习终止以后，记录下每一次的累积梯度，并用来更新公共部分的网络参数。当公共计时器达到最大值时，输出公共网络的参数。

9.3.5   近端策略优化

近端策略优化（Proximal Policy Optimization，PPO）算法，是 OpenAI（诸多硅谷大亨联合建立的人工智能非营利组织）发布的一款新型的强化学习算法。该算法的实现和调参十分简单，并且它的性能甚至要超过现阶段最优秀的方法。基于该算法的实现过程非常简单并且同时又具有优秀的性能，PPO 目前已经成为 OpenAI 默认使用的强化学习算法。但正如牛顿所说："如果说我看得比别人更远些，那是因为我站在巨人的肩膀上。"PPO 的诞生也是基于很多研究者在其之前提出的算法，特别地，PPO 算法其实是 OpenAI 在置信域策略优化的基础上提出的一种新颖的目标函数，即通过用随机梯度下降的方法来优化函数达到优化策略的目的。它有着一些 TRPO 的优点但是比 TRPO 实现起来更加简单。

PPO 算法主要是针对已有的两种策略优化方法进行整合和优化，这两个方法分别是：策略梯度下降法（Policy Gradient，PG），以及置信域法（Trust Region Policy Optimization，TRPO）。PG 算法我们已经在 9.2.3 节中介绍过，在这里我们就介绍一下置信域法。

置信域策略优化这个概念源于 Jorge Nocedal 和 Stephen J. Wright 的著作《Numerical Optimization》，书中介绍了解优化问题的两种策略：线搜索和置信域。本质上它们的作用都是在优化迭代过程中从当前点找寻下一点，但是它们的最大区别是先确定步长还是先确定方向。线搜索方法先确定方向再确定步长；而置信域方法则先把搜索范围缩小到一个小范围，小到能够用另一个模型函数去近似目标函数，然后通过优化这个模型函数来得到参数更新的方向及步长。

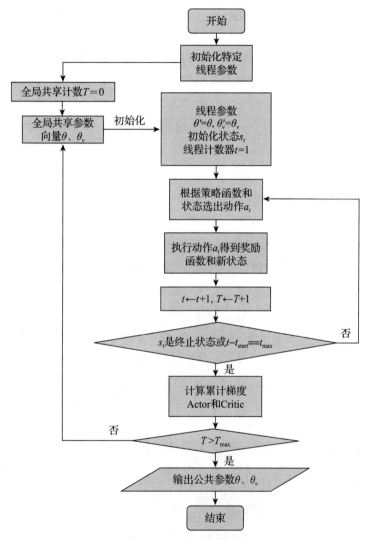

图 9-16   A3C 算法流程图

从数学层面上可以这样理解 TRPO 算法，在 TRPO 中，替代的目标函数最大化时需要受到一个约束来限制策略的更新幅度，让新旧策略的 KL 距离不超过一定阈值：

$$\max_{\theta} \widehat{\mathbb{E}}_t \left[\frac{\pi_{\theta}(a_t \mid s_t)}{\pi_{\theta_{old}}(a_t \mid s_t)} \hat{A}_t \right], \widehat{\mathbb{E}}_t [\mathrm{KL}[\pi_{\theta_{old}}(\cdot \mid s), \pi_{\theta}(\cdot \mid s)]] \leq \delta$$

这个带约束的优化问题可以使用共轭梯度算法近似地解决。在 TRPO 中还可以使用惩罚项来代替约束，即以下无约束的优化问题：

$$\max_{\theta} \widehat{\mathbb{E}}_t \left[\frac{\pi_\theta(a_t \mid s_t)}{\pi_{\theta_{old}}(a_t \mid s_t)} \hat{A}_t - \beta \mathrm{KL}[\pi_{\theta_{old}}(\bullet \mid s), \pi_\theta(\bullet \mid s)] \right]$$

由于 β 并不是非常好选取，如果是对于不同的问题也没有统一的方法来选取固定的值。所以我们不能将 β 这个系数看作是固定的系数。因此 TRPO 更常用的是第一种硬约束方法。

然而 TRPO 也有它所独特的缺点：虽然对连续控制任务非常有用，但它并不容易与那些在策略和值函数或辅助损失函数间共享参数的算法兼容，即那些用于解决视觉输入很重要领域的算法。

总地来说，TRPO 算法的优缺点可概括如图 9-17 所示。

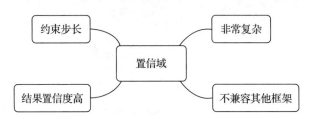

图 9-17 TPRO 算法特点总结

从 PG 算法和 TRPO 算法中可以总结出：PG 方法的缺点是数据效率和健壮性不好。同时 TRPO 方法又比较复杂，且不兼容参数共享（策略和价值函数间）。PPO 算法是对 TRPO 算法的改进，更易于实现，且数据效率更高。其主要原因是 TRPO 方法中通过使用约束而非惩罚项来保证策略更新的稳定性，避免惩罚项引入权重因子，而使得参数难以调节。TRPO 中为了解决优化问题，先线性近似目标函数，二阶近似约束，最后通过共轭梯度算法和线搜索算法求解。

PPO 旨在引入改进算法的同时获得数据效率性和 TRPO 算法的优良结果，借此来改善当前算法的情况。与此同时，它仅采用一阶优化，这无疑大大减少了计算量。与 TRPO 中用约束来限制策略更新幅度不同，PPO 中采用了惩罚项（或者说正则项）的做法。这一算法的核心是提出了基于裁剪概率比例的代理目标函数。

（1）裁剪概率比例的代理目标函数

首先定义概率比例：$r_t(\theta) = \dfrac{\pi_\theta(a_t \mid s_t)}{\pi_{\theta_{old}}(a_t \mid s_t)}$，TRPO 的代理目标函数同时也是 CPI 方法中的

目标函数，可表示为 $L^{\mathrm{CPI}}(\theta) = \widehat{\mathbb{E}}_t \left[r_t(\theta) \hat{A}_t \right]$。这样的目标策略更新有可能会很大。因此，PPO 算法在目标函数中加入了裁剪项：

$$L^{\mathrm{CLIP}}(\theta) = \widehat{\mathbb{E}}_t [\min(r_t(\theta) \hat{A}_t, \mathrm{clip}(r_t(\theta), 1 - \epsilon, 1 + \epsilon) \hat{A}_t)]$$

其中ϵ为超参数。其中的裁剪项促使r_t不偏离$[1-\epsilon, 1+\epsilon]$所定义的区间，会对已裁减和未裁剪的目标进行最小化操作，也就意味着它是未裁剪目标的下限。从直观上看，当策略更新的偏移超出预定区间而获得更大的目标函数值时，这个裁剪项就会产生影响。$L^{\mathrm{CLIP}}(\theta)$和概率比例的关系可以用图9-18表示。

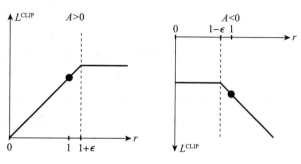

图9-18　$L^{\mathrm{CLIP}}(\theta)$和概率比例的关系

图9-18中的黑点表示优化的起始位置。当$A>0$时，表示当前行为的选取比较好，但策略的更新幅度不能太大，当比率超过$1+\epsilon$时，目标函数不再增长，达到最大；而如果比率是减小的，也就是说策略此时在变得更坏，那就不用管它。当$A<0$时，表示当前行为的选取不好，同理，选取这个行为的策略需要减少，但减少幅度也不能太大；当比率小于$1-\epsilon$时，则进行裁剪，使目标函数不再减小。

（2）适应性 KL 惩罚系数

除了上一节提到的裁剪概率比例的代理目标函数外，还有另一种方法，即使用 KL 散度的惩罚项，但与 TRPO 不同的是，我们为 KL 散度的系数增加一些适应性变化，让 KL 散度与我们事先定义的d_{targ}在每一次策略更新时相接近。尽管这一算法的效果没有裁剪概率比例的代理目标函数好，但我们还是介绍一下，具体算法为：

1）用 mini-batch 的随机梯度下降方法，优化带 KL 散度惩罚项的目标函数：

$$L^{\mathrm{KLPEN}}(\theta) = \widehat{\mathbb{E}}_t \left[\frac{\pi_\theta(a_t \mid s_t)}{\pi_{\theta_{\mathrm{old}}}(a_t \mid s_t)} \hat{A}_t - \beta \mathrm{KL}\left[\pi_{\theta_{\mathrm{old}}}(\cdot \mid s), \pi_\theta(\cdot \mid s) \right] \right]$$

2）计算$d = \widehat{\mathbb{E}}_t[\mathrm{KL}[\pi_{\theta_{\mathrm{old}}}(\cdot \mid s), \pi_\theta(\cdot \mid s)]]$，若$d < d_{\mathrm{targ}}/1.5$，则$\beta \leftarrow \beta/2$；若$d > d_{\mathrm{targ}} \times 1.5$，则$\beta \leftarrow \beta \times 2$。我们有时会发现 KL 散度会严重偏离$d_{\mathrm{targ}}$，但这并不常见，同时$\beta$也会很快就调整过来。

（3）PPO 实现过程

经过一些小的改变就能将上面提到的两个替代的目标函数运用到策略梯度算法中。为了减少优势函数的方差，我们经常会使用状态价值函数$V(s)$。如果要让策略与状态价值函数共享同一个神经网络的参数，我们需要将策略与状态价值函数的误差项整合到一个损失函数中，同时也可以增加一个奖励项来增加探索。将这三项组合一下，可以得到如下的目标函数：

$$L_t^{\text{CLIP+VF+S}}(\theta) = \widehat{\mathbb{E}}_t \left[L_t^{\text{CLIP}}(\theta) - c_1 L_t^{\text{VF}} + c_2 S[\pi_\theta](s_t) \right]$$

其中 c_1、c_2 表示系数，S 表示奖励项（由信息增益熵计算所得），L_t^{VF} 表示平方误差 $(V_\theta(s_t) - V_t^{\text{targ}})^2$。

下面对本节进行一个总结，首先 PG 算法是一个基础的利用梯度下降进行策略优化的方法，它的不足之处在于数据效率低且收敛速度慢。TRPO 是基于 PG 和置信域这两个技术衍生出的一个新算法，它通过引入 KL 距离约束项使得策略更新幅度控制在一定范围内，因此可以解决难收敛的问题，但由于其算法设计的独特性，TRPO 中的策略和价值函数之间的参数不能共用。PPO 是在 TRPO 算法基础上的一个突破，它使用惩罚项作为约束条件并构造代理目标函数，引入裁剪因子来控制目标函数的下限，并将代理目标函数整合后使用梯度法求解。

9.3.6　分布式近端策略优化

在上一节我们已经详细介绍了 PPO 算法，用两点总结其优势就是：

1）解决了策略梯度法（PG）不好确定步长的问题。因为如果步长过大，学出来的策略会一直乱动，不会收敛；但如果步长太小，对于完成训练，我们会等到绝望。PPO 利用新旧策略的比例，限制了新策略的更新幅度，让策略梯度对稍微大点的步长不那么敏感。

2）解决了置信域策略优化法（TRPO）标准解法计算量非常大的问题。因为共轭梯度法需要将约束条件进行二阶展开，二阶矩阵的计算量非常大。PPO 是 TRPO 的一阶近似，可以应用到大规模的策略更新中，PPO 利用了 TRPO 推导出来的损失函数，并用随机梯度下降的方法更新参数，并使用正则项控制更新的策略参数离当前的策略参数不要太远。

谷歌的科学家在了解 PPO 后，认可了 PPO 确实是一个优秀的算法，他们结合自身强大的并行计算能力推出了分布式近端策略优化（DPPO），也就是分布式 PPO 算法。由它的名字可知，它是对 PPO 算法的改进。这个算法讨论的一个重点就是如何只利用简单的回报函数，通过丰富多变的环境来学习到稳定的行为。

原始的 PPO 算法通过完整的回报和估计策略优势，而为了便于使用分步更新的神经网络，DPPO 使用了 K 阶回报的思想来估计策略优势。在 DPPO 算法中，数据的收集和梯度的计算被分布到多个任务对象中，思想类似于 A3C 算法。

我们先回忆一下 PPO 算法的主要思想，总的来说 PPO 是一套 Actor-Critic 结构，Actor 想最大化 $J_{\text{PPO}}(\theta)$，而 Critic 想最小化 $L_{\text{BL}}(\phi)$，其中

$$J_{\text{PPO}}(\theta) = \sum_{t=1}^{T} \frac{\pi_\theta(a_t|s_t)}{\pi_{\theta_{\text{old}}}(a_t|s_t)} \hat{A}_t - \lambda \text{KL}[\pi_{\theta_{\text{old}}} \mid \pi_\theta]$$

$$L_{BL}(\phi) = -\sum_{t=1}^{T}(\sum_{t'>t} \gamma^{t'-t}r_{t'} - V_{\phi}(s_t))^2)$$

Actor 就是在旧策略的基础上根据优势函数修改出新策略，优势大的时候，修改幅度大，让新策略更有可能发生。而且它附加了一个 KL 惩罚项，如果新策略和旧策略差太多，那么 KL 系数也会越大，从而避免了难以收敛的问题。

DPPO 算法分为两部分："执行者"和"工作者"。"工作者"在每次迭代中依次做 M 步策略参数和 B 步值函数参数的更新。"执行者"部分从"工作者"部分收集梯度，当收集指定个数后，将它们的均值更新到总的参数中。对于每个"工作者"，每轮迭代中按当前策略执行 T 步，然后把它们按 K 个数据一份份分好。对于每 K 步样本，估计优势函数，然后分别通过梯度 $\nabla_{\theta}J_{PPO}$ 和 $\nabla\phi L_{BL}$ 更新相应参数。另外它会根据当前策略和之前策略的 KL 距离是否超出区域调节目标函数中的系数 λ。

具体到代码的实现层面，可以对 DPPO 的分布式思想做以下总结：

❑ 实现裁剪的代理目标函数；
❑ 使用多个"工作者"平行在不同的环境中收集数据；
❑ "工作者"共享同一个中心 PPO；
❑ "工作者"不会自己算 PPO 的梯度，不会像 A3C 那样推送梯度给中心网络，而只推送自己采集的数据给中心 PPO；
❑ 中心 PPO 拿到多个"工作者"一定批量的数据后进行更新（更新时"工作者"停止采集）；
❑ 更新后，"工作者"使用最新的策略采集数据。

有实验将 DPPO 算法与 TRPO 和 A3C 算法在几个控制任务中的性能作了对比，显示 DPPO 比后两者有更好的表现，同时它还有很好的伸缩性。在所有情况下，DPPO 都实现了与 TRPO 相同的性能，并且能够很好地适应不同数量的"工作者"，且它可以用于递归网络。

PPO 和 DPPO 算法的演化过程如图 9-19 所示。

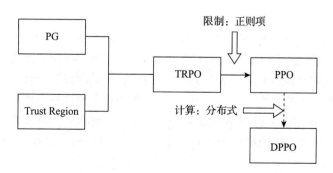

图 9-19　PPO 和 DPPO 的演化过程

9.4 基于强化学习的自动搜索

神经架构自动搜索的另一个常用策略是强化学习，强化学习把架构的生成看成一个智能体在选择动作（action）的过程，通过在测试集上测试网络性能来获取奖励值（reward），从而指导架构的生成。近年来，基于强化学习的神经网络架构搜索已经取得了很多突破性的进展，涵盖各种策略函数和优化方法，下面将从搜索单元、搜索方法和搜索输出等多个方面对这些先进算法进行分类介绍，基于强化学习的网络架构搜索示意图如图 9-20 所示。

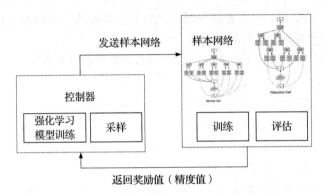

图 9-20 基于强化学习的网络架构搜索示意图

9.5 基本搜索方法

9.5.1 基于层的搜索

神经网络架构的自动搜索是从对层（layer）的搜索开始的，经典算法有 NASNet 和 MetaQNN。

1. NASNet

NASNet 是由 Google 团队在 NAS 方法（见 8.2 节）的基础上提出的，即直接在感兴趣的数据集上学习构建神经架构。NASNet 搜索空间定义了神经架构搜索的基本单元，它的设计灵感来源于卷积神经网络的设计通常是由卷积滤波器组（卷积、池化等）、非线性激活函数和连接方式等重复主题（如 Inception 和 ResNet 模型中出现的重复模块）所定义。基于以上观察发现，RNN 控制器可以预测出以这些主题为基础的一般卷积单元，然后，多个单元按顺序堆叠，来处理任意空间维度和过滤深度的输入，其中每个卷积单元具有相同的结构，但是权重不同。

为了轻松地为任意大小的图像构建可扩展的神经网络架构，当使用某个特征图作为输入时，作者设计了两种类型的卷积单元：1）Normal Cell，不改变特征图的大小；

2）Reduction Cell，将特征图的长宽各减少为原来的一半。需要注意的是，NASNet 使用强化学习的方法不断迭代更新 RNN 控制器，从而搜索到不同的 Normal Cell 和 Reduction Cell 堆叠结构。图 9-21 所示为 NASNet 在 CIFAR-10 数据集和 ImageNet 数据集上的搜索结果示例。

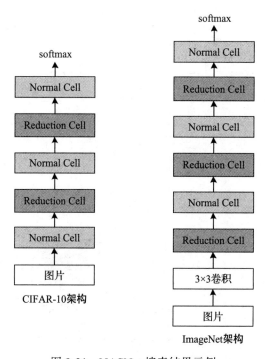

图 9-21　NASNet 搜索结果示例

NASNet 使用一种常见的启发式方法，每当空间激活大小减小时，输出中的过滤器数量就会增加一倍，以保持大致稳定的隐藏状态维度。更重要的是，就像 Inception 和 ResNet 模型一样，作者将修正重复单元的数量 N 和初始卷积滤波器的数量作为根据图像分类问题的规模设定的自由参数。因此，NASNet 网络中变化的是 RNN 控制器搜索到的 Normal Cell 和 Reduction Cell 结构。

在 NASNet 的搜索空间中，每个单元接收两个初始隐藏状态 h_i 和 h_{i-1} 作为输入，它们是前两个较低层中的两个单元的输出或输入图像。在给定这两个初始隐藏状态的情况下，RNN 控制器循环预测卷积单元的其余结构。控制器为每个单元的预测结果组成 B 块（block），每个块由 5 个不同的 softmax 分类器进行以下 5 个预测步骤，对应于块（block）元素的离散选择：

1）从 h_i 和 h_{i-1} 或者前面的块中创建的隐藏状态集中选择一个隐藏状态。

2）从与步骤 1 相同的选项中选择第二个隐藏状态。

3）选择要应用于步骤 1 中选择的隐藏状态的操作。

4）选择要应用于步骤 2 中选择的隐藏状态的操作。

5）选择一个方法来组合步骤 3 和步骤 4 的输出，以创建一个新的隐藏状态。

搜索过程如图 9-22 所示。

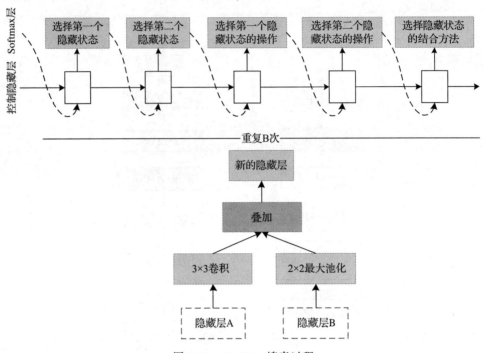

图 9-22　NASNet 搜索过程

该算法将新创建的隐藏状态附加到现有隐藏状态集合作为后续块中的潜在输入。RNN 控制器重复上述 5 个预测步骤 B 次，对应于卷积单元中的 B 块。

2. MetaQNN

MetaQNN 是一种基于强化学习的元建模算法，即通过一个基于 Q-Learning 的元建模过程实现 CNN 结构选择过程的自动化。在这个过程中，会构建一个基于 Q-Learning 算法的智能体，其目标是主动发现在给定的机器学习任务中表现良好的 CNN 结构。智能体的任务是顺序选择 CNN 模型的层，通过离散化所选择的层参数，从而提供一个大而有限的搜索空间。智能体通过随机策略和 ϵ- 贪婪策略来选择性能良好的模型，然后使用得到的网络结构验证精度作为奖励值，指导智能体自身进行学习，并且使用经验回放策略来加速学习过程。算法流程如图 9-23 所示。

在整个训练过程中，维护了一个回放字典，该字典存储网络拓扑和所有采样模型验证集上的预测性能。如果已经训练过的模型被重新采样，则不会对其进行重新训练，而是将先前找到的验证准确性呈现给智能体。在对每个模型进行采样和训练之后，智能体从回放字典中随机采样 90 个模型，并对每个采样序列中的所有转换应用 Q 值更新。

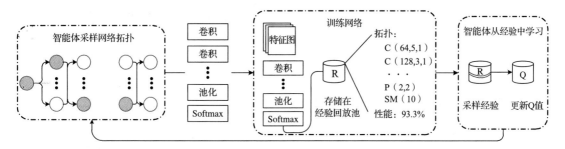

图 9-23   使用 Q-Learning 设计 CNN 架构

9.5.2   基于块的搜索

NASNet 和 MetaQNN 都是针对特定数据集基于层（layer）的搜索算法，在很大程度上解除了人工构建神经网络对专业知识和经验的依赖，但是依然存在两个问题：1）现代神经网络一般是由数百个卷积层组成，每个卷积层在类型和超参数上都有众多的选择，这大大增加了网络架构的搜索空间和计算成本；2）一个经典的神经网络通常局限于某个特定的数据集或任务，泛化能力较差。针对以上问题，基于块（block）的设计方法被不断提出。

与以往直接生成整个网络的神经网络自动设计的研究不同，BlockQNN 的目标是设计块结构。采用分块设计，网络不仅具有较高的性能，而且对不同的数据集和任务具有较强的泛化能力。由于 CNN 包含一个前馈计算过程，作者用一个有向无环图（DAG）来表示，其中每个节点对应于 CNN 中的一个层，而有向边表示数据从一个层流向另一个层。为了将这种图转化为统一的表示形式，作者还提出了一种新的层表示形式——网络结构代码（Network Structure Code，NSC），如表 9-3 所示。每个块由一组 5 维的 NSC 向量表示。在 NSC 中，前三个数字代表层索引、操作类型和卷积大小；后两个是前驱参数，它们指的是结构代码中层的前驱层的位置。将前驱 2 设置为拥有两个前驱的层，对于只有一个前驱的层，将前驱 2 设置为 0。

表 9-3   网络结构代码空间

名 称	索 引 号	类 型	卷积核大小	前驱 1	前驱 2
卷积	T	1	1,3,5	K	0
最大池化	T	2	1,3	K	0
平均池化	T	3	1,3	K	0
恒等映射	T	4	0	K	0
Elemental Add	T	5	0	K	K
Concat	T	6	0	K	K
终止	T	7	0	0	0

NSC 可以对复杂体系结构进行编码，如图 9-24 所示。此外，块中没有后续层的所有层都连接在一起以提供最终输出。

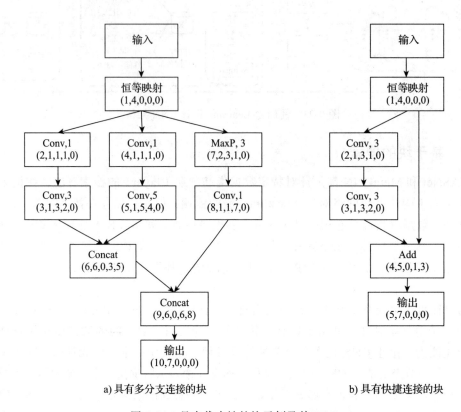

a) 具有多分支连接的块   b) 具有快捷连接的块

图 9-24　具有代表性的块示例及其 NSC

虽然 BlockQNN 专注于构建网络块来压缩整个网络设计的搜索空间，但仍然有大量可能的结构需要寻找，因此使用具有ϵ-贪婪搜索策略的 Q-Learning 算法自动设计。智能体首先对一组 NSC 进行采样以构建块结构，基于该结构，通过顺序堆叠这些块来构建整个网络。接着，我们在特定任务上训练生成的网络，并且验证准确性被视为对更新 Q 值的奖励。然后，智能体选择另一组 NSC 以获得更好的块结构。

最佳网络块由学习智能体（learning agent）构建，该学习智能体通过训练顺序选择组件层，然后堆叠块来构建整个自动生成的网络。为了加速生成过程，该方法还使用了分布式异步框架和早期停止策略。

分布式异步框架如图 9-25 所示，它由三部分组成：主节点、控制器节点和计算节点。智能体首先在主节点中对一批块结构进行采样，然后，我们将它们存储在一个控制器节点中，该节点使用块结构来构建整个网络并将这些网络分配给计算节点。它可以被视为一个简化的参数服务器。具体地，在每个计算节点上并行地训练网络，并且将验证准确性作为控制器节点的奖励返回给更新智能体。有了这个框架，我们就可以在具有多个 GPU 的多台机器上高效地生成网络。

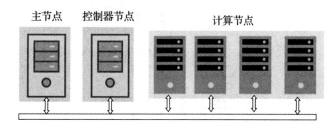

主节点　　控制器节点　　　　　计算节点

图 9-25　BlockQNN 的分布式架构

与 BlockQNN 相比，Faster BlockQNN 作了两个方面的改进：首先，提出了一种新的块间连接方式，通过搜索自动设计特定块之间的连接取代了传统的堆叠连接；其次，提出在训练之前预测网络性能，以此进一步加快 block 搜索过程。关于块间连接的搜索我们将在9.5.3 节中介绍。

众所周知，网络生成中最耗时的部分是对采样网络进行训练，以获得验证准确性作为奖励。为了降低这一成本，作者提出在投入资源进行训练之前，定量评估网络架构。网络性能预测模型可以形式化为一个函数，用 f 表示。函数 f 取网络架构 x 和 epoch 索引 t 两个参数，得到标量值 $f(x,t)$ 作为第 t 个 epoch 的精度预测。通过这种方式，它可以很快地提供反馈，因此特别适合大规模的网络设计搜索。

9.5.3　基于连接的搜索

传统的神经网络模型都是由多种卷积单元顺序堆叠在一起的，这种连接方式限制了网络的深度，后来 ResNet 和 Inception 等带有特殊连接的网络模型被提出，不仅可以构造很深的网络，而且可以改善过拟合的问题。因此，研究者们自然而然地想到，通过强化学习的方法，让网络自动学习生成特殊的连接。

Faster BlockQNN 提出了一种新的块间连接方式，通过搜索自动设计特定块之间的连接取代了传统的堆叠连接。基于这一改进，可以将 Faster BlockQNN 视为两阶段的框架：1）找到最优块网络；2）找到最优块的最佳连接。前面在介绍 BlockQNN 时中已经阐述了搜索最优块的方法，搜索最优块连接与搜索最优块的区别仅在于 NSC 的定义：使用块结构来代替卷积层，卷积运算的核大小由通道数代替。由于块结构是顺序连接的，作者使用前面的参数来表示不同块之间的附加连接。我们仅使用步幅为 2 的池化层进行下采样，并使用 1×1 的卷积核来匹配连接不同维度的层。

由于 NSC 在获取层的关键信息时，离散表示不适合复杂的数值计算和深度模式识别，因此开发了一种将证书编码转化为统一实向量表示的层嵌入方案，如图 9-26 所示。嵌入是通过查找表完成的，以整数编码为输入，通过查表将其分别映射到嵌入的向量，最后将其串接成一个真实的向量表示。注意前驱1（Pred1）和前驱2（Pred2）共享同一个查找表。

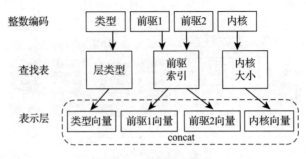

图 9-26   图层嵌入组件

图 9-27 所示为 Faster BlockQNN 框架的整体流水线。给定块结构，它首先通过整数编码和层嵌入将每个层编码为向量。随后，它应用具有 LSTM（长短期记忆）单元的循环网络，将网络拓扑下各层的信息整合成结构特征。该结构特征和 epoch 索引（也嵌入到向量中）将最终被输入到 MLP（多层感知器）以预测相应时间点的准确度，即给定 epoch 的结束时间。注意，图中加灰底的块（包括嵌入、LSTM 和 MLP）是以端到端的方式联合学习的。

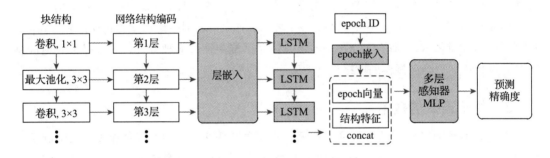

图 9-27   Faster BlockQNN 框架的整体流水线

MaskConnect 是另一种基于连接的搜索算法。很多神经网络结构依赖于简单的连接规则，例如，将每个模块仅连接到紧接在前的模块或者连接到所有先前的模块，这种规则不太可能产生给定问题的最佳架构。在 MaskConnect 中，删除了一些预先设定的选项，通过直接优化模块与给定任务的连接来学习组合和聚合神经网络的构建块。虽然原则上这涉及搜索指数数量的连通性配置，但该方法可以使用反向传播的变体有效地优化关于连通性的训练损失。这是通过连通性掩码实现的，即学习二进制参数，作为"开关"确定我们网络中的最终连接。该掩码与网络的卷积权值一起学习，作为针对问题给定损失函数的联合优化的一部分。

人工设计的网络在拓扑结构中具有快速的推理速度，但是大多数现有的架构搜索方法完全忽略了架构的拓扑特征，于是商汤科技提出了用于架构搜索的逆强化学习（IRLAS）。该算法引入了一种镜像激励函数，此函数奖励拓扑结构与专家设计的网络（如 ResNet）相似的架构，以提取专家人类设计网络的抽象拓扑知识，从而生成具有理想架构的网络。为了避免在搜索空间上引起过强的先验，该算法引入逆强化学习来训练镜像激励函数并将其用作架构搜索的启发式指导。镜像激励函数是通用的，与搜索空间和策略设计是正交的，因此，它可以很容易地推广到不同的搜索算法中。

IRLAS 将网络拓扑的设计过程视为可变长度决策序列，用于选择操作，并且这个顺序过程可以表示为马尔可夫决策过程（MDP）。为了编码网络架构以提取抽象拓扑知识作为智能体的可用输入，为网络架构定义一个状态特征函数，包括操作类型、卷积核大小和当前层的两个前驱索引（对于只有一个前驱的层，其中一个索引设置为零）。尽管简单，该状态特征函数却提供了网络架构的完整表征，包括有关各个层执行的计算信息以及层的连接方式。然后进一步利用特征计数来统一每个状态特征的信息，以获得整个架构的特征嵌入。

9.6 进阶搜索方法

在前 4 节中，我们介绍了多种基于传统强化学习的神经网络搜索算法，在本节中，我们将介绍几种不同的搜索方法，包括逆强化学习、蒙特卡洛树搜索、图超网络和教师网络等。

9.6.1 逆强化学习

9.5.3 节提到了 IRLAS 算法，IRLAS 算法试图生成拓扑上与人类设计网络相似的架构，因此智能体的学习涉及模仿学习问题。模仿学习（IL）使智能体能够从专家的演示中学习，独立于所提议任务中的任何特定知识。IL 有两个不同的领域：策略模仿和逆强化学习。策略模仿（也称为“行为克隆”）的目标是直接学习从感知环境或预处理功能到智能体操作的策略映射。在神经网络领域，人类设计网络的数量有限，很难获得足够数量的专家状态动作元组进行监督学习，因此，直接策略模仿方法不可行。逆向强化学习（IRL）是指从观察到的专家行为中获得奖励函数的问题。由于奖励函数是一项简洁、强大且可迁移的任务定义，因此 IRL 提供了一种比策略模仿更有效的 IL 形式。图 9-28 所示是逆强化学习的过程。这一过程可以描述为首先随机生成一个初始策略，通过比较专家样本和自己的样本来获得奖励函数，再利用奖励函数进行强化学习，更新策略。逆强化学习是一个庞大的分支，有很多子方法，在这里我们不展开介绍，感兴趣的读者可自行研究。

需要注意的是，在学习专家拓扑知识的过程中有两个关键问题，第一个问题是如何编码网络提取抽象的拓扑知识作为智能体的输入。针对这一问题，使用了一种状态特征函数 $\phi: S \to R^{k \times 1}$，该函数中包括操作类型、卷积核大小以及当前层的两个前驱索引。然后利用特征计数来统一每个状态的特征信息，以获得整个网络结构的特征嵌入。

第二个问题是如何利用这些知识对架构搜索进行有效地引导。在这一问题中，就用到了逆强化学习。首先我们需要有一个基础共识：人都是有模仿能力的，在我们不太擅长的领域，会无意识地将自己的行动和别人的行动作比较，从而纠正自己的不正确行为。基于这一观察，提出了镜像激励函数，将智能体采样得到的网络与专家网络作为输入，镜像激励函数会输出一个信号来判断这两个网络的拓扑相似性，输出的结果越高说明越接近专家网络。

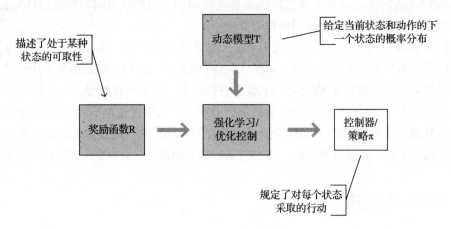

图 9-28　逆强化学习的过程

图 9-29 是 IRLAS 的算法流程图，首先将专家网络拓扑结构和智能体采样得到的拓扑结构转换为状态特征码，并将其作为镜像激励函数的输入。在智能体进行搜索的过程中，利用镜像激励函数进行启发式引导，生成类似于专家设计的网络。然后对生成的网络进行训练，得到验证集的准确率。将该准确率与镜像激励函数的输出值相结合作为奖励，用于对镜像激励函数的更新。

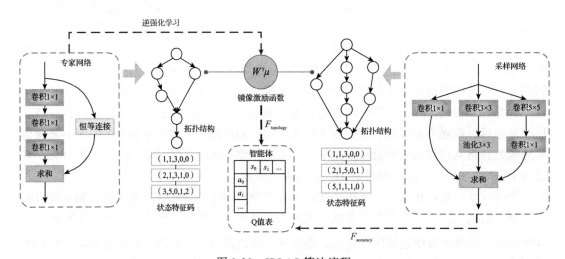

图 9-29　IRLAS算法流程

9.6.2　图超网络

神经架构搜索可以看作一个嵌套优化问题，内循环用于查找给定架构训练损失的最优参数，外循环用于查找验证损失的最优架构。针对神经网络架构搜索计算成本过高的问题，有研究者提出了一种图超网络（GHN）来分摊搜索成本：给定一个架构，它通过在图神经网络上运行推理直接生成权值。可以看出，该方法的重点是优化内循环，即推断给定网络的参数。

图超网络（GHN）是一种由图神经网络（GNN）和超网络（HyperNetwork）组成的网络。它接收计算图（CG）作为输入，并在图中生成所有节点的自由参数。在评估期间，生成的参数用于评估随机采样架构的适用性，然后根据验证集的准确率选择性能最好的架构。

图神经网络是节点和边的集合，其中每个节点都是一个递归神经网络（RNN），它分别沿边发送和接收消息，跨越消息传递的范围。超网络是生成另一个网络参数的神经网络，通过连接固定大小的多个卷积核，可以为不同卷积核大小的层预测权重，从而指导神经网络架构的搜索工作，可以看作一种宽松的权重共享机制。

GHN 具体流程如图 9-30 所示。首先在 A 阶段对神经网络结构进行随机采样，形成 GHN；然后在 B 阶段经过图传播，GHN 中的每个节点都会生成自己的权重参数；最后在 C 阶段利用生成的权值对样本网络进行训练，使训练损失最小化。其中为了简单起见，使用了 MLP（多层感知器）来实现超网络。

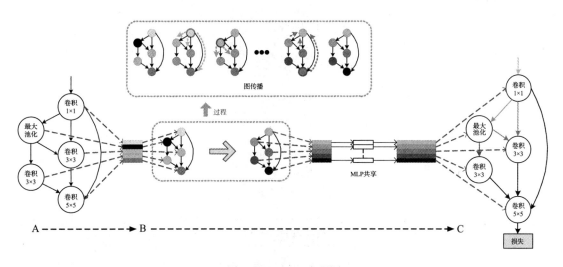

图 9-30　GHN 流程图

此外，GHN 算法可以推广和应用于随时预测（anytime prediction）领域，这是 NAS 程序以前从未探索过的，它的性能优于现有的手动设计的最先进的模型。

9.6.3　蒙特卡洛树搜索

AlphaX 算法是一种改善计算成本的算法，它结合了蒙特卡洛树搜索（Monte Carlo Tree Search，MCTS）和元深度神经网络（Meta-DNN）来探索搜索空间。AlphaX 是第一个为

NAS 扩展 MCTS 的，同时也是第一个在 CIFAR-10 和 ImageNet 上实现准确性高的 MCTS 智能体。

对于传统的搜索算法来说，在搜索空间较小、树的层数较浅的情况下，可以通过穷举法计算所有子树的价值，从而选择最优的策略。但是当搜索空间过大（如围棋）的时候，搜索整棵树会花费大量的时间和计算资源，显然是不符合实际的。

MCTS 是一种结合了随机取样和树搜索的算法。它在给定的决策空间中随机抽取样本，并根据样本建立搜索树，并寻找最优策略。MCTS 也可以解决搜索空间过大的问题，在不能搜索全部子树的情况下，可以做到高效且避免陷入局部最优解。其基本概述为：可以用随机模拟来近似真实值，再用这些值调整策略，使之朝向最优解的方向发展。

MCTS 基于迭代搜索策略来构建搜索树，逐渐构建部分树，搜索树中的节点表示一个状态，到子节点的链接表示后续的动作，当达到设定时间或者迭代到最大次数时搜索结束，并根据先前的树的结果，返回最优的动作。

MCTS 的算法流程图如图 9-31 所示。

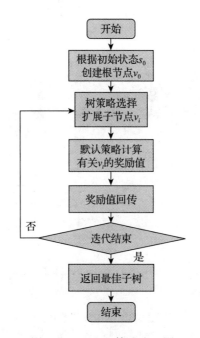

图 9-31　MCTS 算法流程图

每轮迭代 MCTS 包含以下 4 步（见图 9-32）。

1）**选择**（Selection）：从根节点开始，使用树策略找到最紧急的可扩展的节点，这个节点可以是未被探索的部分行动中的中间节点。一个节点如果不是终端状态，且还有未被访问的子节点，则这个节点是可扩展的。由图 9-32 可知，从根节点 0 开始搜索，到节点 6 的时候，由于节点 6 不是终端状态，只有一个子节点，且还存在其他的动作节点，所以节点 6

是可扩展的节点。

2）**扩展**（Expansion）：根据可以使用的动作，将一个或者多个子节点添加进来以扩展树。图中的节点 6 的子节点 9 就被添加到搜索树中。

3）**模拟**（Simulation）：根据默认的策略从这个新的节点模拟运行到终端状态，并计算出奖励。从节点 9 开始执行模拟的动作，根据默认的策略最后会得到一个奖励值。

4）**奖励回传**（Backpropagation）：通过选择的节点将模拟得到的奖励值反向传播，更新每一个经过的节点的统计信息，回传的奖励值会影响树策略。从节点 9 开始，将奖励值经选择的节点回传到根节点，并更新每一个节点的奖励信息。

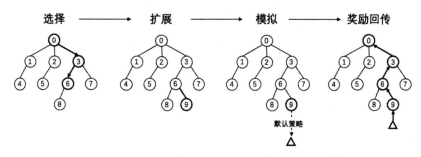

图 9-32　MCTS 基本步骤演示

以上的这 4 个步骤被分为两个不同的策略：

1）树策略（Tree Policy）：在选择和扩展这两步中，树策略会从搜索树中已经包含的节点中选择和创建叶节点。

2）默认策略（Default Policy）：在模拟阶段，从选定的非终端状态的节点开始，模拟动作直到终端状态，生成估计奖励值。

在奖励回传阶段虽然没有用到策略，但也是根据树策略选择的节点进行统计值更新的。

9.6.4　知识提炼（教师网络）

在实际应用中，为了提升模型的学习能力和性能，我们通常会增加神经网络的深度和广度，但是网络结构的增加会受限于硬件的性能和计算的速度。在实时应用中，减少存储和计算成本，安全地压缩模型而不影响模型的性能也变得至关重要。将大型神经网络框架用在轻量级设备上属于知识精炼的压缩技术，现有的知识精炼技术已经可以将大的网络压缩成一个小的网络，但是都需要手工设计小网络的架构，并且很难确定通过该过程得到的网络性能是不是最佳的。传统的模型压缩技术是通过人工修改网络架构，但是在深度神经网络中，网络的架构过大使得人工修改变得异常困难。

为了解决这些问题，研究者们提出了 N2N Learning 算法，这个算法可以通过强化学习来学习一种最优的压缩策略，将较大的"教师"网络作为输入，将压缩过后的"学生"网络作为输出，如图 9-33 所示。将"教师"网络转换成"学生"网络的过程作为马尔可夫决策过程（MDP）。

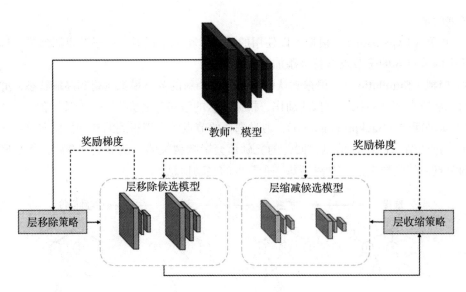

图 9-33   N2N Learning 模型图

这个过程可以被定义为 $M = \{S, A, T, r, \gamma\}$。其中：

❑ 状态 S：状态空间，是由"教师"网络可以导出的所有可能的简化网络的集合。这个状态空间会非常大，因为包含了所有可能减少的系统结构。

❑ 动作 A：一系列的转换动作，可以将网络转换成另一种网络。在模型压缩中有两种操作：层移除操作和层收缩操作。

  ■ 层移除操作是一个决定将选定的层数移除或者保留的操作，根据双向 LSTM 的策略，观察隐藏状态，判断该层与前后层数的关系，从而决定是否要移除该层。

  ■ 层收缩操作与层移除操作类似，也需要通过 LSTM 的策略来判断该层的参数与上下的联系，从而对层数进行缩减。

❑ 转换函数 T：确定性转换函数，通过状态和动作，每个动作会将原网络转换成另一个网络。

❑ 奖励函数 r：强化学习旨在学习一个最优策略以实现奖励函数最大化，压缩算法的奖励函数要基于模型的压缩率以及准确率，使得模型在保持高精度的同时最大程度地进行压缩。高压缩而精度低的模型肯定会比低压缩而精度高的模型得到更严厉的惩罚，因为精度降低的压缩是没有意义的。

❑ 折现系数 γ：始终为 1，保证所有的奖励。

N2N Learning 算法首先通过"教师"模型来标记数据，再用这些标记的数据来判断"学生"模型的性能，从而得到最优的压缩策略。该算法在不同数据集上压缩模型的准确率和压缩率都比传统的手工设计模型的效果要好。虽然对于每个"学生"模型可能都要重新训练，会带来一定的开销，但是可以选择超网络和选择训练等方法来对此进行优化。

9.7　参考文献

[1]　　HOWARD R A. Dynamic programming and Markov processes[M]. Cambridge, MA: MIT Press,1960.

[2]　　BELLMAN R. On a routing problem[J]. Quarterly of applied mathematics, 1958, 16(1): 87-90.

[3]　　BELLMAN R. Dynamic programming[J]. Science, 1966, 153(3731): 34-37.

[4]　　TAQQU M S. Weak convergence to fractional Brownian motion and to the Rosenblatt process[J]. Probability theory and related fields, 1975, 31(4): 287-302.

[5]　　HASTINGS W K. Monte Carlo sampling methods using Markov chains and their applications[J]. Biometrika, 1970, 57(1): 97-109.

[6]　　GILKS W R, RICHARDSON S, SPIEGELHALTER D. Markov chain Monte Carlo in practice[M]. Chapman and Hall/CRC, 1995.

[7]　　SUTTON R S. Learning to predict by the methods of temporal differences[J]. Machine learning, 1988, 3(1): 9-44.

[8]　　BARTO A G, SUTTON R S, WATKINS C J C H. Learning and sequential decision making[M]// GABRIEL M, MOORE J. Learning and computational neuroscience. Cambridge, MA: MIT Press, 1989.

[9]　　WATKINS C J C H, DAYAN P. Q-learning[J]. Machine learning, 1992, 8(3-4): 279-292.

[10]　MNIH V, KAVUKCUOGLU K, SILVER D, et al. Playing atari with deep reinforcement learning[J]. arXiv preprint arXiv:1312.5602, 2013.

[11]　MNIH V, KAVUKCUOGLU K, SILVER D, et al. Human-level control through deep reinforcement learning[J]. Nature, 2015, 518(7540): 529.

[12]　OSBAND I, BLUNDELL C, PRITZEL A, et al. Deep exploration via bootstrapped DQN[C]//NIPS. Advances in neural information processing systems 29. New York: Curran Associates, 2016: 4026-4034.

[13]　VAN HASSELT H, GUEZ A, SILVER D. Deep reinforcement learning with double q-learning[C]// AAAI.Thirtieth AAAI Conference on Artificial Intelligence. Palo Alto: AAAI Press, 2016.

[14]　WANG Z, SCHAUL T, HESSEL M, et al. Dueling network architectures for deep reinforcement learning[J]. arXiv preprint arXiv:1511.06581, 2015.

[15]　SUTTON R S, MCALLESTER D A, SINGH S P, et al. Policy gradient methods for reinforcement learning with function approximation[C]//NIPS. Advances in neural information processing systems 13. Cambridge, MA: MIT Press, 2000: 1057-1063.

[16]　HAUSKNECHT M, STONE P. Deep recurrent q-learning for partially observable MDPs[C]//AAAI. 2015 AAAI Fall Symposium Series. Menlo Park: AAAI Press, 2015.

[17]　LILLICRAP T P, HUNT J J, PRITZEL A, et al. Continuous control with deep reinforcement learning[J]. arXiv preprint arXiv:1509.02971, 2015.

[18]　MNIH V, BADIA A P, MIRZA M, et al. Asynchronous methods for deep reinforcement learning[C]// Proceedings of the 33th Annual International Conference on Machine Learning. New York: ACM,2016:

1928-1937.

[19]   SCHULMAN J, WOLSKI F, DHARIWAL P, et al. Proximal policy optimization algorithms[J]. arXiv preprint arXiv:1707.06347, 2017.

[20]   HEESS N, SRIRAM S, LEMMON J, et al. Emergence of locomotion behaviours in rich environments[J]. arXiv preprint arXiv:1707.02286, 2017.

[21]   BAKER B, GUPTA O, NAIK N, et al. Designing neural network architectures using reinforcement learning[J]. arXiv preprint arXiv:1611.02167, 2016.

[22]   ZHONG Z, YAN J, LIU C L. Practical network blocks design with q-learning[J]. arXiv preprint arXiv:1708.05552, 2017, 1(2): 5.

[23]   SCHRIMPF M, MERITY S, BRADBURY J, et al. A Flexible Approach to Automated RNN Architecture Generation[J]. arXiv preprint arXiv:1712.07316, 2017.

[24]   ZOPH B, LE Q V. Neural architecture search with reinforcement learning[J]. arXiv preprint arXiv:1611.01578, 2016.

[25]   ZHANG C, REN M, URTASUN R. Graph hypernetworks for neural architecture search[J]. arXiv preprint arXiv:1810.05749, 2018.

[26]   GUO M, ZHONG Z, WU W, et al. IRLAS: Inverse Reinforcement Learning for Architecture Search[J]. arXiv preprint arXiv:1812.05285, 2018.

[27]   ZHONG Z, YANG Z, DENG B, et al. BlockQNN: Efficient Block-wise Neural Network Architecture Generation[J]. arXiv preprint arXiv:1808.05584, 2018.

[28]   WANG L N, ZHAO YY, Y J N, et al. AlphaX: exploring neural architectures with deep neural networks and monte carlo tree search[J]. arXiv preprint arXiv:1805.07440, 2018.

[29]   ASHOK A, RHINEHART N, BEAINY F, et al. N2N learning: Network to network compression via policy gradient reinforcement learning[J]. arXiv preprint arXiv:1709.06030, 2017.

[30]   AHMED K, TORRESANI L. MaskConnect: Connectivity learning by gradient descent[C]//ECCV. Proceedings of the European Conference on Computer Vision (ECCV). Cham: Springer, 2018: 349-365.

第 10 章

基于进化算法的 AutoDL

本章我们主要介绍基于进化算法的神经架构搜索，相比于上一章的强化学习，进化算法更容易读懂，读者将阅读重心放在编码方式和进化方法即可。本章将首先介绍基本的进化算法和进化算法的演变，然后展开介绍神经网络的进化方法。

10.1 启发式算法

根据百度百科的定义，启发式算法（heuristic algorithm）是相对于最优化算法提出的。一个问题的最优算法旨在寻找最优解，例如用求导去计算一个一元二次方程的最小值或最大值；而启发式算法旨在寻找较优解，通过构造一个基于直观或经验的算法，在可接受的代价（计算时间和计算资源）下给出待解决组合优化问题每一个实例的一个较优的可行解，该可行解与最优解的偏离程度一般无法预计。

启发式搜索是一种搜索技术，而不是一种严丝合缝的完备理论方法。应用启发式搜索方法可能会得到这样的结果：找到的解不是最优的，但是却依然可以让人满意或者达到既定的目的，例如以很低的误差拟合一个函数。实际上，在认知心理学研究中也表明，动物在进行决策的时候采取的也是启发式策略，尤其是在资源（时间、食物等）不充足的情况下。通过这种方式做出的决策往往不是最优的，甚至不一定是有效的，但却是在当前的约束下能够得到的最优结果，这个现象的专业名词叫作"有限理性"。

为什么需要启发式算法呢？启发式算法通常用于解决 NP-hard 问题，而在机器学习的过程里充斥着大量这样的问题，例如在深度学习中，从网络架构优化、超参优化到网络权重参数的优化里的每一个部分都是既无法找出也无法验证最优解的。因此启发式算法的应用会贯穿 AutoML 的整个流程。

本节主要介绍启发式搜索算法，如图 10-1 所示，它主要包含 3 类：近邻搜索算法、进化算法以及群体智能。进化算法与群体智能由于都涉及群体进化式搜索，因此合称为"进化计算"。

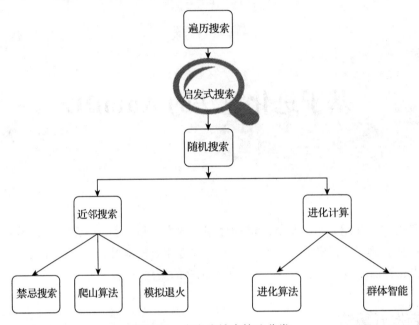

图 10-1　启发式搜索算法分类

启发式搜索一般由 4 个部分组成，分别为搜索对象、搜索空间、评价方法和搜索方法。在这里我们举一个例子，如果要搜索 $y=(x-1)(x-2)$ 的最小值，那么它的搜索过程如下：

- ❑ 搜索对象：y 是由 x 决定的，因此需要找到一个 x 来使得 y 最小，而 x 就是我们的搜索对象。
- ❑ 搜索空间：搜索空间是搜索对象的所有可能情况的集合，在这个情景里 x 的搜索空间就是整个实数集 $\mathbb{R}$。
- ❑ 评价方法：我们需要对搜索结果进行评价。评价方法根据搜索目标而定，由于目标是 y 最小，因此评价方法就是 $(x-1)(x-2)$ 的值；这个值越小，说明找到的 x 越好。
- ❑ 搜索方法：搜索方法决定了搜索的方向，它决定了如何根据上一轮的评估结果搜索下一轮的评价对象。

10.1.1　随机搜索

对于搜索空间较小的问题，以当前的算力条件我们直接进行遍历即可。但大多情况下问题都是难以穷举与遍历的，因此需要用更加科学的办法来进行最优解对象的搜索。

随机搜索就是为了解决这个问题的最初尝试。随机搜索是以相同的概率去搜索参数空间内的每一个可能，例如在 [1, 10000] 的范围内找最大值，那就从这个区间里随机采样 N 个点，再找出最小的作为解就好了。从某种意义上来说，随机搜索是最简单的一种启发式搜索方法，不管我们的搜索空间有多大，我们总能在一定的时间与资源限制内通过这种算法搜索出一个较优的解。这其实也符合我们对启发式算法的定义，只不过这种方法的平均效率和结果较差而已。

我们后面要介绍的所有启发式算法在一定程度上都是基于随机搜索的，因此启发式搜索也被称为有引导的随机搜索。

10.1.2　近邻搜索

近邻搜索是基于贪心算法的思想对随机算法的一种改进。随机搜索只是单纯去一次又一次地尝试，而近邻搜索会基于过去的搜索结果调整搜索的方向，从而确保每一步的搜索都是朝着更优的方向前进的。但是这种方法会很容易陷入局部最优，以致某些结果最后可能还不如随机搜索。

基于随机算法的思想难以收敛，效率较低；而基于近邻贪心算法的思想则容易困于一隅之地，不见更广阔的天地。近邻搜索算法主要有爬山法、模拟退火以及禁忌算法，下面将依次介绍。

1. 爬山法

所谓的爬山算法实际上就是基于贪心算法的随机搜索。在每一次的迭代中，爬山法从当前解的临近空间选择一个更优的解作为新的当前解，也因此这个解很有可能是局部最优解而不是全局最优的。

爬山法主要有 3 种：首选爬山法、最陡爬山法和随机重启爬山法。

（1）首选爬山法

依次寻找当前搜索对象 x 的邻近对象中首次出现的比 x 评估结果更优的对象，并将该对象作为爬山的点；依次循环，直至找不到更优的对象。我们就把该点叫作山的顶点，又称为本次搜索中的最优点。首选爬山法的思想决定了，我们一定可以在特定的时间内较快速找到一个极值解；然而，在复杂问题中，这样找出来的解往往都是次优的，而且我们还无法判断其距离最优解到底有多远。

如图 10-2 所示，我们希望找到函数最大值。根据首选爬山法的基本思想，从点 1 出发，我们可能到 B 也可能到 A，从点 2 出发，我们可能到 A 也可能到 C，总体而言，找到 A 的可能性会高于 C，而 C 才是真正的最优解。

（2）最陡爬山法

最陡爬山算法是在首选爬山算法上的一种改良，它规

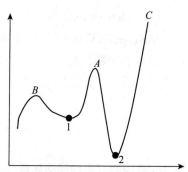

图 10-2　爬山法应用曲线

定每次选取邻近对象中评估结果最优的那个对象作为爬山的点。

看起来这样好像会更好，但其实也不一定。在图 10-2 中的第一个起点的案例里，由于左边比右边要稍大一点，那么就会选择往 B 点移动，而事实上，尽管开始增长较慢，但最终从右边出发能到达更高的 A 点。

（3）随机重启爬山法

上述两个方法都不能解决容易陷入局部最优的问题。因此在实际中，只要算力允许，一般会选择多个随机化的起点来进行搜索，从而增大找到全局最优解的可能性。

随机重启爬山法其实是基于最陡爬山算法，再加一个达到全局最优解的条件，如果满足该条件，就结束运算，反之则无限次重复运算最陡爬山算法。

随机重启可以增加找到全局最优的可能性，相当于放弃了原本的搜索区域重新选一个起点重来，因此会增加运算量。

2. 模拟退火

爬山法通过多次重启来解决陷入局部最优的问题，而模拟退火算法则通过对物理的退火降温的模拟来有效解决这个问题，从而找到一个全局最优解。实际上模拟退火算法也是贪心算法，只不过它在其基础上增加了随机因素。这个随机因素就是：以一定的概率来接受一个比当前解更差的解。这个随机因素有可能使得算法跳出局部最优解。

（1）物理的退火降温——一个隐喻

退火是一种金属热处理工艺，指的是将金属缓慢加热到一定温度，保持足够时间，然后以适宜速度冷却。目的是降低硬度，改善切削加工性；消除残余应力，稳定尺寸，减少变形与裂纹倾向；细化晶粒，调整组织，消除组织缺陷。

模拟退火算法就是基于这样的现象观察而诞生的。正常思路下，构建一个优化算法会希望其收敛速度越快越好，用退火的角度而言就是降温速度越快越好；但是根据这个现实观察，其实降温速度太快不见得是件好事，反而缓慢降温结果会更好。基于这个理解，模拟退火算法在随机搜索与爬山法的基础上引入了温度的概念，通过温度控制算法的收敛速度。

（2）Metropolis 算法

Metropolis 算法常见于 MCMC（马尔可夫链蒙特卡洛）采样中的 Metropolis-Hasting 算法。其核心思路其实是定义一个转移概率函数 p，通过这个转移概率函数，我们可以实现更加全面的采样。p 的表达式为

$$p(i \rightarrow j) = \begin{cases} 1, f(j) < f(i) \\ \exp\left(\dfrac{f(i) - f(j)}{t}\right), f(j) \geqslant f(i) \end{cases}$$

其中 f 是搜索对象的评估函数，t 是温度。

如果产生的新解的评估结果比之前的对象 i 更好，就直接接受这个新解并用它代替之前的解；而如果这个新解的评估结果比之前的差，也不完全否决它，而是基于当前温度以一定的概率接受它，这样就有可能跳出局部最优解。

从上述公式可以发现，当温度高的时候接受差解的概率较低，温度低时接受差解的概率更高。这样的话，就可以实现在前期探索过程中进行更大的搜索空间内的搜索，在后期逐渐稳定并收敛在一个最优解。

（3）模拟退火过程

从某个初始解 S_0 出发，经过图 10-3 所示过程不断迭代，直到满足停止条件。每一个迭代完成都会按照一个比率去进行温度衰减，随着温度的降低，算法也会趋向于收敛。

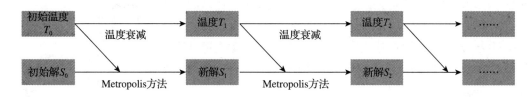

图 10-3　模拟退火流程

（4）马尔可夫链长

模拟退火算法要通过不停地迭代直到收敛，马尔可夫链长就是迭代的次数。

（5）温度

温度是一个需要提前设置的超参，它包括两个方面：一个是初始温度，另一个就是温度的衰减方法。

初始温度：一般设置一个较大的初始温度，从而保证从开始到停止的过程中可以搜索到全局最优解的区域，如果太小就可能无法跳出局部解。

衰减函数：其实就是每次让温度如何下降的问题。

$$T(n) = a \times T(n-1)$$

一般 a 取接近 1 的数，小一点的衰减量可以使迭代次数增加，这样就可以产生更多变换解，从而返回高质量的解。除此之外，还可以有别的衰减函数。

（6）停止条件

❏ T 温度降到预定的某个值，比如当 $T<1$ 时停止。

❏ 预设最大搜索时间，到达时间就停止。

❏ 若干个相继的解的评估值都没有产生变化，也就是已经收敛了。

初始化温度 $T(0)$ 和衰减率 a 是关键调参因素，主要是用来调控算法对劣解的接受程度以及算法的运行时间，这两个超参直接决定了算法的最终效果。

3. 禁忌算法

禁忌搜索算法于 1986 年由 Fred Glover 提出，它模拟了人类有记忆的搜索思路（不会重复搜索同样的地方），也是对爬山算法的一种改进，引入了记忆因子。其主要思路为：通过构造一个动态的禁忌表，记录已经到达过的局部最优点的参数组合，在下一次搜索中不再选择或者有选择地搜索这些参数组合，以此来阻止搜索的无意义循环。

禁忌搜索算法的主要部分有候选集合、禁忌对象、评价函数、特赦规则和记忆频率信息。

下面对提到的信息进行展开介绍。

（1）禁忌表与禁忌长度

禁忌表的长度在短期是固定的，在中长期是可以动态调整的。对于一个固定长度的禁忌表而言，表的长度就是禁忌长度，也就是禁忌对象被再次选择的迭代轮数。因此可以把禁忌过程理解为一个先进先出、后进后出的固定长度的队列，队列的元素就是禁忌对象。当对象进入队列的时候就会被禁止选取；完成禁忌长度大小的迭代次数后该参数组合对象会离开这个队列，之后就会解除对它的限制。图 10-4 展示了一个禁忌长度为 3 的禁忌表的工作流程。

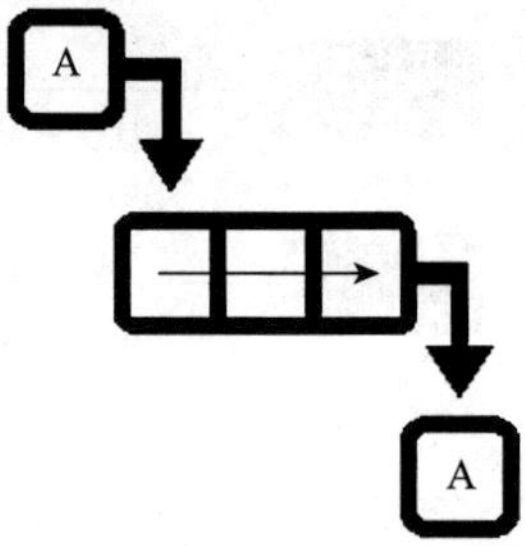

图 10-4　禁忌表的工作流程

对整个过程可以作这样一个简单的类比：在学校上课的时候，如果老师提问题会有某几个较优秀的学生一直积极抢答，如果把回答问题的机会都给他们的话，会打击到其他学生的积极性，不利于其他学生的培养与潜力的充分挖掘。为了解决这个问题，老师一般会刻意不点那些积极孩子的名转而先照顾还没有机会回答的学生，过了几个提问回合之后才会重新给他们机会回答问题。

（2）禁忌长度的选取

禁忌长度可以是一个固定的常数，也可以按照某种规则动态变化。禁忌长度的选择非常重要，如果禁忌长度过短，一旦陷入局部最优点，就会陷入局部循环无法跳出；如果禁忌长度过长，算法的记忆存储量增加，候选解全部被禁忌，造成计算时间较长，也可能造成计算无法继续下去。

（3）禁忌对象选取

禁忌对象的选取可以有多个角度，例如直接用搜索对象本身，或者用搜索对象的一个子部分，还可以用搜索对象的评价值。

（4）特赦规则

特赦是为了能够让禁忌算法平稳运行与过渡的一种处理方法，如果可选对象都被禁忌了，那么就需要进行一定的处理来使算法可以完成迭代循环。以前面上课为例，如果老师的一个提问实在没有人能够给出足够好的回答或者整个教室的人都回答了一圈，那么也就只能让某个孩子多次站出来了。

主要通过以下规则完成过渡：

❑ 若出现一个搜索对象的目标值好于前面任何一个最佳候选搜索对象，哪怕这个搜索对象在禁忌表中，也特赦接受它；

❑ 若所有对象都被禁忌，为了算法可以继续，特赦一个目前最优的解。

（5）终止规则

❑ 确定步数终止：预先设置好最大的迭代次数。

❑ 频率控制原则：基于记忆频率信息，当某一个元素被反复禁忌，可以认为已经收敛并终止计算。

❑ 目标控制原则：如果在一个给定步数内，当前最优结果没有变化，可终止计算。

10.1.3　进化计算

进化计算是弥补近邻搜索不足的一个尝试方向。其核心思想是借鉴与模拟生物界的种种生物现象来实现搜索过程，例如对基因遗传、物种演化、鸟类觅食、蚂蚁寻路等自然现象的模型，也就是前文所说的基于直观或经验的算法。

这类算法通过模拟生物现象中信息交流与传递的方式，在不同的个体之间建立一定程度上的信息共享渠道来引导搜索方向，同时引入随机化因子来扩大搜索空间，最终实现随机搜索与近邻搜索之间的平衡。

进化计算严格上来讲应该定义为超启发算法的一种，它是局部近邻搜索算法的改进，也可以理解为一种随机搜索与并行式的加强化近邻搜索相结合的产物。尽管最初贪婪算法和局部搜索算法被证明解决 NP 完全类问题的速度比较快，但大家发现找出来的解经常都是不好的，如图 10-5 所示，存在很多局部最优解。经过分析，原因主要是这些算法只是在局部区域内进行搜索，对于大多数困难问题而言，搜索空间都会如下图所示般充斥了大量的局部最优区域，因此得到的解当然就不能保证全局最优性。

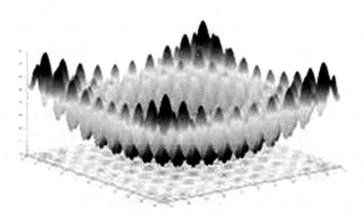

图 10-5　局部最优解

因此必须引入新的搜索机制和策略，才能有效地解决这些困难问题，这就导致了超启发式算法（metaheuristic algorithm）的产生。

从逃脱局部最优的角度来看，多次重启的爬山法、模拟退火和禁忌算法也具有一定的超启发式算法的特性。但是一般来说，更准确的理解为，超启发算法应该具有基于群体进行合作式搜索的特性，例如群体智能算法簇以及进化算法簇。从这个角度来看，可以把进化计算与模拟退火等近邻算法区分开来：尽管模拟退火等算法也引入了逃脱局部最优值的机制，但是并没有合作式搜索、信息共享、合作、竞争、学习、互助等超启发式算法的特性。

下面进入进化计算的正文。进化计算的流程中涉及以下几个核心问题。

（1）搜索对象的编码方式

如图10-6所示，为了让计算机能够识别搜索对象，我们需要利用计算机读得懂的语言去描述搜索对象。对于一个数学公式或者一个网络结构，计算机本身是不认识它的，因此需要人为对搜索对象进行编码，变成计算机能理解的数字、符号等形式。

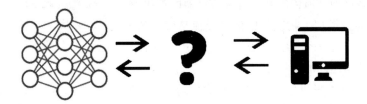

图 10-6　搜索对象编码方式示例

（2）搜索对象的迭代更新方法

前面提到超启发式算法的特性是基于群体的信息共享、竞争、合作等机制，搜索对象的迭代更新就是基于这些机制进行的，迭代更新的机制的设计出发点在于，怎么尽可能多地让不同的个体能够共享它们发现的信息，从而推导出有可能找到更好的值的区域。

在遗传算法里，采用择优与交叉变异来进行更新；在进化策略中，由于是纯数值问题，采用重组与变异的方式来更新；不同的算法在更新方法上会有些细微的差异。

（3）选择过程

进化计算往往涉及在群体中择优的选择过程，因此选择方法的定义也会影响到搜索结果。这个过程有点像挑选面试候选人的过程，是要按照排名择优录取还是根据排名按照一定概率去录取。这个逻辑可能乍看有点奇怪，但是其实是有道理的：排名最高说明该候选人在面试轮次的表现最好，但是这并不能说明他的潜力最高，在未来可以表现最好。因此，基于更长远的考虑，引入随机性有时候是有必要的。

如图10-7所示，假如要从6个人里选2个，应该怎么选呢？直觉当然是选前2个，但是从经验上来说应该更随机一些，第6名也该给点机会，万一这个人潜力巨大呢？

（4）交叉过程

择优之后，可以选择在不同的优秀个体之间基于它们的编码进行信息交换，从而确定搜索方向。但是该方法对编码方式的要求很高，因此大多数情况都难以保证交叉过程的引入可以带来好的结果，也因此并不是所有方法都会采用交叉算子。用一个拟人化的说法来比喻就是：在编码结构设置不当的情况下，可能会出现 A 的胳膊与 B 的大腿发生交换，这时候交叉就是失败且无用的。

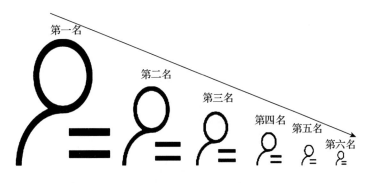

图 10-7   选择过程示例

（5）变异过程

相较于交叉过程，变异过程相当于随机性的引入，因此也是进化计算中极为核心的一个部分，是该算法簇中的公共元素之一。变异过程相对于交叉过程而言更加温和一些。

10.1.4 启发式算法的局限性

1）启发式算法目前缺乏统一、完整的理论体系，各种启发式算法都是对于某种现象、某种规律或者某种哲学的模拟。这意味着难以进行算法的性能评价，也难以做有效的分析去改进。

2）由于 NP 理论，各种启发式算法都不可避免地遭遇到局部最优的问题，但是在启发式算法的框架下是没有办法判断一个解到底是局部最优解还是全局最优解的。

3）启发式算法中的参数对算法的效果起着至关重要的作用，参数的设置没有理论支撑，对于经验依赖严重。

4）启发式算法缺乏有效的迭代停止条件。既然没有办法判断是不是局部最优解，甚至不能判断距离全局最优解有多远，那么自然也就没办法设置一个绝对合理且有效的迭代停止条件。

5）不同算法都是对某种现象、某种规律或者某种哲学的模拟，这也意味着某个启发式算法不可能适用于全部问题；同时，不同算法的收敛速度也会有所不同。例如，基于遗传算法去寻找最优解就会比较慢，因为遗传进化这个过程本身就不是一个寻找全局最优解的过程，它是一种适应环境的自然现象，并且在这个过程中由于存在大量的随机性，因此有可能会找到最优解。

10.2 初代进化算法

最早期的进化算法簇起源于 20 世纪 60 年代，主要包含遗传算法（GA）、进化策略（ES）以及进化编程 / 规划（EP）。

进化算法的一般化流程如图 10-8 所示。

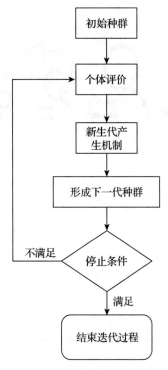

图 10-8　基本进化算法流程

在算法迭代的流程上，不同方法的主要差别在新生代的产生机制，也就是新的备选对象的搜索方法上有所区别。

10.2.1 基本术语

进化算法所涉及的主要基本术语见表 10-1。

表 10-1　进化算法术语表

术　语	解　释
个体	可行解
种群	可行解空间中的一个子集
基因	可行解编码的最小单元

（续）

术　语	解　释
染色体	由基因组成的可行解的编码
表现型	一段基因解码后所对应的实体
基因型	一个实体编码后形成的基因段
编解码方法	表现型与基因型相互转换的关系
适应度评估	利用一个函数评价一个可行解的好坏程度
选择	根据适应度进行个体的选择
交叉	基因编码的交叉操作
变异	可行解编码的变异

10.2.2　基础算子

1. 编码方式

二进制编码在计算机语言中是对信息进行编码的基本方式。只要长度够长，我们总能使用二进制编码去表达一个有限的状态空间，但这不代表对每个问题都总能设计出好用的二进制编码结构来进行遗传操作。

如图 10-9 所示，假如我们的搜索空间由 10 个或是 0 或是 1 的变量组成。那么，1110001010 就能表达其中一个可能，10 位长度的二进制编码就足够包含完整的状态空间。

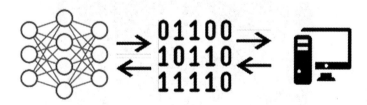

图 10-9　二进制编码

为什么我们要使用二进制编码？它有以下优点：

❑ 编码、解码操作简单易行

❑ 交叉、变异等遗传操作便于实现

❑ 符合最小字符集编码原则

❑ 利用模式定理对算法进行理论分析

二进制编码的缺点是该编码方法天然决定了其搜索方法的随机性过大。对于较复杂的状态空间而言，二进制编码中的一个位数的改变可能导致搜索区域极大幅度地偏离。有时候编码方式的设计问题会导致无法确定该偏离是好的还是坏的，并且该特性会导致搜索时间大幅变长，搜索结果难以收敛。

从另一个角度来说，缺点也是优点。在编码方式设置得当的时候，这种随机性会提供巨大的助益。

相较于二进制编码，浮点数编码是指将个体的每个基因值用某一范围内的一个浮点数来表示。在浮点数编码方法中，必须保证基因值在给定的区间限制范围内，遗传算法中所使用的交叉、变异等遗传算子必须保证其运算结果所产生的新个体的基因值也在这个区间限制范围内。

浮点数编码可以用于更方便并且更精准地表达更大的搜索空间，同时能够用于支持更高精度的搜索方法，在一定程度上解决二进制编码的缺陷。

符号编码法是指个体染色体编码串中的基因值取自一个无数值含义、而只有代码含义的符号集，如 {A,B,C}。

2. 选择算子

选择算子是选择过程中采用的具体用于选择的算法。常见的选择算法有以下 4 种。

（1）俄罗斯转盘选择法

俄罗斯转盘选择法又叫作"轮盘赌选择法"（见图 10-10）。它的思想是模拟俄罗斯转盘的概率选择机制去进行选择操作，从而形成一个选择算子。

图 10-10　俄罗斯转盘

在进化算法的框架中，具体而言就是依据个体的适应度值计算每个个体在子代中出现的概率，并按照此概率随机抽样一定数量个体构成子代种群。适应度高的个体被挑选概率会比较高，而适应度低的个体被挑选概率就会比较低，如果后续没有有效的优化就有可能会在迭代的过程中逐渐被淘汰掉。

下面给出最大化问题求解中遗传算法俄罗斯转盘选择法的一般步骤：

1）将种群中个体的适应度值叠加，得到总适应度值。

2）每个个体的适应度值除以总适应度值，得到个体被选择的概率。

3）计算个体的累积概率以构造一个轮盘。

4）转盘选择：产生一个 [0,1] 区间内的随机数，若该随机数小于或等于个体的累积概率且大于个体 1 的累积概率，选择个体进入子代种群。

5）重复步骤 4，得到的个体构成新一代种群。

（2）锦标赛选择法

锦标赛选择法每次从种群中取出一定数量的个体，并选择其中最好的一个进入子代种群。重复该操作，直到新的种群规模达到原来的种群规模。具体的操作步骤如下：

1）确定每次选择的个体数量（以占种群中个体个数的百分比表示）；

2）从种群中随机选择个体（每个个体入选概率相同）构成组，选择其中适应度值最好的个体进入子代种群；

3）重复步骤 2，得到的个体构成新一代种群。

（3）确定性采样

以评估值为权重计算每个个体在下一代中的期望生存数目。整数部分直接确定，小数部分再排序逐个选取直至种群取满。

（4）基于排序的概率采样方法

概率采样的相关术语见表 10-2。

表 10-2 概率采样术语表

术　　语	解　　释
k	某个个体的适应度分数排名
n	群体的大小
λ	一个调控采样分布的参数，越大则越是抑制择优的倾向

以下公式

$$p(k) = \frac{(1 - e^{-\lambda})e^{-\lambda k}}{1 - e^{\lambda N}}$$

计算了排名第 k 位的个体被抽中的概率。类似于俄罗斯转盘，根据概率分布持续抽样直至新的种群取满。上面提到，在俄罗斯转盘选择法里适应度比较低的个体会很可能被轻易淘汰掉，有时候这个现象可能会形成很严重的问题。试想，某些个体可能还没成长起来的时候比较弱，但是成熟后会比较强；而某些个体刚开始特别强，但后面会相对比较弱，此时在早期就可能把前者都淘汰掉了，这会导致找不到全局最优解或者收敛速度变慢。

这种基于排序与参数调控的方法就可以弥补这个不足。首先，基于排序的话，不会出现适应度很高的个体一个人占据了几乎全部的被挑选概率；其次，λ 这个参数可以进一步压低强势个体被抽中的概率，从而在算法的前期给弱势个体提供发育生长的空间。

3. 交叉算子

交叉操作常见于遗传算法，是指对两个相互配对的染色体按某种方式相互交换其部分基因，从而形成两个新的个体。

下面介绍适用于二进制编码个体或浮点数编码个体的交叉算子。

（1）单点交叉（One-point Crossover）

单点交叉指在个体编码串中只随机设置一个交叉点，然后在该点交换两个配对个体的基因编码。如图 10-11 所示，每一个圆点代表一个编码值，同一个基因内的编码值用相同颜色表示，但是它们的值是不一样的。

（2）两点交叉与多点交叉

两点交叉指在个体编码串中随机设置了两个交叉点，然后对两个点的基因进行交换。多点交叉指在个体编码串中随机设置了多个交叉点，然后对这多个点的基因进行交换。

图 10-12 为两点交叉的一个示例，其中每个圆点代表一个基因值，它既可以是一个二进制编码，也可以是一个浮点数编码。

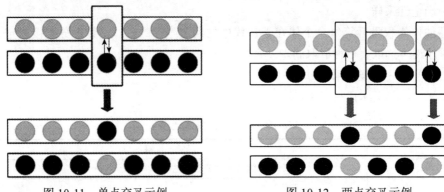

图 10-11　单点交叉示例　　　　　图 10-12　两点交叉示例

（3）均匀交叉

均匀交叉是指两个配对个体的每个基因点上的基因都以相同的交叉概率（一般较小）进行交换，从而形成两个新个体。

（4）算术交叉

算术交叉是指由两个个体的线性组合而产生出一个新的个体（见图 10-13）。该操作对象一般是由浮点数编码表示的个体。这个方法常见于进化策略（ES）中。

关于交叉这个遗传操作，学界中对它的有效性是具有一定争议的，争议点在于，交叉这个操作是真的可以提供有效的引导式搜索（见图 10-14），还是大多数时候其实是很随机的。为什么这么说呢？对于较长基因序列，如果两段这样的序列进行了多点交叉，形成的个体很有可能跟其两个父代都不像，这样的话其实就等于是进行了随机搜索。

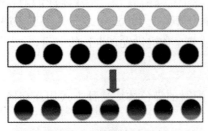

图 10-13　算术交叉示例

图 10-14　关于交叉的争议问题

有学者认为，交叉这个操作对于进化算法而言是一种较为低效的方法。举个例子，如果对一个神经网络利用节点遍历的方式进行编码，那么可能会出现图 10-15 所示的情况。

在这个情况下，A 和 B 代表的其实是同一个网络，这个时候如果对 [A,B,C] 与 [C,B,A] 进行交叉操作，那么其实最后得到的信息反而变少了，如 [A,B,A]，这个过程中损失掉了 C 这个信息。这个现象在神经网络进化中很常见，学界在 20 世纪 90 年代左右研究了这个问题并称其为竞争约定问题（Competing Convention Problem）。

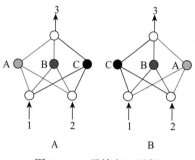

图 10-15　无效交叉示例

基于上述问题，当前不少神经进化的研究都没有采用交叉算子，而是单纯用变异算子去完成整个进化过程，如谷歌在 2017、2018 年发的两篇相关论文都是采用无交叉算子的进化算法实现的，纯粹通过变异增删节点以及节点间的链接。

但也有学者通过研究表明，交叉算子是有利于黑盒优化问题的，但是如果要让交叉算子发挥作用，比较依赖于编码方式的良好设计。

4. 变异算子

变异算子的作用是在交叉算子的基础上提供更进一步的随机性，也就是前文提到的通过随机性逃脱局部最优。变异算子可以说是进化算法中的一个基石模块，一个进化算法可以没有交叉算子，但无论哪个分支的进化算法都需要采用变异算子。

类似于交叉算子，其一般方法为随机选取某个或者某些基因，再随机选择某个变异算子来操作这个基因完成变异。这个过程里仿佛是计算机程序以算法的形式模拟了一个上帝，这个上帝制定了一系列规则，里面的个体会反复被这些规则所影响与改变。

在只有变异算子没有交叉算子的情况下，会更加像自然界中的无性繁殖过程。无性繁殖的基因编码长度和内容都是很容易发生改变的，这使得基于该繁殖方式的生物可以以非常快的方式去完成适应环境的过程。反映在算法中就是，没有交叉算子的进化算子的收敛速度会比有交叉算子的算法收敛速度更快。

5. 优化策略

（1）精英主义策略

当利用交叉和变异产生新的一代时，我们有很大的可能丢失在某个中间步骤中得到的最优解。

精英主义的思想是，在每一次产生新的一代时，首先把当前最优解原封不动地复制到新的一代中。精英主义方法可以大幅提高运算速度，因为它可以防止丢失掉已经找到的最优解。

精英主义是基本遗传算法的一种优化。然而，尽管它可以提高运算速度，但也一定程度上缩小了搜索空间。

（2）灾变策略

灾变策略模拟的是物种进化过程中灾变导致的进化过程，如恐龙的灭绝导致下一代生物的出现，因此灾变就是杀掉最优秀的个体，这样才可能产生更优秀的物种。那何时进行灾变，灾变次数又如何设定？

灾变时机的选择可以采用灾变倒计数的方式，如果 n 代还没有出现比之前更优秀的个体时，可以进行灾变。灾变次数可以这样来确定，如果若干次灾变后产生的个体的适应度与灾变前的一样，可停止灾变。

以图 10-16 做类比，恐龙支配地球 1.6 亿年对应的是进化算法陷入了局部最优区域，在这个区域内无论怎么进化都无法逃脱恐龙这个区间。因此，如果要能够离开这个局部最优，可以采用的办法就是发起灾变，跳出局部最优。

支配地球 1.6 亿年   灾变灭绝   哺乳动物诞生

图 10-16　灾变示例

10.2.3　遗传算法

遗传算法（Genetic Algorithm，GA）由美国科学家 John Holand 创建，后由 K. De Jong、John J. Grefenstette、David E. Goldberg 和 L. Navis 等人进行了改进。

遗传算法是模拟达尔文生物进化论的自然选择以及遗传学机理的生物进化过程的计算模型，它通过模拟染色体交叉变异的过程来实现启发式搜索（见图 10-17）。在搜索过程中，强势个体的基因会被保留，并通过随机的交叉与变异去探索新的可能性，就像生物遗传进化的过程一样。

图 10-17　基因图

遗传算法主要由染色体编码、初始种群设定、适应度函数设定、遗传操作设计等几大部分所组成。遗传算法的基本思想是从初始种群出发，采用优胜劣汰、适者生存的自然法则选择个体，并通过交叉、变异来产生新一代种群，如此逐代进化，直到满足目标为止。

其算法主要内容和基本步骤可描述如下：

1）择编码策略，将问题搜索空间中每个可能的点用相应的编码策略表示出来，即形成染色体；

2）定义遗传策略，包括种群规模 N，交叉、变异方法，以及选择概率 P_r、交叉概率 P_c、变异概率 P_m 等遗传参数；

3）令 $t=0$，随机选择 N 个染色体初始化种群 $P(0)$；

4）定义适应度函数 $f(f>0)$；

5）计算 $P(t)$ 中每个染色体的适应度值；

6）$t=t+1$；

7）运用选择算子，从 $P(t-1)$ 中得到 $P(t)$；

8）对 $P(t)$ 中的每个染色体，按概率 P_c 参与交叉；

9）对染色体中的基因，以概率 P_m 参与变异运算；

10）判断群体性能是否满足预先设定的终止标准，若不满足则返回步骤 5。其算法流程如图 10-18 所示。

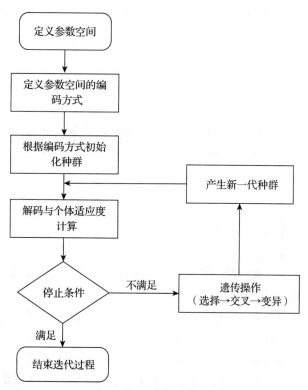

图 10-18　遗传算法流程图

在实际应用中遗传算法选择算子时一般采用俄罗斯转盘法或者锦标赛法，进化过程中不保留上一代的个体，每次都生成一个全新的种群。为了方便，编码方式一般采用二进制编码。迭代停止后从历史记录里提取出最优个体作为最终结果。

10.2.4　进化策略

进化策略（Evolutionary Strategy，ES）由德国科学家 Ingo Rechenberg 和 Hans-Paul Schwefel 于 1963 年提出。进化策略是一种通过模仿生物进化求解参数优化问题的方法，不过与遗传算法不一样的是，它采用实数值作为基因。它总使用零均值、某一方差的高斯分布来作为变异算子。

（1）编码

进化策略采用了实数值作为编码方式直接表达参数空间，因此其变异与交叉的方式也会有所不同。在进化策略下，一个个体会有两条编码链，一条代表的是其基因链 G，另一条是记录这条基因链上每一个数值变异强度的策略链 S。策略链上的每一个单位是一个零均值、某一方差的高斯分布，这些分布在进化的过程中自适应变动。

在重组或交叉的时候，两条链都要交叉或重组。

图 10-19 为编码链的一个示例，假设有这么一个随机生成的 G 链，以及人为设定为方差为 1 的初始化 S 链。这里基因值与方差的设置只是为了展示编码结构，没有其他任何代表意义。

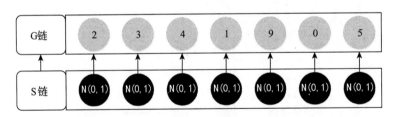

图 10-19　编码链

（2）重组方式

所有进化算法（EA）都是先交叉重组再变异（如果有交叉重组过程）。对于进化策略而言，有如下几种重组方式：

- ❏ **离散重组**：先随机选择两个父代个体，然后将其分量进行随机交换，构成子代新个体的各个分量，从而得出新个体。
- ❏ **中值重组**：这种重组方式也是先随机选择两个父代个体，然后将父代个体各分量的平均值作为子代新个体的分量，构成新个体。
- ❏ **混杂重组**：这种重组方式的特点在于父代个体的选择上。混杂重组时先随机选择一个固定的父代个体，然后针对子代个体每个分量再从父代群体中随机选择第二个父代个体。也就是说，第二个父代个体是经常变化的。至于父代两个个体的组合方式，既可以采用离散方式，也可以来用中值方式，甚至可以把中值重组中的 1/2 改为 [0,1] 之间的任一权值。

（3）变异方式

变异就是根据策略链上的高斯分布对基因链的数值进行随机扰动。

变异强度并不是一直不变化的，算法开始的时候变异强度会设置得比较大，当接近收敛后，变异强度会自适应减小。

（4）几种经典的 ES 方法

ES 主要有两种分支，分别为 $(\mu/\rho, \lambda)$-ES 以及 $(\mu/\rho+\lambda)$-ES 。

❑ $(\mu/\rho, \lambda)$-ES：从大小为 μ 的种群里，随机选择 ρ 个父代个体，生成 λ 个子代，再从 λ 个子代中选 μ 个作为下一代种群（此时的 λ 必须大于 μ）；迭代这个过程即可。

❑ $(\mu/\rho+\lambda)$-ES：$(\mu/\rho, \lambda)$-ES 的下一代种群仅仅从 λ 里选，而 $(\mu/\rho+\lambda)$-ES 从父代 ρ 与子代 λ 中选 μ 个下一代，因此父代也可能被保留下去。

$(1+1)-$ES 是 ES 中的一个特殊例子。这种进化策略种群大小为 1，因此父代大小也为 1，接着只产生一个新的子代，并从父代与子代这两个个体中择优保留。

（5）进化策略与遗传算法的主要区别

1）进化策略里，父代可以被保留；遗传算法里父代不保留。

2）在编码方式上，进化策略专注于实数编码，遗传算法主要采用二进制编码。

3）在父代个体的选择上，进化策略是非确定性、完全随机选择的，而遗传算法是择优性随机选择的。

10.2.5 进化规划

EP（进化规划）是 Lawrance J. Fogel 于 20 世纪 60 年代在人工智能研究中提出的一种有限状态机进化模型，在此模型中机器的状态基于分布的规律进行编译。

David B. Fogel 在 20 世纪 90 年代拓广了进化规划的思想，使它可处理实数空间的优化问题，并在变异运算中引入了正态分布变异算子，这样 EP 就变成了一种优化搜索工具，并在很多实际问题中得到了应用。

进化规划与进化策略较为相似，图 10-20 为其标准流程的伪代码。通过分析两者的流程，可以发现进化规划与进化策略主要有以下两点不同：

❑ 没有重组与交叉，父代通过 1 对 1 变异产生后代；

❑ 子代的选择上引入了具有随机性的 Q 竞争算法（图里的 Si_{wins} 的计算过程），不是确定性选择。

在后来的改进中进化规划也引入了锦标赛选择、自适应变动参数等机制。

```
Input: Population_size, ProblemSize, BoutSize
Output: S_best
Population ← InitializePopulation(Population_size, ProblemSize)
EvaluatePopulation(Population)
S_best ← GetBestSolution(Population)
While (¬StopCondition())
    Children ← ∅
    For (Parent_i ∈ Population)
        Child_i ← Mutate(Parent_i)
        Children ← Child_i
    End
    EvaluatePopulation(Children)
    S_best ← GetBestSolution(Children, S_best)
    Union ← Population + Children
    For (S_i ∈ Union)
        For (1 To BoutSize)
            S_j ← RandomSelection(Union)
            If (Cost(S_i) < Cost(S_j))
                Si_wins ← Si_wins + 1
            End
        End
    End
    Population ← SelectBestByWins(Union, Population_size)
End
Return (S_best)
```

图 10-20　进化规划流程伪代码

10.3　其他近代进化算法

10.3.1　遗传编程算法簇

遗传编程是一种利用进化算法的程序搜索技术，它开始于随机生成的一系列计算机程序组成的种群，然后根据一个程序完成给定任务的能力来确定其适应值，并完成一般遗传算法的剩下流程，迭代直到满足某个结束条件。

遗传编程的基本思想也是借鉴了自然界生物进化理论和遗传的原理，是一种自动搜索程序的方法。这个算法作为一种新的全局优化搜索算法，以其简单通用、健壮性强，并且对非线性复杂问题显示出很强的求解能力等特点，被成功地应用于许多不同的领域，并且在近几年中得到了更深入的研究。

1. 遗传编程

遗传编程是 John R. Koza 教授于 1990 年在其发表的博士论文中正式提出的。该算法是进化算法这个遗传编程算法簇里的一个新成员，同时它也是一个较为重要的子算法簇。

遗传编程，或称基因编程（Genetic Programming，GP），是一种从生物进化过程得到灵感的自动化生成和选择计算机程序来完成用户定义任务的技术。

遗传编程是一种特殊的利用进化算法的机器学习技术，和流程与传统的遗传算法一样，它也是借鉴了自然界生物进化理论和遗传的原理。但它与遗传算法的主要区别在于，遗传编程引入了二叉树结构作为一个程序的表现型，并且根据树结构设计了一套专门的不固定长度的编码方式；相对于遗传算法的定长二进制字符串而言，这种方式可以适用于更复杂的情况与问题，但也导致了所生产出来的子代存活率更低，因而算法收敛速度更慢。

总的来说，遗传算法用定长二进制编码表达与解决简单问题，遗传编程用不定长的树形编码表达与解决复杂问题。

编码方式：分 2 个列表自上而下、自左而右记录序号和符号。我们把 a、b、c、d 等外部提供的变量或常数叫作终端输入符，把 *、-、+、/ 等叫作函数符。

遗传编程还采用了一种全新的不同于遗传算法的个体描述方法，其实质是用广义的层次化计算机程序来描绘问题。个体构成需要两类符号，即终端输入符（terminal）和函数符（function）。它们是构造基因表达式编程中的一个程序的元语。terminal 其实就是函数输入；function 就是运算符，如加减乘除求余等。

遗传编程通过树型结构来表达一个程序的运行，并通过遍历树的节点来进行编码，如图 10-21 所示。

从上到下、从左到右去遍历这棵二叉树，就会得到上面的编码。

随着树中元素与连接的改变，编码的内容与长度随之改变。

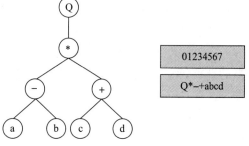

图 10-21　遗传编程树形结构示例

交叉方式为两个二叉语法树的子树之间进行交换，子树的选择方式为随机选择。如图 10-22 所示，这个交叉方式比较像遗传算法里的单点交叉，不过交叉对象从一个基因编码变成了一个编码子树。

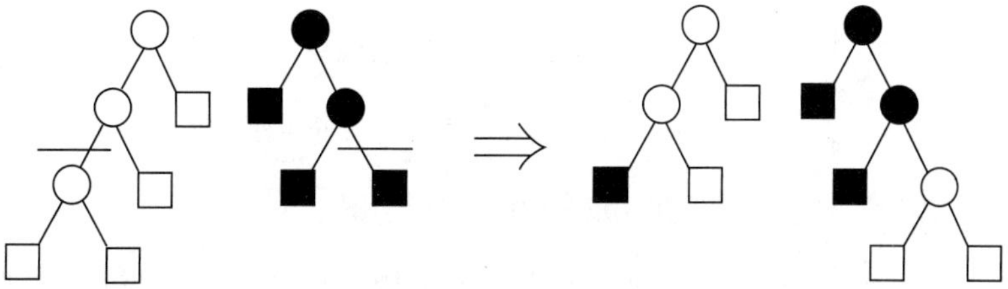

图 10-22　二叉语法树交换示例

变异方式为随机选择语法树上的一个节点，将该节点替换为一个随机生成的子树。子树的生成方式与初始种群的生成方法一致。

至于初始种群如何生成，这主要是一个树的初始化结构的问题，它与问题的复杂度有一定关系。例如，我们拟合一个 $z = x \times y$ 的程序，那么仅仅利用 3 个节点，也就是一个 2 层的完全二叉树去进行随机初始化就够了；但如果我们事先知道这个问题很庞大，那么或许初始化结构就应该设置更复杂一些，例如 *n* 层的完全二叉树。

流程上遗传编程与传统的遗传算法没有太大差别，主要差距就是上述的一些细节。

原始的遗传编程的变异算子与交叉算子容易产生大量无法运行的错误程序，从而使得搜索时间变得非常长，针对这个问题衍生出了一些改进的方法，如 GEP（基因表达编程）、CGP（笛卡儿基因编程）和 LGP（线性基因变成）等。

2. 基因表达编程

GEP（Gene Expression Programming，基因表达编程）是一种基于生物基因结构和功能发明的新型自适应演化算法。GEP 是从遗传算法（GA）和遗传编程（GP）中发展而来，它在吸收了二者优点的同时，又克服了二者的不足之处。

在很多应用中，GEP 比更传统的进化算法快 2～4 个数量级；在实践中还发现，在某些特定场合，它比传统方法快 5～6 个数量级，甚至更多。

GEP 的出现是为了解决 GP 中子代死亡率过高的问题，采用的方法是编码方式的改进，变异与交叉等机制没什么区别；通过增加合理的冗余空间，来保证产生程序的可执行性；它融合了 GA 与 GP 两种方法的优点，使用定长的编码来表示一个树结构。

GEP 向生物科学借鉴并实现了更多概念，如多基因染色体、基因的表达、中性区中隐形的继承和变异。GEP 的巧妙编码方式确保了其遗传操作产生的后代都是可执行的有效程序，这是 GEP 比 GA、GP 的速度普遍提高 2～4 个数量级的最重要原因。

图 10-23 展示了中性区的概念。

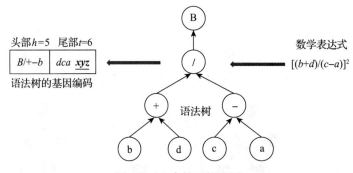

图 10-23　中性区概念图

上图中 *b*、*d*、*c*、*a* 是 4 个终端输入元素，加粗带下划线的 *xyz* 是没有被使用的多余输入元素，这是模拟了生物基因中的中性区去提供额外的元素。如果输入元素供不应求，例如一个 "–" 号需要两个被操作数，而基因编码中没有或只有一个可用元素，那么程序将会因有 bug 而崩溃。

举个例子，如图 10-24 所示，如果元素 *b* 从一个输入元素变异成了一个函数符，例如乘号，这时候如果没有额外的操作，那么这个语法树是无法运行的。然而由于有中性区的冗余元素，那么只要按顺序抽取 2 个元素出来用就好了。

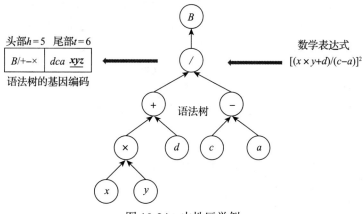

图 10-24　中性区举例

GEP 方法使用了 K- 表达式（K-expression）的编码方式。葡萄牙科学家 Cândida Ferreira 总结出来了如下 2 个约束条件，在这 2 个条件下诞生的程序是一定可以健康运行的。

❑　$t = h(n-1)+1$。

❑　头部包含运算符与终端输入符，尾部不含运算符，只有终端输入符。

n 为运算符的丰富度，具体为运算符的类数，如加法与减法算一类，乘法与除法算一类。例如，如果运算符中包含加减乘除，那么 $n = 2$。

从 K- 表达式的定义来看，GEP 的搜索空间大小是需要人为根据任务去设定的。h 越大则搜索范围越大。

实践表明，GEP 方法可以挖掘多种表达式（数学方程、公式以及逻辑规则），也能挖掘逻辑规则表达的关联规则、分类规则、聚类规则等。

3. 线性基因编程

线性基因编程（LGP）是遗传编程的另一个变种。遗传编程与基因表达编程采用二叉树结构来描述一个程序，而 LGP 采用线性结构来描述一个程序。

依旧采用上面的函数符与输入符的概念。输入符又分为常数输入与变量输入。LGP 的线性表达通过指令串来实现，如下式所示，其中每一行为一个指令。

$$1:\quad r_2 := r_1 + c_1$$
$$2:\quad r_3 := r_2 + r_2$$
$$3:\quad r_1 := r_2 \times r_3$$
$$4:\quad if(r_1 > c_2)$$
$$5:\quad r_1 := r_1 + c_1$$

LGP 程序从最顶层的指令开始执行，然后继续执行列表，它在执行最后一条指令时停止。条件分支（即指令 4）是指，如果为真，则执行后续指令（即指令 5），否则跳过该指令。

每一条指令都代表一个最小单元的运算，例如加减乘除开方等。新生成的程序可能会存在由于不合理的运算组合带来的 bug（例如除以 0），必须经过筛选以确保语义正确。

由于每一条指令都代表一个最小单元的运算，那么只要最少 3 个、最多 4 个单位的编码就可以表达所有的可能指令。对于图 10-25 所示的第一条指令 1214，第一个数字 "1" 代表的是函数符 1 号，[1,5] 表示 5 种可以使用的不同函数符，而这里用了 1 号；第二个数字 "2" 代表的是运算的输出，范围限制在 1～3；第三、四个数字 "1" 和 "4" 都代表被运算的对象，范围都在 [1,6] 之间。

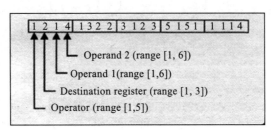

图 10-25　LGP 程序的指令

需要注意的是，如果是减法和除法会有运算顺序的问题，例如 $a-b$ 与 $b-a$ 是不一样的，因此需要人为设定好执行编码的方式，保持统一即可。

把一条指令当作一个基因的话，那么只要线性地堆叠指令，就形成了一个线性基因编程的完整染色体编码了。

变异方式为随机选取指令，再随机选取指令内的元素进行随机更改。

交叉的方式如图 10-26 所示，可以是单点，也可以是多点的交叉。与遗传算法中的进化单点交换不一样，这里的单点交换是交换由那个点切割出来的片段。

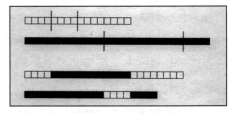

图 10-26　交叉方式

4. 笛卡儿遗传编程

笛卡儿遗传编程（CGP）是一种越来越流行和有效的遗传编程形式。笛卡儿遗传编程是一种被高度引用的技术，朱利安·米勒（Julian Miller）团队从 1999 年开始研究笛卡儿遗传编程，于 2000 年正式提出了笛卡儿遗传编程的一般形式。

在其经典形式中，笛卡儿遗传编程使用了有向图形式的、程序化的、基于整数的遗传表示方法。图是非常有用的程序表示，可以应用于许多领域。

笛卡儿图是一种行数与列数预定义的 $N \times M$ 节点矩阵图。图 10-27 为一个 n 个输入、m 个输出的 $r \times c$ 笛卡儿图，其中总共有 $n-1$ 个输入节点，$(c+1)r$ 个网络节点，以及 m 个输出节点。节点的 ID 编号就是顺着 $n-1+(c+1)r+m$ 逐步进行编号的，如图 10-28 所示。

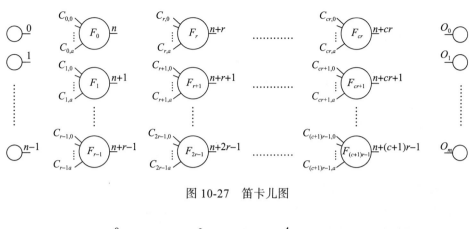

图 10-27　笛卡儿图

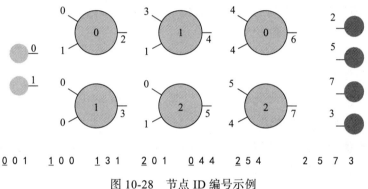

图 10-28　节点 ID 编号示例

每一个节点的编码包含 3 个部分：一个含有下划线数字的函数代号，它代表函数选择；两个表明输入数据来源的连接编码。如图 10-28 序列中的前三个数 001，第一个 0 代表编号为 0 的函数后面的，0 和 1 代表最左边的两个初始输入节点。

每一个节点都有自己的 ID 编号，这个编号会被用在连接基因的表达上。认真观察图 10-28，每个节点的右边都有一个编号，这个编号从上到下、从左到右为 01234567，最终的输出节点选择了 2573 节点的函数值作为输出。

从这张图可以看出，该方法的基本设定为每个节点最多 2 个输入。但其实我们可以想办法拓展为更多输入的情况，把未连接的部分设定为休眠状态即可，这样才可能实现更复杂的网络程序结构。

变异方式根据编码方式来分，可以有函数的变异以及连接的变异。该方法的经典版本没有交叉，但也有学者认为交叉是有助于提高效果的。

10.3.2　群体算法——以 PSO 为例

粒子群优化（Particle Swarm Optimization, PSO）算法是 Kennedy 和 Eberhart 受人工生命研究结果的启发、通过模拟鸟群觅食过程中的迁徙和群聚行为而提出的一种基于群体智能的全局随机搜索算法。

PSO 中，每个优化问题的潜在解都是搜索空间中的一只鸟，称为"粒子"。所有的粒子都有一个适应度值（fitness value），每个粒子还有一个速度决定它飞翔的方向和距离。然后粒子们就追随当前的最优粒子在解空间中搜索。

PSO 初始化为一群随机粒子（随机解），然后通过迭代找到最优解。在每一次迭代中，粒子通过跟踪两个极值来更新自己：第一个就是粒子本身所找到的最优解，这个解称为"个体极值"；另一个极值是整个种群目前找到的最优解，这个极值是全局极值。另外也可以不用整个种群而只是用其中一部分作为粒子的邻居，那么在所有邻居中的极值就是局部极值。图 10-29 为 PSO 算法的示例图。

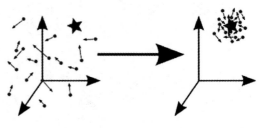

图 10-29　PSO 计算流程

（1）速度与位置的更新公式

$$V_{id} = \omega V_{id} + C_1 \text{random}(0,1)(P_{id} - X_{id}) + C_2 \text{random}(0,1)(P_{gd} - X_{id})$$
$$X_{id} = X_{id} + V_{id}$$

其中，ω 是一个值为负数的惯性因子，这个因子较大时全局寻优能力强，局部寻优能力弱；反之则全局弱局部强。C_1 和 C_2 是加速常数，C_1 为每个粒子的个体学习率，C_2 为每个粒子的群体学习率。有实验表明，$C_1 = C_2 \in [0,4]$ 时效果会比较好。P_{id} 表示个体 i 的第 d 维，P_{gd} 表示当前全局最优个体的第 d 维。

其他的步骤跟普通的启发式算法没区别，就是迭代一定次数或者到达某个标准。

（2）改进方向

从上述流程可以发现，PSO 的领头精英个体的引领性是非常强的，这一方面意味着收敛速度快，另一方面也意味着很容易陷入局部最优。因此后面诞生了以下改进方法：

❑ PSO-W：惯性权重线性递减的粒子群算法。

❑ PSO-X：带收缩因子的粒子群算法。

❑ 基于遗传思想改进的混合粒子群算法。

❑ 基于免疫记忆和浓度机制改进的混合粒子群算法。

❑ 基于混沌思想改进的粒子群算法。

❑ 采用小生境技术。在 PSO 算法中，通过构造小生境拓扑，将种群分成若干个子种群，动态地形成相对独立的搜索空间，实现对多个极值区域的同步搜索，从而可以避免算法在求解多峰函数优化问题时出现早熟收敛现象。

❑ 骨干粒子群算法（BBPSO）。算法思路是设计不同类型的拓扑结构，改变粒子学习模式，从而提高种群的多样性。

10.3.3　文化基因算法

文化基因算法（Memetic Algorithm，MA）是 Pablo Moscato 于 1989 年提出的建立在模拟文化进化基础上的优化算法，它实质上是一种基于种群的全局搜索和基于个体的局部启发式搜索的结合体。文化基因算法提出的是一种框架，是一个概念，在这个框架下，采用不同的搜索策略可以构成不同的文化基因算法，如全局搜索策略可以采用遗传算法、进化策略、进化规划等，局部搜索策略可以采用爬山搜索、模拟退火、贪婪算法、禁忌搜索、导引式局部搜索等。

在一些问题上，文化基因算法已经显示出比 EA 显著优秀的能力，是许多问题的 SOTA 算法。

（1）为什么要把局部搜索与全局搜索相结合

❑ 把进化算法作为一个组件应用在一个更大的系统里

❑ 不必重新"造轮子"

❑ 提高进化算法的搜索能力

（2）如何理解文化基因算法

进化算法与前文所提近邻搜索相结合，例如在选择过程中引入模拟退火的思想，从而使进化算法的搜索过程变得更加灵活。

进化算法与任务领域知识相结合，如在神经架构搜索中，我们利用反向传播对网络进行进化本身就是对任务领域知识的有效利用，我们知道利用反向传播可以更准确估计模型的真实能力，因此自然能够提高搜索结果的表现。

（3）在进化算法的哪些部分可以融合文化基因算法

图 10-30 为文化基因算法的作者提供的一个方法框架图。

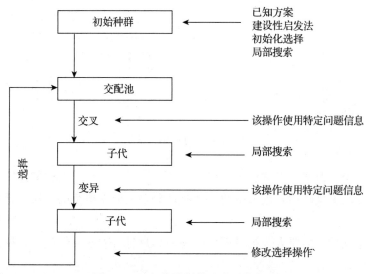

图 10-30　文化基因算法方法框架图

10.3.4 差分进化算法

差分进化算法（Differential Evolution，DE）又称微分进化算法，是一种用于最优化问题的后设启发式算法，由 Storn 等人于 1995 年提出。和其他进化算法一样，差分进化算法也是一种模拟生物进化的随机模型，通过反复迭代，使得那些适应环境的个体被保存了下来。但相比于进化算法，差分进化算法保留了基于种群的全局搜索策略，采用实数编码、基于差分的简单变异操作和一对一的竞争生存策略，降低了遗传操作的复杂性。本质上说，它是一种基于实数编码的具有保优思想的贪婪遗传算法。

差分进化算法与遗传算法类似的地方有变异、交叉操作、淘汰机制，而与遗传算法不同之处在于，变异的部分是随选两个解成员变量的差异，经过伸缩后加入当前解成员的变量上，因此差分进化算法无须使用概率分布产生下一代解成员。

10.3.5 分布估计算法

分布估计算法是一种较新的进化算法。它利用种群中个体的分布估计来代替交叉、变异等搜索算子（见图 10-31）。它的核心思想是避免使用难以把控的遗传算子，转而通过统计建模的思想去搜索更好的个体。

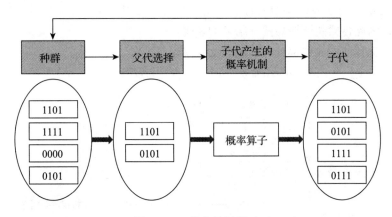

图 10-31 分布估计算法

由于借鉴了统计概率分布的思想，该方法倾向于寻找分布上期望最优的解而不是全局最优解。如果全局最优解的临近解空间是在统计分布上概率很小的一块，那么要找到就会很困难。

要解决这个问题，需要人为提供更多的先验信息进行方案结构设计，提高最优解在统计分布上的概率。

10.4　进化神经网络

通过前面章节的学习，我们了解了神经网络是一种对人类智能的结构模拟方法，它通过对大量人工神经元的广泛并行互联，构造人工神经网络系统去模拟生物神经系统的智能机理。进化计算是一种对人类智能的进化模拟方法，它通过对生物遗传和进化过程的认识，用进化算法去模拟人类智能的进化规律。

进化算法尽管有多个重要分支，但它们却有着共同的进化框架。

假设 P 为种群（Population，或称"群体"），t 为进化代数，P(t) 为第 t 代种群，则进化计算的基本结构可以描述如下：

```
{
    确定编码形式并生成搜索空间；
    初始化各个进化参数，并设置进化代数 t = 0；
    初始化种群 P(0)；
    对初始种群进行评价（即适应度计算）；
    While（不满足终止条件）do
    {
        t = t + 1；
        利用选择操作从 P(t - 1) 代中选出 P(t) 代群体；
        对 P(t) 代种群执行进化操作；
        对执行完进化操作后的种群进行评价（即适应度计算）；
    }
}
```

可以看出，上述基本结构包含了生物进化中所必需的选择操作、进化操作和适应度评价等过程。

10.4.1　简介

动物的大脑及其复杂的神经系统本身就是在漫长的历史中进化而成的，因此模拟这种复杂智能系统的演化形成，产生出进化神经网络模型。这种模型把进化计算的进化自适应机制与神经网络的学习机制有机结合在一起，有效地克服了传统人工神经网络的几乎所有缺点，是一种很有发展前途的新模型。

进化神经网络模型的一个主要特点是它对动态环境的自适应性。这种自适应性过程通过进化的三个等级实现，即连接权值、网络结构和学习规则的进化。它们以不同的时间尺度进化，在自适应中也起着不同的作用。

图 10-32 是神经网络进化的一个通用过程，其中重要的一步是把神经网络编码成种群，在种群经过迭代进化之后再将其翻译成神经网络，组成全新的网络结构，然后对神经网络结构进行训练，不断提升网络的性能。

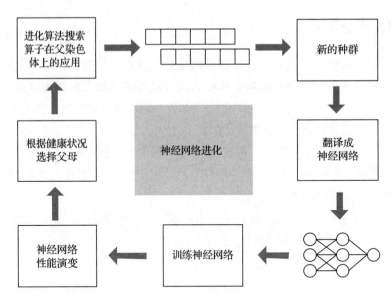

图 10-32 神经网络进化流程

10.4.2 神经网络编码方式

所有的神经网络进化面临的首要问题是如何有效地对神经网络进行遗传编码。一般人工神经网络的编码方式分为两种：直接编码和间接编码。直接编码是指在基因组中指定了将出现在表现型中的每个连接和节点，但是间接编码通常只指定表现型的构造规则，这些规则可以是层规范或是细胞分裂的生长规则。通常情况下，间接编码表示的网络比直接编码更紧凑，这是因为基因组中没有指定每个连接和节点。下面来介绍两个直接编码（二进制编码和图编码）和一个间接编码。

（1）二进制编码

二进制编码是指由 0 和 1 两个数字对网络进行编码，最简单的应用就是基于 GA 使用传统的比特位字符串表示神经网络。例如 SGA（结构化遗传算法），在该算法中，一个比特位字符串表示一个网络的连接矩阵。但是需要注意，在使用二进制编码时需要一些特殊限制，比如：

1）连接矩阵的大小是节点数的平方。

2）所有种群的字符串大小必须相同，因此开始进化实验前必须选择最大节点数（因此也包括连接），如果最大节点数不够，则必须重复实验。

3）使用线性比特位字符串来表示图形结构致使很难确保交叉会产生有用的组合。

（2）图编码

由于字符串并不是网络最自然的表示形式，大多数 ANN 使用更显式地表示图形结构的编码。有研究者使用对偶表示方案来允许不同类型的交叉，在该方案中包括两种类型，一个是图形结构，另一个是指定传入和传出连接的节点定义的线性基因组。其思想是不同的表示形式适用于不同类型的运算符。子图交叉和拓扑突变使用网格，而点交叉和连接参数突变使用线性表示。

（3）间接编码

上文指出，间接编码的思想是给定编码规则，它需要研究人员"对遗传和神经机制有更详细的了解"，在这里我们以细胞编码方法（Cellular Encoding，CE）为例来说明。在 CE 中，基因组是用专门的图形转换语言编写的程序。这些图形转换可以理解为是细胞分裂，分裂可以产生不同种类的连通性。CE 中的基因在网络的进化过程中可以重复使用多次，每次都要求在不同的位置进行细胞分裂。CE 表明细胞分裂可以从单个细胞编码网络的发展，就像自然界的有机体从单个细胞开始，随着分裂成更多的细胞而分化。需要注意的是，由于间接编码不能直接映射到它们的表现型，它们隐含地将搜索限制在它们可以扩展到的拓扑类中。

10.4.3　竞争约定

竞争约定问题（Competing Conventions Problem）也叫作"排列问题"，我们可以从自然界的有性繁殖问题中开始理解这一概念。自然界中的基因组并不是固定长度的。从单细胞进化到更复杂生物体的过程中，新的基因被添加到基因组中，这个过程被称为"基因扩增"。如果新基因可以随意插入基因组的各个位置，而不需要指明哪个基因是哪个基因，那么生命就永远不会成功，因为相互竞争的约定问题会毁掉大量的后代。这就是所谓的基因排列问题，为了解决这一问题就需要有一些方法来保持交叉有序，这样正确的基因就可以与正确的基因交叉。

在神经网络领域，竞争约定意味着有不止一种方法来表示神经网络权重优化问题的解决方案。当代表相同解决方案的基因组没有相同的编码时，交叉可能产生受损的后代。

图 10-33 所示为典型的竞争约定问题，图中描述了一个简单的 3 隐藏单元网络的问题，两个网络计算相同的函数，但是它们的隐藏单元以不同的顺序出现，并且由不同的染色体表示。3 个隐藏的神经元 A、B、C 可以代表 3! = 6 种不同排列的相同的一般解。当其中一种排列与另一种交叉时，关键信息很可能丢失。例如，交叉 [A, B, C] 和 [C, B, A] 可能导致 [C, B, C]，这种表示丢失了双亲所拥有的三分之一的信息。

自然界对于竞争约定问题的解决方案是基于同源性的：如果两个基因是同一性状的等位基因，它们就是同源的。在一个叫作突触的过程中，一种叫作 RecA 的特殊蛋白质穿过并在两个基因组之间排列同源基因，然后发生交叉。神经网络之间的实际同源性很难通过直接分析来确定。一种很经典的算法（NEAT）提出：两个基因的历史起源是同源性的直接证据。因此，NEAT 根据历史标记执行人工突触，允许它添加新的结构，而不会在模拟过程中忘记哪个基因是哪个基因，我们在下文中会详细介绍该算法。

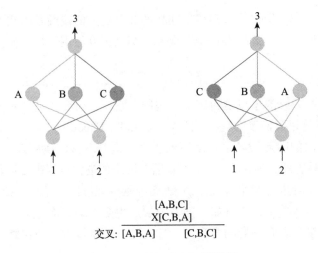

$$[A,B,C]$$
$$X[C,B,A]$$
交叉: [A,B,A]   [C,B,C]

图 10-33   竞争约定问题举例

10.4.4   网络结构的创新性

创新，顾名思义，这里就是指在网络进化的过程中需要新的结构或者添加新的节点。通常，初次添加新结构的过程会导致网络适应度下降，例如添加一个新节点引入了以前没有的非线性，添加一个新连接可以在权重优化之前降低适应度。新结构的引入需要几代人来优化，不幸的是，由于新结构导致的适应度损失，创新结构不太可能在物种中存活足够长的时间来进行优化。因此，有必要以某种方式保护网络的结构创新，使它们有机会利用它们的新结构。

在自然界中，不同的结构往往存在于不同的物种中，它们在不同的生态环境中竞争。因此，创新受到生态环境的隐性保护。同样，如果具有创新结构的网络能够被孤立到它们自己的物种中，那么它们将有机会在与整个种群竞争之前优化它们的结构。

在进化算法中，我们将这种生态环境称为"物种形成"（Speciation）。物种形成是多模态函数优化中最常用的方法，其中一个函数有多个最优解，用包含多个物种的遗传算法来寻找这些最优解。物种形成也被应用于多解模块化系统的协同进化中。物种形成需要一个兼容性函数来判断两个基因组是否应该属于同一物种，那么保护创新的问题就转化成了构造兼容性函数的问题了。

10.4.5   NAS 之进化算法

我们在前面章节中介绍了神经网络进化的相关知识，但是这些网络都是人为设定好的，随着神经架构搜索的不断发展，一个很自然的想法是，如何利用进化算法搜索神经架构，本节将展开介绍这个问题。

基于进化算法的神经架构搜索，按照复杂程度可以分为细粒度的神经进化和粗粒度的神经进化。其中细粒度的神经进化是指其神经网络架构的单元是以神经元为基本单元，由神经元构造神经网络架构，进化过程则是通过改变神经元之间的连接权重或者拓扑结构，从最简单的结构开始搜索，直到得到符合当前问题的最优结构为止。基于粗粒度的神经进化是指当神经网络架构较为复杂时，其网络架构很深，因此可以由 cell/block 来构建搜索空间（与 ResNet 类似），通过改变 cell/block 的堆叠结构来优化神经网络，而且可以在不同任务之间进行迁移。

基于进化算法神经架构搜索的通用流程如下：

1）初始化操作：对现有的各个个体进行编码，把这些个体编码成种群。

2）选择操作：从种群中根据适应度挑选出优秀的个体。

3）繁殖操作：分为两种，有性繁殖操作和无性繁殖操作，无性繁殖操作包括变异操作，有性繁殖操作包括交叉操作或者组合操作。

4）网络训练操作：对由上一步繁殖操作得到的所有个体神经网络进行训练，训练到收敛为止。

5）适应度计算操作：使用指定的验证集对每个已训练的网络计算验证准确率，把验证准确率作为适应度。

具体流程如图 10-34 所示。

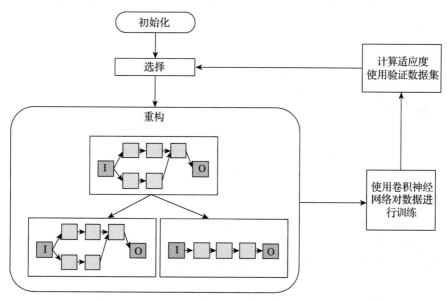

图 10-34　基于进化算法的神经架构搜索通用流程

10.5　细粒度的神经进化（NEAT 算法）

细粒度的神经进化方式主要是基于神经元（Neuron）作为进化单元。在传统的神经网络进化方法中，在实验开始前选择一个拓扑结构，然后通过网络权值向量的交叉和单个网络权值的变异来搜索权值空间。例如在一个如图10-35所示的全连接神经网络中，可以通过不断尝试变异来修改连接中间的权重值（weight）和偏差（bias），从而改变神经网络的预测结果。

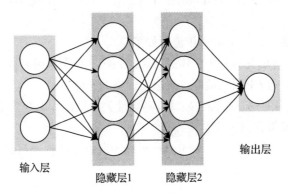

图 10-35　神经网络的基本架构

与传统方法不同的是，NEAT提出了一种新的神经网络进化方法，称为"神经进化的增强拓扑"，旨在利用网络结构作为最小化搜索空间维度的方法，这里的搜索空间是指连接权重的搜索空间。通过这种变异方式，其变化的状态更多，除了权重值的改变，其形态也是能够改变的。

NEAT可以最小化神经网络结构，这么做的原因是当用一个很复杂的神经网络训练来解决简单问题时，会造成层结构的浪费。NEAT算法提出通过网络结构来自己搜索需要使用多少连接，以这种方式可以忽略那些不重要的连接，生成的神经网络结构较小，可以加快运行速度。

NEAT是一种典型的遗传算法，简单来说，可以概括为以下几个步骤：

1）使用创新号（Innovation ID）对神经网络直接编码（direct coding）；

2）根据创新号进行交叉（crossover）；

3）对神经元（node）、神经链接（link）进行变异（mutation）；

4）保留拓扑结构的多样性；

5）从最小的神经网络结构开始发展，减小神经网络的大小。

10.5.1　基因编码

NEAT的基因编码方案旨在允许在交配期间两个基因组交叉时排列相应的基因。基因组是网络连接的线性表示。每个基因组包括一个连接基因列表，每个连接基因指的是两个连接的节点基因。节点基因提供可连接的输入、隐藏节点和输出的列表。每个连接基因指定内节点、外节点、连接的权重、是否表达连接基因（一个enable）和一个允许查找相应基因的创新号（见图 10-36）。

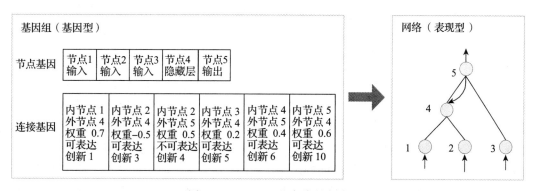

图 10-36　NEAT 基本编码方式

　　基因组的扩大和更新是通过突变的方式进行的，NEAT 中的变异可以同时改变连接权值和网络结构。每一种突变都通过添加基因来扩大基因组的大小。结构突变有两种方式：在添加连接突变中，添加一个新的连接基因，连接两个以前未连接的节点；在添加节点突变中，现有连接被分割，新节点被放置在旧连接原来所在的位置。旧连接被禁用，两个新的连接被添加到基因组中。如图 10-37 所示是两种突变方式，灰色方格表示当前基因不可表达。

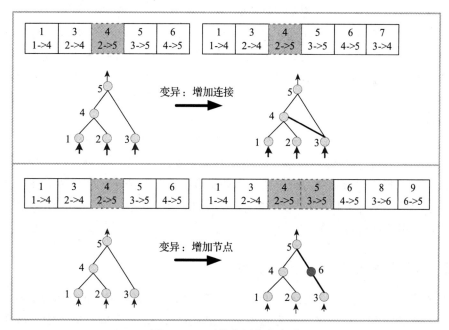

图 10-37　两种基因突变方式

　　选择这种添加节点的方法是为了最小化突变的初始效果。连接中的新的非线性稍微改变了函数，但是新的节点可以立即集成到网络中，而不是添加额外的结构，这些结构将在以后演化成网络。这样，由于物种的形成，网络将有时间优化和利用它的新结构。

10.5.2　基因的可追溯性

在 10.4.3 节竞争约定问题中我们提出了同源性这一概念，即如果两个基因是同一性状的等位基因，则它们就是同源的。在神经网络进化中，这种基因的同源性很难被追溯，因此 NEAT 引入了历史标记信息，这些信息可以准确地表示在拓扑结构多样化的种群中，哪些基因与哪些基因相匹配。换一个说法，历史标记信息就是每个基因的历史起源。两个具有相同历史起源的基因必须代表相同的结构（尽管可能具有不同的权重），因为它们都来自过去某个时间点的同一个祖先基因。因此，一个系统所需要做的就是知道哪些基因与哪些基因一致，从而跟踪系统中每个基因的历史起源。

追踪历史起源只需要少量计算。每当一个新基因出现（通过结构突变），全局创新数量就会增加，并分配给该基因。因此，创新数字代表了系统中每个基因出现的年表。例如，让我们假设图 10-37 中的两个突变在系统中相继发生。在第一个突变中创建的新连接基因被分配为数字 7，在新节点突变中添加的两个新连接基因被分配为数字 8 和 9。在未来，无论这些基因组何时交配，后代都将继承每个基因上相同的创新数字，即创新数字从未改变。因此，系统中每个基因的历史起源在整个进化过程中都是已知的。

历史标记赋予 NEAT 一个强大的新功能，有效地解决了竞争约定的问题。现在系统已经知道哪些基因与哪些基因相匹配，这些基因被称为"匹配基因"。不匹配的基因要么是不连续的，要么是过剩的，它们表示其他基因组中不存在的结构。在组合后代的过程中，基因是在匹配的基因中随机从亲本中选择的，而所有过剩或不相交的基因总是包含在更合适的亲本中。这样，历史标记允许 NEAT 使用线性基因组执行交叉，而不需要昂贵的拓扑分析。

图 10-38 所示为基因的交叉操作，通过创新数匹配不同网络拓扑的基因组。尽管亲本 1 和亲本 2 看起来不同，但它们的创新数（显示在每个基因的顶部）告诉我们哪些基因与哪些基因匹配。对于相匹配的基因是随机遗传，如果有不匹配的基因，那么继承具有更好适应度的亲本。这样即使没有任何拓扑分析，也可以创建一个新的结构，将双亲的重叠部分以及它们不同的部分组合起来。

10.5.3　通过物种形成保护创新结构

我们在前文中提到了拓扑结构的创新性是需要特殊机制来保护的，在 NEAT 算法中，使用了物种形成机制，将种群划分为物种，使相似的拓扑结构在同一物种中，这样生物体主要在它们自己的生态环境内竞争，而不是与整个种群竞争。通过这种方式拓扑创新就被保护在一个新的生态环境中，它们有时间通过生态环境中的竞争来优化结构。

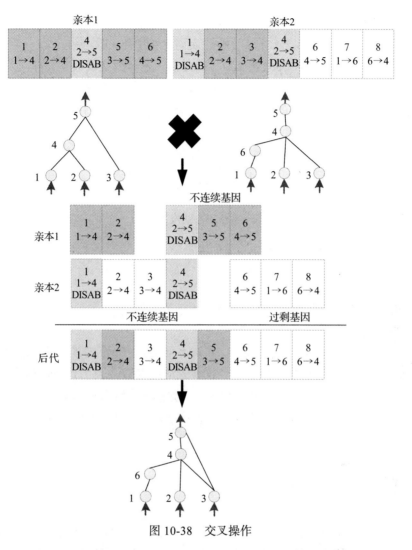

图 10-38　交叉操作

　　一对基因组之间过剩和不相交基因的数量是衡量它们之间兼容性距离的自然指标。两个基因组越不相交，它们共享的进化历史就越少，因此它们的兼容性也就越差。因此，使用一个简单的线性组合来衡量不同结构的兼容性距离 δ，即过剩（E）和不相交（D）基因的数量，以及匹配基因（$\bar{W}$）的平均权重差异（包括残疾基因），表达式为

$$\delta = \frac{c_1 E}{N} + \frac{c_2 D}{N} + c_3 \cdot \bar{W}$$

其中，系数 c_1、c_2 和 c_3 允许我们调整 3 个因子的重要性，N 表示较大基因组中的基因数量，该参数对基因组大小进行了标准化。

　　兼容性距离 δ 的计算可以使用一个兼容性阈值 δ_t 进行物种生成。首先创建一个有序的物种清单。在进化过程中，每一代的基因组依次被放入物种清单，并且把当前进化过程给

定的基因组 g 置于第一物种中，其中 g 与该物种的代表性基因组相容。这样，物种不会重叠。如果与任何现有物种不相容，则以 g 为代表创建新物种。

物种形成可以作为 NEAT 的繁殖机制，因此使用显式适应度共享，即同一物种的个体必须共享其生态环境的适应度。在这种约束下，一个物种不能变得太大，也不会独占整个种群，这会对其他物种的进化起到保护作用。在显示适应度机制中，个体 i 的适应度 f_i' 是根据其与种群中其他个体 j 的距离 δ 计算得到的：

$$f_i' = \frac{f_i}{\sum_{j=1}^{n} sh(\delta(i, j))}$$

当距离 $\delta(i, j)$ 大于阈值 δ_t 时，共享函数 sh 被设置为 0，否则 $sh(\delta(i, j))$ 设置为 1。因此，$\sum_{j=1}^{n} sh(\delta(i, j))$ 减少到与 i 相同物种的生物体的数量。

10.6 粗粒度的神经进化（CoDeepNEAT 算法）

随着 DNN（Deep Neural Network，深度神经网络）的不断发展，网络的深度和复杂程度都在增加，使其具有复杂的拓扑结构和数百万的超参数。人工处理这样的深层网络时，一般很难顾全所有的参数，只能根据经验或者实验优化小部分的参数，那些没有被优化的参数有可能会影响整个网络结构，因此，如何高效地优化 DNN 找到合适的架构是至关重要的。

10.6.1 DeepNEAT 算法

为了适用于 DNN 的架构设计，出现了 CoDeepNEAT 算法，该算法完全继承于 NEAT 算法。NEAT 算法主要是优化拓扑结构和权重，而 CoDeepNEAT 则将组件（Component）、拓扑结构（Topology）和超参数（Hyperparameter）结合起来，实现共同进化（Coevolutionary optimization）。

在介绍 CoDeepNEAT 算法之前，我们首先了解一下 DeepNEAT 算法。DeepNEAT 算法是 NEAT 到 DNN 最直接的进化方式，它和 NEAT 具有相同的进化流程：首先，创建一个具有最小复杂度的群体，该群体使用图来表示；然后，通过突变的方式给网络结构不断添加节点或者连接，实现进化的过程；在交叉操作时，使用历史标记信息，这些信息可以准确地表示在拓扑结构多样化的种群中，哪些基因与哪些基因相匹配；最后，基于相似性度量将群体划分为物种，然后物种再不断地进化从而形成新的物种，来保证结构的创新性。

DeepNEAT 算法与 NEAT 的主要区别在于，NEAT 的节点是由神经元（neuron）构成的，而 DeepNEAT 中的节点则是一个 DNN 的每一层（layer），每一个节点包含两类编码：实数编码（表示通道数量、卷积核大小等数值参数）和二进制编码（表示节点类型，例如卷积、完全连接等，以及类别型参数）。另一个区别在于，连接（link）在 NEAT 中表示的是权重（weight），而在 DeepNEAT 中则代表连接关系与连接方向。

10.6.2　CoDeepNEAT 算法

虽然 DeepNEAT 可以用于构建 DNN 网络结构，但是其构建的网络结构十分复杂且不规整，不像 ResNet、GoogLeNet 等主流模型一样拥有重复结构带来的美感，因此提出了 CoDeepNEAT，Coevolution DeepNEAT）。在 CoDeepNEAT 中提出了两个新的概念：蓝图（Blueprint）和模块（Module）。蓝图表示的是一个图，其中每个节点包含指向特定模块的指针；而模块表示的是一个小的 DNN 图。

CoDeepNEAT 在进化过程中采用和 DeepNEAT 相同的方法，但是它同时进化两组蓝图和模块，并将蓝图和模块组合在一起，从而进化出一个大型的网络结构，这里称为"集合网络"（Assembled Network）。在计算适应度时，根据蓝图的每个节点的指向，从相应的模块中随机选择一个个体进行填充，如果多个蓝图节点指向相同的模块，则在所有这些蓝图中使用相同的模块。而这个集合网络的适应度要追溯到其包含的蓝图和模块，并且计算包含该蓝图或模块的所有集合网络的平均适应度作为整个集合网络的适应度。CoDeepNEAT 算法的进化过程如图 10-39 所示，由两组蓝图和模块同时进化，得到最右边的集合网络。

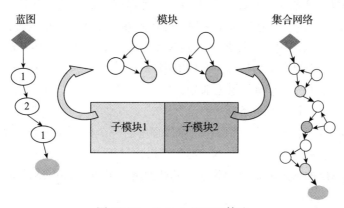

图 10-39　CoDeepNEAT 算法

CoDeepNEAT 算法的流程如下：

1）生成 N 个初始的蓝图，M 个初始的模块（根据 NEAT 方法，此时的蓝图和模块都应该是无隐藏层的空白元网络）；

2）从 N, M 抽样生成 T 个网络；

3）计算 T 个网络的适应度值，并追溯到之前的蓝图和模块；

4）蓝图和模块根据适应度值，完成与 NEAT 相同的进化操作——生成种群、变异、交叉等；

5）同时，还可以对 T 个网络的训练参数（例如优化器参数）利用遗传算法进行更新；

6）回到步骤 2，循环至适应度值收敛或达到某个阈值。

10.7　block-level 的进化

10.7.1　Genetic CNN 算法

深度学习在计算机视觉领域的应用越来越广泛，其中应用最多的计算机视觉算法就是卷积神经网络了，尤其是在大规模的图像分类问题中最为经典。研究人员为了解决精度等问题，在不断地增加网络的深度，设计新的网络结构，虽然精度得到了很大的提升，但是人类的思想总是会被局限在某个范围内，并且受到多方面因素的限制，所能设计出来的网络结构只是很少的一部分。那么如果有一种方法，能够自动构建卷积神经网络的结构，会不会达到和人工设计的网络相媲美的结果呢？

这就要引出本节的重要内容——Genetic CNN 算法了，它是一种可以自动学习卷积神经网络的方法，该方法使用遗传算法作为主导，将遗传算法应用到 CNN 的架构搜索中，从而学习和构建最优的 CNN 架构。

首先，为了不让该方法构建的架构无限地发展，在使用该方法时要先给一个约束，设定网络的有限层数，这些层（Stage）是由池化层为界进行划分的，并且每一层都包含一系列预定义的构建块（Block）。这些预定义的构建块由卷积或池化操作组成，然后使用一种新的编码方式将网络结构用固定长度的二进制编码表示，最后利用遗传算法在一个大的搜索空间内进行优化，从而提高遍历搜索空间的效率。

Genetic CNN 算法的一个重要组成部分就是它的编码方式了，使用该算法构建的网络结构的二进制编码有以下几种约束条件：

1）网络架构可以划分为不同的层，也可以理解为一个模块。每个模块由相同的卷积操作组成，在这里将卷积称为"节点"（Node）。在操作过程中输出特征图的维度保持不变（特征图的维度以及输出的通道数量，导致了该模型无法产生像 GoogLeNet 的 Inception 结构的网络）。

2）每个模块的前后都有一个默认的节点衔接，这是为了让模块里的每个节点之间的连接都具有意义。

3）每两个相邻的层之间以池化操作进行连接。

4）允许层中的节点孤立不与任何其他节点连接。

5）如果层中的节点之间没有任何连接，即这个层是空的，那么将默认的节点由 2 个变成 1 个。

6）整个架构里只有卷积和池化操作，无法实现 Maxout、Inception 之类的插入。

图 10-40 所示为 Genetic CNN 的编码方式。

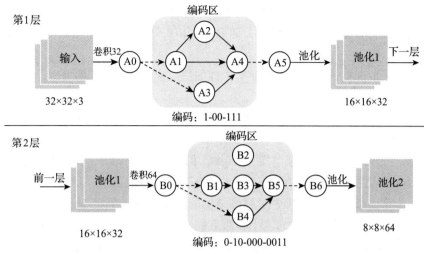

图 10-40　Genetic CNN 的编码方式

该图中包含两层，在每层中都定义了两个默认的节点，如第 1 层中的 A0（默认输入节点）和 A5（默认输出节点），或者第 2 层中的 B0（默认输入节点）和 B6（默认输出节点）。其中默认输入节点的数据为来自前一层的数据，然后执行卷积操作；默认输出节点接收前面经过卷积操作后的数据进行求和，再执行卷积操作，然后将结果输出到池化层。

除了默认节点之外的节点称为普通节点，即需要进行编码操作的节点（图中灰色区域的节点），它们具有有序的编号，且具有唯一性，每一个节点代表一个卷积操作。同一层的所有卷积操作具有相同的卷积核和通道数量。第 2 层中的 B2 节点为孤立节点，其存在的意义是，保证具有更多节点的层可以模拟由具有更少节点的层表示的所有结构。

那么对于普通节点，如何进行编码呢？

首先进行符号定义，S 为层数，K 为层中的节点数。因此对于图 10-40，$S = 2$，$K_1 = 4$，$K_2 = 5$。

对节点之间的连接逻辑进行编码，有连接为 0，无连接为 1，因此 $K=4$ 时，需要 6 字节做逻辑判断；$K=5$ 时，需要 10 字节，进行简单的排列组合，这也与上图中的编码长度一致。

以第 1 层为例，编码的顺序为：1 和 2；1 和 3、2 和 3；1 和 4、2 和 4、3 和 4。

而第 2 层的编码顺序为：1 和 2；1 和 3、2 和 3；1 和 4、2 和 4、3 和 4；1 和 5、2 和 5、3 和 5、4 和 5。

按照以上编码顺序就会得到图 10-40 中的编码格式：

1）第 1 层：1-00-111。

2）第 2 层：0-10-000-0011。

Genetic CNN 除了具有特殊的编码方式之外，利用遗传算法进行 CNN 架构的搜索也是很重要的，Genetic CNN 所采用的进化算法步骤如下：

1）初始化：使用固定 L 字节的编码长度，随机生成 N 个网络架构（即个体），每个字节都采用伯努利分布进行独立采样，即 Bernolli(0.5) 进行 (0,1) 初始化，并定义进化代数 T。

2）选择：采取随机选择的方式，每个个体的适应度为其被选择的概率，适应度值越高，被选中的概率越大。

3）变异：每个个体根据一定的概率改变自身结构，变异操作能够减少架构陷入局部最优解。

4）交叉：让相邻的个体互换"层（Stage）"的结构。

5）评估：以适应度函数值为标准，减少由于随机性造成的不稳定性。

虽然遗传算法很大程度地减少了网络结构的搜索范围，但也有一定的局限性。比如，该算法中固定了每个层的卷积核的大小和通道数量，这样就限制了网络在初始阶段的信息。另外，遗传算法仅仅被用来进行模型选择，未来可以探索将遗传算法也用在模型训练和参数调优上。

10.7.2　CGP-CNN 方法

之前已经介绍了一种自动构建卷积神经网络的算法——Genetic CNN 算法，本节的重点是另一种自动学习 CNN 结构的算法——CGP-CNN。基于 CGP（笛卡儿基因编程）的自动构建用于图像分类任务的 CNN 架构。该算法的思想与 Genetic CNN 类似，也是通过遗传算法进行架构的迭代筛选与升级，二者的主要差别在于编码方式。

传统的进化算法在神经网络架构上应用时，网络的表示通常有两种编码形式：直接编码和间接编码。直接编码主要是将神经元的数量和连接情况作为基因类型（Genotype），而间接编码主要是表达网络架构的生成规则。随着神经网络结构越来越复杂，其包含的神经元及其类型也越来越多，如果使用传统的方法对各个神经元和连接情况进行优化，将会变得十分困难，因此，如果将一个模块作为最小单元进行优化，其效果可以得到显著提升。这里的模块可以理解为块（block）或单元（cell）的形式，也就是说由多个简单的神经元构成的有向无环图的形式。

在介绍 CGP-CNN 算法前，我们先简单回顾一下 CGP 的相关内容。

1.CGP 的基本单元与结构

1）基本单元 Node

CGP 是基于有向无环图构建的，其基本组成单元为数据节点（Datanode）和图节点（Graphnode）。从基因的角度来说，图节点就是一个基因型（Genotype），由初始信息编码而来。其解码结果称为表型性（Phenotype）。

原始数据输入（Original Data Input）也被当作一个个节点（node）进行编码并参与到计算图里，但是并不属于计算图里的一部分，因此叫作 Datanode 而不是 Graphnode。

2）图结构

CGP 的结构为 2 维的网格图（Gridgraph），这也是其被称为笛卡儿的由来。图中有 N 行 M 列，因此最大可能的节点数为 N×M。

图结构中采用的是前馈（feed-forward）模式，因此第 L 列的节点只允许连接前面 L–1 列的节点，而且同一列的节点互不连接。

2. CGP-CNN

该模型主要特点为以下几点：

- ❑ 采用了 GCP 这种直接编码的方式；
- ❑ 采用了模块形式（此处称为"强功能模块"）作为 GCP 的节点（Node functions），包括 6 种类型的节点：ConvBlock、ResBlock、最大池化层、平均池化层、合并和求和。这些节点操作由行、列和通道的大小定义成三维（3D）张量。

ConvBlock：由标准卷积处理组成，步长为 1，然后是批量归一化和整流线性单位（ReLU），其中卷积块不负责降维，因此采用零值填充（zero padding）来保持前后特征图维度不变。其具有不同大小的卷积核大小以及输出通道数选择。

ResBlock：由卷积处理、批量归一化、ReLU 和张量求和组成。ResBlock 架构如图 10-41 所示，输入的行和列大小与卷积后的 ConvBlock 保持相同。在 ResBlock 中，M×N×C 输入特征映射被变换为 M×N×C 输出的映射，其具有不同大小的卷积核大小以及输出通道数选择。

Pooling：池化层执行最大和平均的操作，使用 2×2 的卷积核，且步长为 2。

Concatenation：是将不同特征图进行合并，当大小不一样的时候，对更大的进行最大池化完成下采样，从而实现大小一致。

Summation：主要用于对残差连接（skip-connection）的特征图元素两两求和，当大小不一样的时候，对更大的进行最大池化，完成下采样，从而实现大小一致。

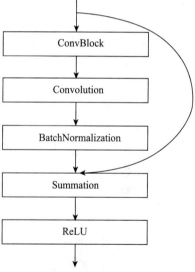

图 10-41　ResBlock 架构

图 10-42 所示为 CGP-CNN 编码方式的一个例子，其中底部是 Genotype，顶部是 CNN 架构图。注意，其中的节点 5 是一个未激活的节点（inactive node）。我们来看底部对节点的编码是怎么实现的。

假设网格有 Nr 行 Nc 列，那么中间节点的数量是 Nr×Nc，Genotype 由具有固定长度的整数组成，并且每个基因都具有关于节点的类型和连接的信息。第 c 列的节点应该从 c-L

到第 c-1 列的节点连接，其中 L 称为 levels-back 参数。如图 10-42 中底部所示，提供了基于两行三列的基因型，相应的网络和 CNN 架构的如顶部所示。

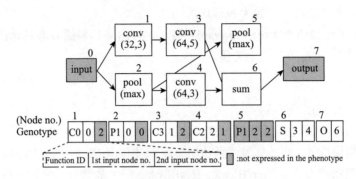

图 10-42　CGP-CNN 的编码方式

节点 1 代表的是卷积 ConvBlock，其 Genotype 是（C0, 0, 2），"0" 代表上一层输入的是节点："0"，"2" 代表该节点在 Phenotype 中未表达出来。

节点 2 代表的是最大池化层（Max pooling），其 Genotype 是（P1, 0, 0），第一个 "0" 代表的是由上一层输入的节点 "0"，第二个 "0" 代表该节点在 Phenotype 中未表达出来。

节点 3、4、5 的编码方式与上面类似。

节点 6，代表的是 Summation 层，其 Genotype 是（S, 3, 4），表示的是其两个输入分别为节点 3 和 4。

节点 7 代表的是 Output 层，其输入为 6 节点的输出。

由上述编码方式构建了图 10-42 中顶部的 CNN 结构图。

10.8　基于 node-level 的网络架构进化

10.8.1　思想简介

过去基于进化算法的神经架构搜索的研究大多重度依赖于已有的先验知识，以残差块（residual block）、稠密块（dense block）等已经被验证有效的模块为基础进行组合拼接；同时，过去提出的算法要求每一个个体都需要从头开始训练，所以在进化算法的评估环节对计算资源要求过高。

为了解决上两个问题，2018 年诞生了《Better Topologies》和《Large Scale Evolution》这两篇论文。这两篇论文的核心思想都是尽可能少地使用先验的启发式经验去从零开始进化出一个网络结构。从零开始进化意味着不使用任何已有的成熟块（block），但是这也不代表没有采用先验知识，像采用卷积层、池化层、残差连接操作等基本元素其实也是在引入先验知识。

基于这样的设计思路，没有了现有的 block 作为限制之后，搜索空间就会大幅增加，如果还按照传统的做法去一个个个体进行评估，那么对应的搜索效率就会大幅降低。为了解决效率的问题，论文也提出了相应的解决办法。

下面两小节将以提到的两篇论文为材料，对以上提到的两个问题进行一定展开。

《Better Topologies》以一个最简单的架构作为初始个体，通过预先设定的 5 种变异方式（添加边、节点、滤波器等操作）对原始个体进行变异优化。作者还通过可视化的方法对进化的过程进行了跟踪分析，总结了一些规律，这些细节是值得学习的。

10.8.2 基本算法设计

这两篇论文在网络编码结构的设计思想上非常相似，在某些具体细节上有些不同。

种群中的初始化从一个只包含 3 个节点的最简单的架构开始，这 3 个节点分别为代表输入的源节点（source node）、代表输出的汇节点（sink node），以及代表卷积层的内节点（internal node）。内节点是进化的基本单位，进化的过程本质就是内节点的增删改连等操作。在《Better Topologies》中，每一个内节点都执行卷积（默认全采用 ReLU 作为激活函数）和池化操作（maxpool 或者 none），而在《Large Scale Evolution》中则可以是卷积、池化、批量标准化中的某一个或某几个的组合。

图 10-43 是 Better Topology 的进化过程的一个示例。图中，（1）就代表初始的结构，input 节点是 3 通道的特征图，中间的内部节点是随机化产生的一个单通道，无池化的卷积层，输出节点为预设好的长度为 10 的 Softmax 层。随着进化算法的执行，（1）中的初始结构会逐渐往（7）、（13）变化。

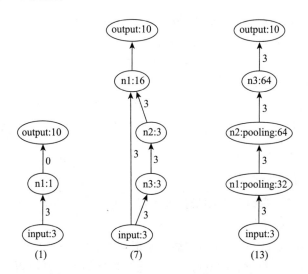

图 10-43   Better Topology 进化过程示例

由于该过程不包含任何块性质，是以内部节点为单位进行进化，就类似于深度神经网络中的神经元，只不过在这里把一个卷积操作当作一个神经元，因此把这种思路命名为"卷积神经网络的基于节点的进化"。

在进化的过程中只采用了变异算子而没有像 NEAT 系列那样使用交叉算子。Better Topology 有 5 种变异算子，而 Large Scale 有 11 种变异算子。这里不具体展开，读者有兴趣可以自行下载原文品读。

10.8.3　信息复用与加速

从这两篇论文中可以总结出以下 3 个通过信息复用实现加速的方法思想。

1. 无性繁殖思想

在 10.8.2 节中可以注意到，两篇论文中的算法中都只使用了变异算子而没有采用交叉算子，对这个做法可以给出一些直觉性的解释。

- ❑ 最初的单细胞生物都是无性繁殖的，之后在进化趋于稳定之后才诞生的有性繁殖方式。
- ❑ 合并两种很不相同的网络结构是非常困难的，不管采用哪种方式进行编码，都会大幅缩小搜索空间。这也跟进化过程相符，有性繁殖的一个重要基础是染色体结构基本稳定，如果染色体差异过大，有性繁殖也不可能发生。

结合这篇论文从最简结构开始进化的背景，采用无性繁殖的方式显然更加合适，在速度与效率上相比有交叉的方式都有较大提升。

2. 网络权重继承

两篇论文都采用了网络权重继承的方法来加快训练速度。在《 Better Topologies 》原文中，作者认为网络权重继承是一种可继承知识的思想，即父辈的信息可以也应当传承给下一代，具体而言，子代直接继承父代的卷积核权重，由于变异导致的不与父辈共享的部分则采用合适的手段进行随机初始化。

这也是一个很直觉的想法，神经网络训练中良好的权重初始化是非常重要且有用的，权重的继承相当于提供了良好的初始化，子代含着金钥匙出生，自然训练速度与效果都会更好。

3. 基于贝叶斯方法的超参优化

抛开网络结构不谈，深度学习中最让人困扰的另一个问题是超参的选择，例如批量大小、学习率、优化等的选择。

在《 Better Topologies 》中，作者的做法是把这些当作一种可学习的知识，不把模型训练的超参当作一个需要通过进化的部分，而是通过贝叶斯方法从种群中学习不断寻找最优参数并传递给下一代。

这个做法也是很直觉的，如果超参也需要通过进化来寻找，那和计算成本就会大幅增长。如果能做出一个强假设，即假设超参数是一种全局通用的信息，那么把超参学习的过程当作一个独立的学习过程即可，而不需要嵌入到网络结构的进化过程中，这样可以节省很多计算量。

采用从零开始进化的方式，保证了最广阔的搜索空间，同时可以作为一种网络结构挖掘的手段，在这个过程中可以挖掘出一些宝贵的信息作为结构设计的参考。

通过信息的复用可以提高个体被评估效率，从而弥补搜索空间加大带来的效率降低。在《Large Scale Evolution》这篇论文中作者做了对比试验，发现采用权重继承的方式可以取得优于不采用权重继承方式的结果，可谓是效率与精度上双赢。

那么这时候我们可以提出一个问题，先验信息是不是越少越好呢？毕竟先验信息越少，搜索空间越大，是不是更可能包含最优的网络结构？带着这一个疑问进入下一节吧。

10.9　基于 NAS 搜索空间的网络架构进化

10.9.1　思想简介

之前提到的 Large Scale 方法是谷歌大脑在 2017 年提出的，该方法采用了非常简单的神经网络以及简单的初始设定，让算法自己进化出网络结构，那么带有更多先验信息的方法会不会效果更好呢？由此谷歌提出了 AmoebaNet，它采用了基于 NAS 搜索空间的初始设定，毫无疑问这引入了一个很强的先验知识。

该研究的对比性较强，一方面可以跟基于强化学习的 NAS 方法做对比，一方面可以跟上面讲的 node-level 的方法做对比。同时，该研究是基于 ImageNet 的数据集进行训练的，因此结果的可信度与说服力也比较高。

10.9.2　基本算法设计

AmoebaNet 方法修改了基于锦标赛选择的进化算法，通过引入年龄属性来支持较年轻的基因型，思路与 NEAT 类似，先对新生代的个体进行适当的保护，从而保护结构进化的创新性。同时，模型越简洁，参数越少，其效果越好。对比传统的进化算法，做了如下两点的改进：

❑ 传统的进化算法通常是保留最强者，而 AmoebaNet 则是对每个基因型（神经架构）加入了年龄标签，并利用该标签使得算法更偏向于选择更年轻的个体。

❑ 采用了与 NASNet 相同的搜索空间与变异规则，每个节点代表一个隐藏层，边代表操作，通过改变节点的连接和边的类型进行变异。

NASNet 的搜索空间（即所设定的拓扑结构与相关参数空间），如图 10-44 所示。

由图 10-44 左图可以发现，它的网络骨架是一种基于 block（原文中叫作 cell）的线性连续堆叠结构；如中图所示，在 Normal Cell 之间还存在着残差网络的残差连接特性；而右图是 Normal Cell 基于 NAS 搜索空间的一个可能性结构。

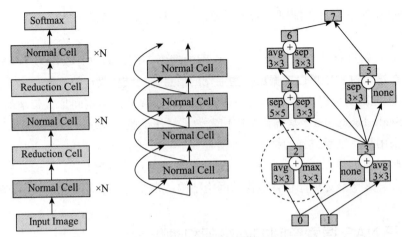

图 10-44　NASNet 的搜索空间

在 AmoebaNet 中网络骨架是预先确定的，如果想要大的网络就人为增加网络深度即可。因此，需要进化的只有两种不同的 Cell——Normal Cell 和 Reduction Cell。Normal Cell 不改变输入特征图的大小的卷积，而 Reduction Cell 负责将输入特征图的长宽各减少为原来的一半的卷积。

采用进化算法对这两种 Cell 进行进化，直至满足某种停止条件即可，中间的具体细节在此不展开。

10.9.3　信息复用与加速

为了更大程度地缩小搜索空间，节省计算资源，AmoebaNet 采用了 Cell 的结构共享的方法，也就是说，在网络骨架中的所有 Normal Cell 内部结构都是一样的，所有的 Reduction Cell 的内部结构也都是一样的。

这个设计也非常直觉。从 AlexNet 到 GoogLeNet、DenseNet 等网络设计中的都存在大量的结构复用行为。

AmoebaNet 引入了大量的先验信息，最后在 ImageNet 上代表进化算法系列的方法第一次取得了超越 SOTA 的效果。同时，由于其结构复用的方法，在速度上 AmoebaNet 也相较于其他方法有显著的优势。

由此可见，先验信息的引入也可能带来速度与性能的优势，特别是在算力资源有限的情况下。

10.10　基于层次拓扑表示的网络进化方法

10.10.1　思想简介

在前面介绍的方法中，已经出现过的网络拓扑结构有以下几种：

- ❏ 固定的非层次网络拓扑：Genetic CNN、CGP-CNN 是这种拓扑结构的典型代表。
- ❏ 半动态的非层次网络拓扑：如 PNAS（Progressive Neural Architecture Search，渐近式神经架构搜索）的拓扑结构，block 级别看是固定的，在 Cell 级别看却是动态的。
- ❏ 动态的非层次网络拓扑：Better Topology、Large Scale 等，在结构上基本是自由的。

而这一节要介绍的是一种具有层次性的分级拓扑结构。这种结构的首次出现是在论文《Hierarchical representation for Efficient Architecture Search》中，它的提出主要是基于缩小搜索空间、提高搜索效率的考虑。

10.10.2　分级表示

分级表示（Hierarchical Representation）是一种结合模型的结构分层表示和进化策略的高效架构搜索的方法，层次结构的关键思想是，在不同层次结构中具有多个基元，也可以称为 motifs。

在第一层中，基元被定义为基本的张量 OP。基本的 OP 有以下 6 种：

- ❏ 1×1 convolution of C channels（调整特征图的维度）
- ❏ 3×3 depthwise convolution
- ❏ 3×3 separable convolution of C channels（可分离卷积）
- ❏ 3×3 max-pooling（最大池化）
- ❏ 3×3 average-pooling（平均池化）
- ❏ Identity（恒等映射）

与基元相配套的概念是层级图。图 10-45 中的 G_1 就是一个由特征图节点和 OP（箭头表示）组成的层级图，x_1 为输入节点，x_2 为中间节点，x_3 为输出节点，3 个箭头分别代表 3 个 OP。用 TensorFlow 的概念来理解，每一个节点就是一个张量（Tensor），箭头代表张量上的 OP（operator）。

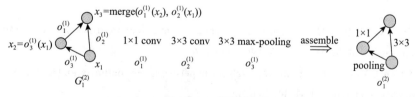

图 10-45　层级图

这个由一级基元组装起来的图会在第二层中作为二级基元被使用，如图 10-46 所示，上面第一层组装出来的网络成为第二层的 OP 基元，基于这些基元组成了第二层的网络张量图。

按照以上流程操作到第 N 层，再基于 $N-1$ 层生成的基元组装一个计算图出来，这个计算图就是最终需要的 Cell。

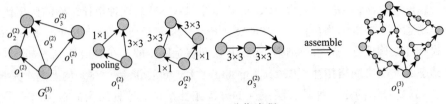

图 10-46　进化流程

接着基于 Cell 去顺序组装一个网络即可，这个部分是人工设定的。

10.10.3　随机的层次分级进化

上一小节简单介绍了一个层次拓扑的结构设计，那么它是怎么利用进化算法去完成结构的进化的呢？

涉及进化算法，那么第一个问题就是怎么去初始化每一层的图网络结构 G。在上面提到的论文中，它采用的初始化方式为：每一层的层级图都由一个恒等映射链开始，在这个恒等映射链上执行大量的变异操作，这样就会得到一个完全随机的初始结构。

在随后的进化过程中，每一步的迭代执行以下几步：

1）挑选层次。由于第一层固定为基本 OP，因此第一层不会被挑选。

2）在所选层级的 G 中随机挑选一个前置节点与一个后置节点。

3）改变挑选出来的两个节点的连接 OP，通过这样的方式，除了可以实现 OP 的改变之外，也可以实现 OP 的删除与添加。

剩下的步骤与常规的进化算法流程相似。

层次拓扑这种新奇的设计思路及其不错的效果说明，在网络结构的设计上是可以有更多可能性的。

10.11　参考文献

[1] NEWELL A, SIMON H A. Computer science as empirical inquiry: Symbols and search[J]. Communications of the ACM, 1975, 19(3):113-126.

[2] BERGSTRA J, BENGIO Y. Random search for hyper-parameter optimization[J]. Journal of Machine Learning Research, 2012, 13(Feb): 281-305.

[3] AARTS E, LENSTRA J K. Local search in combinatorial optimization[M]. Princeton: Princeton University Press, 2003.

[4] FOGEL D B. Evolutionary computation: toward a new philosophy of machine intelligence[M]. Hoboken: John Wiley & Sons, 2006.

[5] CHIB S, GREENBERG E. Understanding the Metropolis-Hastings algorithm[J]. The American Statistician, 1995, 49(4): 327-335.

[6]   GLOVER F. Tabu search - part I[J]. ORSA Journal on computing, 1989, 1(3): 190-206.

[7]   YU X, GEN M. Introduction to evolutionary algorithms[M]. Berlin: Springer Science & Business Media, 2010.

[8]   HOLLAND J H. Genetic algorithms and adaptation[M]//SELFRIDGE O G, RISSLAND E L, ARBIB M A. Adaptive control of ill - defined systems. Boston: Springer, 1984: 317-333.

[9]   GOLDBERG D E. Genetic algorithms[M]. Delhi: Pearson Education India, 2006.

[10]   BEYER H G, SCHWEFEL H P. Evolution strategies - A comprehensive introduction[J]. Natural computing, 2002, 1(1): 3-52.

[11]   KOZA J R. Genetic programming: on the programming of computers by means of natural selection[M]. Cambridge CA: MIT press, 1992.

[12]   FERREIRA C. Gene expression programming in problem solving[M]// ROY R, KÖPPEN M, OVASKA S. Soft computing and industry: Recent Applications. London: Springer, 2002: 635-653.

[13]   MILLER J F, HARDING S L. Cartesian genetic programming[C]//ACM. Proceedings of the 10th annual conference companion on Genetic and evolutionary computation. ACM, 2008: 2701-2726.

[14]   EBERHART R, KENNEDY J. A new optimizer using particle swarm theory[C]//MHS. Proceedings of the Sixth International Symposium on Micro Machine and Human Science. IEEE, 1995: 39-43.

[15]   MOSCATO P, COTTA C, MENDES A. Memetic algorithms[M]// ONWUBOLU G C, BABU B V. New optimization techniques in engineering. Berlin: Springer Berlin Heidelberg, 2004: 53-85.

[16]   PELIKAN M, GOLDBERG D E, CANTU-PAZ E. Linkage problem, distribution estimation, and Bayesian networks[J]. Evolutionary computation, 2000, 8(3): 311-340.

[17]   BRAMEIER M F, BANZHAF W. Linear genetic programming[M]. Berlin: Springer Science & Business Media, 2007.

[18]   STORN R, PRICE K. Differential evolution - a simple and efficient heuristic for global optimization over continuous spaces[J]. Journal of global optimization, 1997, 11(4): 341-359.

[19]   DOERR B, HAPP E, KLEIN C. Crossover can provably be useful in evolutionary computation[J]. Theoretical Computer Science, 2012, 425: 17-33.

[20]   NEARY P R. Competing conventions[J]. Games and Economic Behavior, 2012, 76(1): 301-328.

[21]   STANLEY K O, MIIKKULAINEN R. Evolving neural networks through augmenting topologies[J]. Evolutionary computation, 2002, 10(2): 99-127.

[22]   MIIKKULAINEN R, LIANG J, MEYERSON E, et al. Evolving deep neural networks[M]// KOZMA R, ALIPPI C, CHOE Y. Artificial Intelligence in the Age of Neural Networks and Brain Computing. Cambridge, CA: Academic Press, 2019: 293-312.

[23]   SCHMIDHUBER J. Deep learning in neural networks: An overview[J]. Neural networks, 2015, 61: 85-117.

[24]   DAVID O E, GREENTAL I. Genetic algorithms for evolving deep neural networks[C]//ACM.

Proceedings of the Companion Publication of the 2014 Annual Conference on Genetic and Evolutionary Computation. New York: ACM, 2014: 1451-1452.

[25]   XIE L X, YUILLE A. Genetic CNN[C]//ICCV. Proceedings of the IEEE International Conference on Computer Vision. Piscataway: IEEE, 2017: 1379-1388.

[26]   SUGANUMA M, SHIRAKAWA S, NAGAO T. A genetic programming approach to designing convolutional neural network architectures[C]//GECCO. Proceedings of the Genetic and Evolutionary Computation Conference. New York: ACM, 2017: 497-504.

[27]   REAL E, MOORE S, SELLE A, et al. Large-scale evolution of image classifiers[C]//ICML. Proceedings of the 34th International Conference on Machine Learning. Sydney: JMLR.org, 2017(70): 2902-2911.

[28]   ZHANG H, KIRANYAZ S, GABBOUJ M. Finding Better Topologies for Deep Convolutional Neural Networks by Evolution[J]. arXiv preprint arXiv:1809.03242, 2018.

[29]   REAL E, AGGARWAL A, HUANG Y, et al. Regularized evolution for image classifier architecture search[J]. arXiv preprint arXiv:1802.01548, 2018.

[30]   LIU H, SIMONYAN K, VINYALS O, et al. Hierarchical representations for efficient architecture search[J]. arXiv preprint arXiv:1711.00436, 2017.

第 11 章

AutoDL 高阶

前两章介绍了基于强化学习和进化算法的神经架构搜索方法，但是自动生成的网络模型通常庞大且冗余，模型的部署和泛化非常困难，且搜索过程耗时耗力。基于这种考虑，各种模型搜索加速方案被提出。这一章我们就聚焦于各种前沿的搜索加速算法，主要有权值共享法、超网络的应用、代理评估模型、网络态射法以及可微分架构搜索。下面我们通过比较前沿的实际搜索算法来介绍这几种方法。

11.1 搜索加速之权值共享法

权值共享法是一个可以尽量减少参数个数的方法。

对于一张输入图片，假设它的大小为 $a \times b$，如果使用全连接网络生成一张 $x \times y$ 的特征图，那么这样一个网络就需要 $a \times b \times x \times y$ 个参数。如果原图片是 10^2 数量级的图片且输出特征图和输入图片尺寸差不多大的话，那么参数个数大约是 $10^8 \sim 10^{12}$ 个。这实在是太多了，大大降低了网络的搜索速度，为了降低参数的数量，权值共享法应运而生。我们注意到，图片的特征往往是局部相关的，如果输出层是与图片的一个局部相连接的话，那么整个网络的参数数量会大大减少。输入参数从 $a \times b$ 变成了 $c \times c$，如果 c 在 10 以内的话，那么总参数个数为 $10^5 \sim 10^6$，相比于原来的 $10^8 \sim 10^{12}$ 个减少了很多。

下面我们通过 ENAS 和稀疏优化 NAS 两种具体算法来介绍权值共享的实现思路。

11.1.1 ENAS

ENAS 是一种快速有效且耗费资源低的用于自动化网络模型设计的方法。主要贡献是基于 NAS 方法提升计算效率，使得各个子网络模型共享权重，从而避免低效率的从头

234 第 11 章

训练。

前面已经介绍过，NAS 没有学会建模也不能替代算法科学家设计出 Inception 这样复杂的神经网络结构，但它可以用启发式的算法来进行大量计算，只要人类给出网络结构的搜索空间，它就可以比人更快更准地找到效果好的模型结构。

ENAS 是一种 NAS 实现，因此也需要人类先给出基本的网络结构搜索空间，这也是目前 ENAS 的局限所在。ENAS 需要人类给出生成的网络模型的节点数（我们也可以理解为层数），也就是说人类让 ENAS 设计一个复杂的神经网络结构，但如果人类说只有 10 层，那么 ENAS 不可能产出一个超过 10 层的网络结构，更不可能凭空产生一个 ResNet 或 Inception。当然我们可以设计这个节点数为 10 000 或者 1 000 000，这样生成的网络结构也会复杂很多。那为什么要有这个限制呢？原因就在于 ENAS 中的 E（Efficient）。

ENAS 是对 NAS 的改进。NAS 存在的问题是它的计算瓶颈，因为 NAS 是每次将一个子网络训练到收敛，之后得到相应的回报，再将这个回报反馈给 RNN 控制器。但是在下一轮训练子网络时，还是从头开始训练，而上一轮子网络的训练结果并没有利用起来。ENAS 比其他 NAS 高效，是因为做了权值共享（Parameter Sharing）。

图 11-1 是一幅较为直观的图，对于普通的神经网络，一般每一层都会将前一层的输入作为输出，当然我们也可以定义一些分支不一定是一条线的组合关系，而 ENAS 的每一个节点都会有一个前置节点索引属性，在这幅图里节点 2 指向了节点 1，节点 3 也指向了节点 1，节点 4 指向了节点 2。

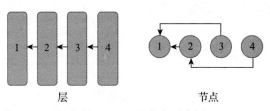

层　　　　　　　　　节点

图 11-1　ENAS 节点示意图

事实上，ENAS 要学习和挑选的就是节点之间的连线关系，通过不同的连线会产生大量的神经网络模型结构，从中选择最优的连线相当于"设计"了新的神经网络模型。这样生成的网络结构样式比较相似，而且节点数必须是固定的，甚至很难在其中创造出 1×1 的池化层这样的新型结构。目前 ENAS 可以改变节点之间的连接，然后生成一个新的模型，这是 ENAS 共享权重的基础，而且可以以极低的代码量帮你调整模型结构生成更好的模型。接下来就是最核心的 ENAS 的 E 的实现原理介绍了。

我们知道，TensorFlow 表示了 Tensor 数据的流向，而流向的蓝图就是用户用 Python 代码定义的计算图（Graph）。如果我们要实现图 11-1 中所有层连成一条直线的模型，就需要在代码中指定多个层，然后以此把输入和输出连接起来，这样就可以训练一个模型的权重了。我们把该图中所有层连成一条直线的模型改成右边交叉连线的模型，显然两者是不同的图，而前一个导出模型权重的检查点是无法导入后一个模型中的。但直观上看这几个节点位置并没有变，如果输入和输出的 Tensor 的规格不变，这些节点的权重个数是一样的，即左边节点 1～节点 4 的权重是可以完全复制到右边对应的节点的。

这也就是 ENAS 实现权重共享的原理，首先定义数量固定的节点，然后通过一组参数去控制每个节点连接的前置节点索引。这组参数就是我们最终要挑选出来的，因为有了它就可以表示一个固定神经网络结构，至于如何挑选，只要用前面提到的优化算法（如贝叶斯优化、DQN）来调优选择就可以了。

评估模型也是先生成多组参数，然后用新的网络结构来训练模型得到 AUC 等指标吗？答案是否定的，如果是这样那就和普通的 NAS 算法没什么区别了。因为训练模型后评估是非常不高效的操作，这里评估模型是指各组模型用相同的一组权重，各自在未被训练的验证集中做一次推论，最终选择 AUC 或者正确率最高的模型结构，其实也就是选择节点的连线方式或者表示连线方式的一组参数。

总结一下，由于 ENAS 生成的所有模型节点数是一样的，而且节点的输入和输出都是一样的，因此所有模型的所有节点的所有权重都是可以加载使用的，我们只需要训练一次模型得到权重后，让各个模型都去验证集做一个预估，只要效果好就说明发现了更好的模型。实际上这个过程会进行很多次，而这组共享的权重也会在一段时间后更新，例如我们找到一个更好的模型结构，就可以用这个接口来训练更新权重，然后看有没有其他模型结构在使用这组权重后能在验证集有更好的表现。

11.1.2   基于稀疏优化的 NAS

神经网络的结构空间可以表达成一个完全连接的有向无环图（Directed Acyclic Graph），而该空间的其他结构可以表示成这个有向无环图的一部分。换句话说，某一种特定的网络结构可以通过选择无环图中的节点和连接来表示。基于微结构搜索的思想，采用完整的图形表示单个块的搜索空间。最后的网络结构可以用带有剩余连接的块的堆叠来表示。

如图 11-2 所示，整个搜索空间可以由一个全连接的有向无环图表示。此处节点 1 和节点 6 分别为输入点和输出点，虚线和虚边圆表示对应的连接以及被移除的节点。

DSO-NAS（Direct Sparse Optimization NAS，直接稀疏优化神经架构搜索）可以搜索深度神经网络中每个构建块的结构，然后共享给深度神经网络中的其他块。它也可

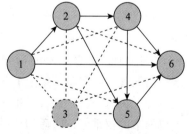

图 11-2   搜索空间示意图

以直接搜索整个网络而不需要共享块，同时不会额外耗费很多时间。一个块由 M 个序列级组成，由 N 种不同的操作组成。在每个块中，每个操作都与前一级中的所有操作以及块的输入相连接。此外，块的输出与块中的所有操作相连接。然后，对于每个连接，我们用一个乘法器 λ 缩放其输出，并对其进行稀疏正则化。优化后，对 λ 为零的连接和所有隔离操作进行修剪，生成最终的结构。图 11-3 为块搜索的过程。

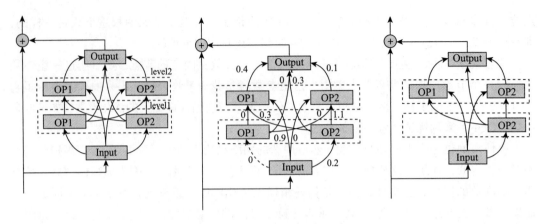

图 11-3　搜索块示意图

以上是一个搜索块的例子，它有两个层次，操作如下：

1）完全连通块；

2）在搜索过程中，我们共同优化了神经网络的权值以及与每条边关联的 λ；

3）删除无用连接和操作后的最终模型。

λ 的稀疏正则化给优化带来了很大的困难，特别是在 DNN 的随机设置中。一个最近提出的稀疏结构选择方法通过修改理论上合理的优化方法加速近端梯度（APG）方法解决了这一难题。

11.2　基于 one-shot 模型的架构搜索

11.2.1　超网络的应用

9.6.2 节介绍过关于超网络的基本知识，这里我们通过一个实际的算法来介绍超网络在搜索加速方面的应用。

SMASH，即 One-Shot Model Architecture Search through HyperNetworks，是一种将网络结构配置与它在验证集上的表现一起排名的搜索方法，网络的参数是通过一个辅助网络生成的。在每一次训练开始时，会随机取样一个网络结构并使用超网络（HyperNetworks）生成网络的权重值，之后训练整个网络。训练结束后，随机取样一定数量的网络结构并评估它们在验证集上的表现，权重仍然使用超网络生成的权重值。最后选择在验证集上表现最好的网络结构，然后正常地训练得到网络权重值。

SMASH 搜索方法有两点十分重要：对模型结构抽样的方法和对结构权重抽样的方法。

对于前者，通过一个前馈网络的记忆库视图，允许对复杂的分支拓扑进行采样，并将所述拓扑编码为二进制向量。传统方法通常将一个网络看作可以前向传播信号的操作集合，而在 SMASH 中，网络被视作一组可以进行读写操作的存储库，网络的每一层结构完成从存储库中读取数据、改变数据，将数据写入另一个库的子集中供下一层网络使用。对于一个单支网络，它只需要一个足够大的存储库用于读取和覆写就足够了，如 ResNet。而对于一个分支网络，下一层卷积层需要读取之前所有存储库中的数据再写入下一层存储库中，如 DenseNet。而 FractalNet 等则拥有更复杂的结构。它们的工作过程如图 11-4 所示。

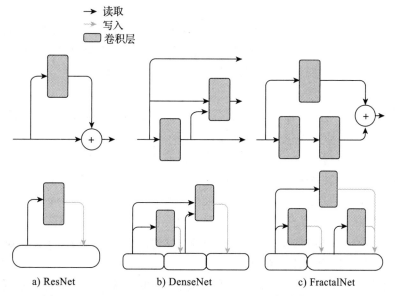

图 11-4　ResNet、DenseNet 和 FractalNet 的存储库工作过程

对于后者，通过使用一个超网络可以学习直接从二进制体系结构编码映射到权重空间。首先将主网络的结构进行编码，编码后的结果记作 c，c 作为超网络的输入通过映射公式 $W = H(c)$ 得到主网络的权重结果 W。图 11-5 为一个主网络结构的映射过程，第一个卷积层从 1, 2, 4 的存储库中读取数据再写入 2, 4 存储库中，在对其结构进行编码的过程中，通道数 $C = 2M + d_{max}$，$2M$ 表示读取和写入的各 M 个通道，d_{max} 为对剩余通道数的 one-hot 编码。

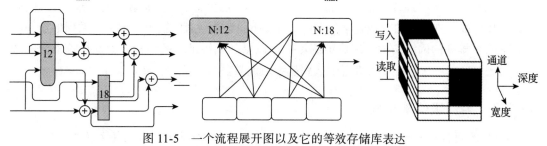

图 11-5　一个流程展开图以及它的等效存储库表达

11.2.2　基于 one-shot 的搜索

one-shot learning 属于迁移学习的领域，主要研究网络的单样本学习能力，即当类别下训练样本只有一个或者很少时，依然可以进行分类。比如在一个更大的数据集上或者利

用知识图谱等方法，学到一个一般化的映射，也就是学习一个映射，然后再到小数据集上进行更新升级映射。显然，将 one-shot 应用到架构搜索中是具有加速效果的，因此提出了 one-shot 架构搜索方法。

one-shot 架构搜索受到了 NAS 和 SMASH 的启发。NAS 主要依靠一个 NAS 控制器随着时间反复迭代来更新网络的结构，而 SMASH 在此基础上试图减小网络的计算量，从而引入了超网络来生成主网络所需的权重值 W。NAS 和 SMASH 都将网络搜索过程视为一个黑盒优化问题，通过准确率对网络进行构建，而 one-shot 架构搜索则是从一个十分复杂的网络结构开始，逐步对网络进行修剪，修剪掉作用较小的部分。

one-shot 架构搜索一共包含 4 步：

1）设计一个搜索空间，它允许我们仅使用一个 one-shot 模型去表示尽可能多的架构；

2）训练这个 one-shot 模型，使其能够预测出结构的验证集正确率；

3）用之前训练的 one-shot 模型对候选结构在验证集上的表现进行评估；

4）从头训练评估效果最好的网络结构，并在测试集中评估它的性能。

设计一个好的结构搜索空间是项具有挑战性的工作，因为它需要我们去平衡一些相互竞争的需求。首先，这个搜索空间必须足够大且尽可能表达足够多样的网络结构；其次，one-shot 模型必须对网络结构在验证集上的正确率具有预测性；最后，one-shot 模型需要尽可能小，以使用尽可能少的计算资源。

在评估过程中，会禁用 one-shot 模型中模块之间的连接，以评估特定的网络结构，即可以决定任意两个模块单元是否连接。通过这种方法，网络结构的搜索空间得到了指数级的增长而模型的大小却并未发生较大变化。删除有的模块会导致模型的性能严重下降，而对部分模块进行剔除却并未对网络性能造成太大影响。图 11-6 为一个由包含 7 种选择的选择模块构成的 one-shot 模型，每次至多可以选择模块中的两条连接，其中实线连接部分无法修改，而虚线部分可以任意删除。如在早期实验中，one-shot 模型表现得十分不稳定，而规范化批量处理可以应用在 one-shot 模型训练中。

当 one-shot 模型训练完成后，使用这个模型对候选结构在验证集上的表现进行评估，选择方法可以是进化算法或强化学习方法。one-shot 架构搜索的输出结果是一系列根据 one-shot 正确率排列的网络结构，完成训练后，可以重新训练最佳的结构。根据计算资源的数量和模型精度的要求，可以再进行筛选和超参数调整。

11.2.3 实例级架构搜索

NAS 的目标是找到一个"单一"的网络结构，该结构对于给定的任务（如图像识别）具有最佳的准确性。经典 NAS 方法搜索的模型的共同特征是，最终输出的是一个最优结构。然而在实际中，当训练样本的评价指标不同时，对于依赖于体系结构的度量来说，使用单一结构可能不是最优的。一些研究者开始研究实例级的变化，并且发现实例感知是 NAS 中一个重要但目前缺失的组件，所以在此基础上，提出了面向实例级架构的极值搜索算法 InstaNAS，该算法通过训练控制器来进行搜索并输出一个"架构的分布"，而不是单一的最终架构。

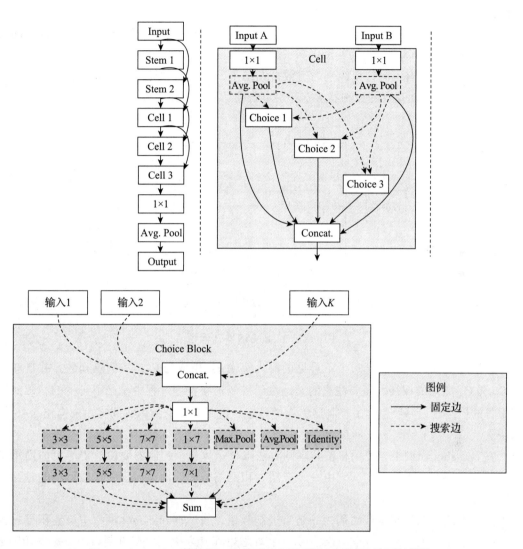

图 11-6　one-shot 结构图，实线连接无法删除而虚线连接可以删除

InstaNAS 由一个 one-shot 模型和一个控制器组成。one-shot 架构搜索是一种使用子架构权重分摊搜索成本的方法，不仅可以加速 InstaNAS，而且可以减少 InstaNAS 参数的总数。图 11-7 所示为 InstaNAS 的算法流程。

InstaNAS 要求将两类目标指定为搜索目标：与任务相关的目标 O_T 和与结构相关的目标 O_A。与任务相关的目标 O_T 是优化目标的主要目标（如分类任务的准确性）。可以将与体系结构相关的目标 O_A（如延迟和计算成本）视为在确保任务相关目标时考虑的约束。

InstaNAS 训练阶段包括"预训练 one-shot 模型""联合训练"和"再训练 one-shot 模型"三个阶段。第一阶段首先用 O_T 对 one-shot 模型进行预训练。第二阶段引入控制器,针对每个输入实例 x,从 one-shot 模型中选择架构 θ_x,并对控制器和 one-shot 模型分别训练,使 one-shot 模型适应控制器的分布变化。同时,采用策略梯度对控制器进行训练,训练后的控制器具有同时感知 O_T 和 O_A 的奖励函数 R。在最后一个阶段,由于通过所有时期的每个控制器在目标之间具有不同权衡级别的有效搜索结果,因此通过经验偏好来手工挑选合适的控制器。然后,针对指定的控制器从零开始重新训练 one-shot 模型。

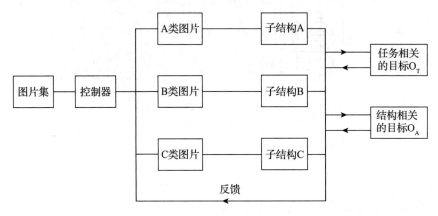

图 11-7   InstaNAS 算法流程

在推理阶段,θ_x 应用于每个不可见的输入实例 x。生成的 θ_x 是实例感知的,并自动控制 O_T 和 O_A 之间的权衡。需要注意的是,由于控制器在推理过程中是必不可少的,因此我们报告的最终延迟已经包含了控制器引入的延迟。这是第一个使用实例感知来构建 NAS 的算法。

在 one-shot 模型中,使用权值共享的方法降低运算量。控制器要设计得尽可能简单且快速,并且还要考虑到效率。它由一个三层卷积网络构成。训练过程中比较重要的是探索策略。

探索策略:网络结构被编码为一组二进制数组,表示在 one-shot 模型中该卷积层是否被选择。当图片输入后,控制器会生成一个概率矩阵 P 来决定该二进制数组。概率矩阵 P 由伯努利采样方法确定,同时仍然保留一定概率随机选择或者舍弃某一个卷积层。

11.2.4   单路径超网络

基于 one-shot 的架构搜索方法利用权值共享在很大程度上解决了计算量的问题,使得 NAS 在像 ImageNet 这样的大型数据集上也可以快速训练。使用这种方法仍然带来了一些问题,首先,使用超网络生成的权重 W 在优化过程中会变得深度耦合,而从超网络中继承来的 W 是与它的依赖相分离的,目前尚不清楚为什么这样进行训练的效果仍然很好。其次,

在对网络的结构 a 与权重 W 的优化过程中，必然会使得结构 a 中或权重集 W 中的某些部分缺乏训练，使不同的结构变得不具有可比性。然而，它们仍然被用作指导结构 a 的生成，这将误导搜索的结构。为了解决这些问题，提出了单路径网络。

单路径首先改变的是权重 W 的优化策略，其公式如下：

$$W_A = \mathrm{argmin} E_{a \sim \Gamma(A)} [\mathcal{L}_{\mathrm{train}}(N(a, W(a)))]$$

其中，$\Gamma(A)$ 是 $a \in A$ 的先验分布，在每一步的优化过程中，只有 $W(a)$ 会被激活和更新。与原公式相比，这会减少内存的占用，使计算变得更有效率。为了解决耦合问题，网络的搜索空间被简化成一个单路径结构，如图 11-8 所示。

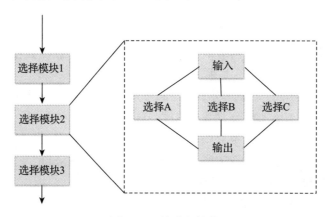

图 11-8　单路径结构

使用"选择模块"来构建网络结构，一个选择模块由多种选择组成，而每一个选择模块同一时间只能选择一种连接。为了搜索出更多种类的网络结构，两种搜索方法被提了出来。一种是通道数搜索，每一个选择模块旨在选择出卷积层的通道数，该方法的核心思想是一开始赋予其最大数量的通道数，在超网络的训练过程中随机选择并通过下一层的反馈进行修剪。另一种方法是混合精度量化搜索，选择块用于搜索卷积层权重和特征的量化精度。在超网络训练中，随机选择特征图的位宽度和核权重。

one-shot 在搜索网络结构的过程中采用了随机搜索的方法，而在单路径超网络中使用进化算法。在 NAS 中因为需要对网络进行训练，所以进化算法并不适用，而在单路径超网络中，每个结构只需要推断一次准确率，所以十分高效。

11.3　搜索加速之代理评估模型

11.3.1　代理模型

代理模型顾名思义就是用来代替某个模型的模型。由于大型卷积网络模型的计算成本非常高，在神经架构搜索任务中如果每一个备选模型个体都要从头开始训练的话，计算代价是会非常高的。

以 NASNet 为例，它采用了 500 张 V100 显卡经过 5 天的时间才得到其论文中提出的效果，这个计算成本在实际应用中是绝对不可能接受的（价值数千万的硬件设备，5 天内只能完成一个任务）。

代理模型的使用可以在一定程度上缓和这个问题。代理模型的核心思想是训练并利用一个计算成本较低的模型去模拟原本计算成本较高的那个模型的预测结果，从而避开大型模型的计算。当需要计算的大型模型数量较多的时候，这个做法是可以节省很多计算量的。

在第 4 章中对代理模型的概念以及 SMBO 方法有更详细的阐述，在此不再赘述。

11.3.2　PNAS 中的 LSTM 代理

PNAS 是一种用于卷积神经网络结构学习的方法，它比最新的强化学习方法和遗传算法都更加高效，而其中的原因之一是采用了代理模型。

PNAS 继承了 NASNet 方法的基本设定，以 cell 作为网络骨架的基本单位。在 cell 里面又以成对节点出现的 block（块）作为基本单位。每一个 block 由 5 个成分构成，分别为（I_1, I_2, O_1, O_2, C），I_1、I_2 指定了 2 个节点的前置输入特征图，O_1、O_2 指定了这 2 个节点的 OP，C 指定 O_1 和 O_2 的输出特征图的结合方式。这里为止都是 NASNet 的基本内容。

图 11-9 为一个 block 的示例，所有的 block 都服从这样的（I_1, I_2, O_1, O_2, C）结构。某个 block 的输出节点可以作为下一个新 block 的输入节点。

那什么是 cell 呢？在 NASNet 中，RNN 控制器会顺序输出 block，并通过参数输入节点 I 的选择完成 block 之间的连接，从而形成一个 cell。图 11-10 是一个可能的 cell，图中整体代表一个 cell 的输出；前面的 cell 的输出会作为后面的 cell 的输入。需要注意的是，这只是其中一种可能，更具体的细节内容，感兴趣的读者可以参考第 8 章介绍 NAS 的部分。

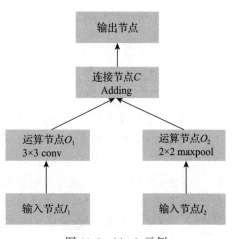

图 11-9　block 示例

PNAS 的特殊之处主要有以下两点：

1）不区分 Reduction Cell 和 Normal Cell，统一使用一种 cell 进行堆叠，不过 cell 内 OP 的步长有所不同，从而也实现 Reduction Cell 和 Normal Cell 的功能。

2）NASNet 指定了 cell 里 block 的个数为 B，在原论文《NASNet》中 B 为 5，每个生成的 cell 里面都固定有 5 个 block。而 PNAS 是采用迭代式增加 block 的方式进行，第一轮迭代里产生的 K 个 cell 都只有 1 个 block，而到了第 B 轮的时候 K 个 cell 各有 B 个 block。同样，B 是人为指定的。在论文原文中这种方法被称为渐进式神经网络架构搜索（PNAS）。

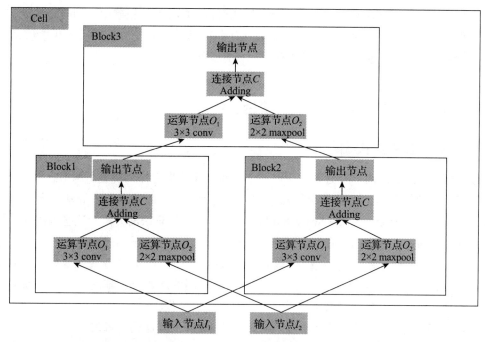

图 11-10　NASNet 中可能的 cell 结构

为了介绍 PNAS 使用的 LSTM 代理，这里还需要介绍更多 PNAS 的细节。它所采用的渐进式搜索是一种遍历式的渐进。一个 block 由上面的 5 个参数完全确定，如果能知道这 5 个参数的所有取值可能，那么就可以知道所有可能的 block 的结构，进而模拟出 block 的数目为 1, 2, 3 直到 B 时候的每一步的所有可能结构（当前一个 block 确定了之后，下一步的所有可能结构也就确定了）。

假如基于某个参数空间下，第一个 block 有 256 种可能；在多了一个 block 之后，前置输入节点 I 的参数空间会增大，此时可以假设第二个 block 有 576 种可能，那么总的可能结构会有 256×576 种。

此时，2 个 block 的情况有数十万种可能性，去一一进行评估是不太可能的。因此 PNAS 引入了代理模型的方法，通过学习一个 LSTM 代理模型来进行预评估。

接着上面的例子讲解，在第一个 block 的时候，256 种可能性都会被评估，由于只有 1 个 block，评估成本是很低的，基于这些评估数据就可以训练一个 LSTM 代理模型。这个 LSTM 模型会逐步接受第一个 block 的 (I_1, I_2, O_1, O_2, C) 以及第二个 block 的 (I_1, I_2, O_1, O_2, C)，输出基于这 2 个 block 形成的 cell 所形成的卷积网络的模型效果预测值，最后从这数十万个模型中挑出预评估最优的 K 个模型进行真实评估。有了这 K 个基于 2 个 block 的真实数据，就可以重复上述过程直到完成 B 次迭代。

代理模型的思路乍一想可能会觉得不太合理，但是从真实的实验结果来看，PNAS 在性能上不输于其他 SOTA 算法，PNASNET-mobile 在 ImageNet 上取得了 74.2%（TOP1）的正确率，PNASNET-large 在 ImageNet 上取得了 82.9%（TOP1）的正确率，同时在速度上以 5 倍以上的优势大幅领先，说明代理模型的方法还是能够起到一定作用的。如果能够结合元学习的方法使代理模型更加强大，那么效果可能还会更好一些。

11.4 基于网络态射法的神经架构搜索

11.4.1 网络态射的提出

在介绍网络态射之前，有必要先了解一个问题，那就是为什么要提出网络态射。

关于神经架构搜索，近两年比较知名的方法有 NASNet 以及 PNAS 等基于强化学习的方法，以及 AmoebaNet、Large Scale Evolution 等基于进化算法的方法，这些方法的共性在于计算量都特别大，这是因为在搜索过程中需要训练大量不同的网络架构。

网络态射（Network Morphing）的核心思路是通过态射的手段去避免重复训练，从而在速度上取得优势。这个思路与 PNAS 的参数继承有相同的出发点，那就是尽可能保留前面的有用信息，而态射方法则在参数继承之上往前再走了一步。

尽管网络态射与 NASNet 的目的都是进化网络架构，但是这二者的出发点与应用场景其实并不太一样。NASNet 的出发点是训练一个懂得如何按照某种学习到的规则去生成网络结构的通用 RNN 控制器，而网络态射方法的出发点是对一个现有网络结构进行改造与优化，其应用场景可能更多在于对微调任务的补充，在微调参数的同时还可以微调结构。

下面就具体介绍一下网络态射。

11.4.2 什么是网络态射

如果两个不同的神经网络 A 和 B，满足功能相同而结构不同，那么我们可以称神经网络 A 和 B 互为网络态射，也即功能相同、结构不同的神经网络互为网络态射。子网络应该从其父网络继承知识，并且具有潜力发展为更强大的网络。

这种网络态射的第一个要求是它能够处理各种变形类型的网络，包括深度、宽度、卷积核大小甚至子网的变化。下面以图 11-11 为例简单解释一下这几种变化。

回忆一下前面说的，网络态射的定义就是父子网络的功能是相同或者相似的，因此在态射过程中子网络在保留所有网络功能的前提下会继承父网络的所有知识。图 11-11 展示了一个从父网络到子网络的态射变化的过程，A、C 间结构的变化为在 C 与 s 之间插入了一个 t 节点，即 $s \rightarrow s{+}t$，C 到 D 之间插入了一个小型的子网络。这两类变形都属于深度上的变化，变化的结果使得网络深度增加，同时根据态射的定义，父子网络从 A 运算到 C 得到的输出应该是相似的。仔细观察可以发现，节点 r 的宽度和卷积核大小发生了改变，这就属于卷积核与网络宽度变形的范畴。

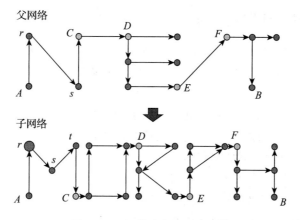

图 11-11　网络态射变形网络[⊖]

在完成这种态射后，子网络理论上会继承父网络的全部信息，同时这个子网络由于在深度、宽度等方面发生了改变，与之对应的我们会期望这个子网络能够在短时间内经过微调训练成长为更强大、更有效的网络。

让我们从经典卷积神经网络的一个最简单案例开始，用数学语言表达网络态射的概念，在这个案例中只考虑线性激活函数。

如图 11-12 所示，在父网络中，两个隐藏层 B_{l-1}、B_{l+1} 通过权重矩阵 G 连接

$$B_{l+1} = G \cdot B_{l-1}$$

其中 $B_{l-1} \in R^{C_{l-1}}$，$B_{l+1} \in R^{C_{l+1}}$，$G \in R^{C_{l+1} \times C_{l-1}}$，$C_{l-1}$ 和 C_{l+1} 是 B_{l-1} 和 B_{l+1} 维的特征。

对于网络态射，我们将插入一个新的隐藏层 B_l，以使子网络满足

$$B_{l+1} = F_{l+1} \cdot B_l = F_{l+1} \cdot (F_l \cdot B_{l-1}) = G \cdot B_{l-1}$$

其中

$$G = F_{l+1} \cdot F_l$$

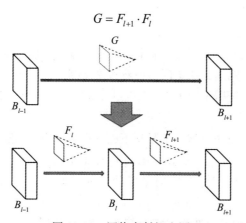

图 11-12　网络态射概念图

⊖　出自论文《Network Morphism》。

11.4.3　网络态射 + 迂回爬山法

上面介绍了网络态射的基本思路，那么基于网络态射的方法要怎么去持续进行优化呢？网络态射本身只能确保子网络不差于父网络，而要得到更优化的网络结构则需要再进一步。

迂回爬山法（见图 11-13）是指经过评价当前的问题状态后，限于条件，不缩小，而是增加这一状态与目标状态的差异，经过迂回前进，最终达到解决问题的总目标。就如同爬山一样，为了到达山顶，有时不得不先上矮山顶，然后再下来，这样翻越一个个小山头，直到最终达到山顶。可以说，爬山法是一种"以退为进"的方法，往往具有"退一步进两步"的作用，后退乃是为了更有效地前进。

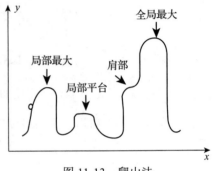

图 11-13　爬山法

正如之前所说，使用传统的 NAS 或是强化学习学习方法完成网络的搜索工作需要很大的计算能力支持，而 NASH 正是针对这一情况而做出的改进。NASH（Neural Architecture Search by Hill-climbing，用于神经架构搜索的爬山法）是基于简单的爬山过程自动搜索性能良好的 CNN 架构，它每一次会在临近空间中选择最优解作为当前解，该算法应用网络态射，然后通过余弦退火对学习率进行优化运行。

余弦退火指的是，在训练过程中，全局损失值逐渐逼近最小损失值的时候，通过降低学习率而避免模型超调的方法。这种简单的方法产生了有竞争力的结果，尽管只需要与训练单个网络相同数量级的资源，例如使用该算法，在单个 GPU 上训练 12 个小时就可以将 CIFAR-10 数据集的错误率降低到 6% 以下，训练一整天后能够降低到 5% 左右。

NASH 的网络搜索过程如下：

1）最初使用一个小型的预训练模型。

2）将网络态射应用到该初始化网络中，经过训练后可以生成表现更佳、更大的网络。所生成的网络可看作是子网络，初始网络可看作是父网络。

3）在上面步骤生成的子网络中找到表现最优秀的网络，然后在该网络上继续生成子网络，不断迭代优化。

在实现上述算法时，每个子网络都是从下面三种情况中均匀随机采样的：

❑ 使网络更深，即加上"Conv-Batchnorm-Relu"模块。模块所加的位置和卷积核大小（$\in \{3,5\}$）都是均匀采样的。通道的数量与前一个最近的卷积通道数相等。

❑ 使网络更宽，增加通道数量。需要拓宽的卷积层和拓宽因子（$\in \{2,4\}$）都是均匀采样的。

❑ 添加从第 i 层到第 j 层的残差连接（通过 concatenation 或 addition 均匀采样）。层 i 和 j 也都是均匀地采样。

网络态射法是一种基于架构迁移学习的思路去进行网络架构进化的方法。为了确保网络结构向着更优化的方向迭代，网络态射法一般需要搭配某种算法机制使用，如爬山法。除了爬山法之外，其实还可以使用其他方法，例如著名的 Auto-Keras 中所采用的贝叶斯方法。Auto-Keras 是一个自动化进行网络结构微调的自动化深度学习框架，它采用网络态射法来对现有基于 NAS 空间的网络架构进行结构的进化与调整，同时使用贝叶斯优化的方法来指导网络态射的结构调整过程来实现效率的提高。

在实际的应用场景里，在微调任务上，采用基于网络态射的方法无疑是一个很合理的选择，有兴趣的读者不妨尝试下使用 Auto-Keras 进行微调任务的训练。

11.5 可微分神经架构搜索

11.5.1 可微分神经架构搜索的来源

可微分神经架构搜索（Differentiable Neural Network Architecture Search）与网络结构压缩有关，目的是利用现有的神经网络，减少参数数量和计算成本，同时对模型的预测精度影响最小。

与随机搜索、网格搜索和基于强化学习的搜索不同，可微分神经架构搜索可以通过训练与最大体系结构大致相同的单个模型来获得更好的结果，而不需要训练大量不同的模型来达到类似的性能水平。

可微分神经架构搜索主要针对卷积网络进行操作，包括每个卷积层、搜索过滤器大小、通道数量和分组卷积。为了处理前两个选择，我们可以用 $\sum_{i,j=1}^{n,m} \alpha_i \beta_j (W^{(i,j)} * x)$ 代替每个卷积，其中 $*$ 是卷积操作，n 和 m 分别是可能的过滤器大小和通道数量，并且 α_i 和 β_j 是表示选择 i 或 j 的强度（之后处理分组卷积）。当 α_i 和 β_j 中只有一个非零时，我们为该层选择了一个过滤器大小和通道数量。

由于 n 和 m 可能非常大，实际执行 n 和 m 卷积并计算权重和是不切实际的。因此我们使用线性卷积（linearity of convolution）：当 W 和 V 具有相同的大小时，$\alpha(W * x) + \beta(V * x) = (\alpha W + \beta V) * x$。然后解释如何为每个过滤器大小和通道数量创建 $W^{(i,j)}$，以使它们具有相同的大小。

除此之外，可微分神经架构搜索还在 α_i 和 β_j 上使用 L_1 正则化使它们变得稀疏；我们在 β_j 上使用了 sparsemax 函数，来获得离散架构；对于分组卷积参数，我们使用了 $L_{1,2}$ 和 $L_{2,1}$ 规范，也称为 group lasso 和 exclusive lasso。

11.5.2　可微分神经架构搜索的方法

1. DARTS

可微分神经架构搜索方法有很多种，其中比较出名的有卡内基梅隆大学提出的 DARTS（Differentiable Architecture Search）。与传统的在离散和不可微的搜索空间采用进化或强化学习搜索结构的方法不同，该方法基于结构表示的松弛（relaxation），允许使用梯度下降来解决架构搜索的问题，所以效率比之前不可微的方法快几个数量级。

（1）搜索空间

DARTS 要做的事情是训练出来一个小网络（称为 cell），然后把 cell 相连构成一个大网络，而超参数 layers 可以控制有多少个 cell 相连，例如 layers = 20，表示有 20 个 cell 前后相连。

cell 由输入节点、中间节点、输出节点和边构成，我们规定每一个 cell 有两个输入节点和一个输出节点：

- ❑ 输入节点：对于卷积网络来说，两个输入节点分别是前两层（layer）cell 的输出；对于循环网络（Recurrent）来说，输入是当前层的输入和前一层的状态。
- ❑ 中间节点：每一个中间节点都由它的前继通过边再求和得来（可以看图 11-14 理解）。
- ❑ 输出节点：由每一个中间节点 concat 起来。
- ❑ 边：边代表的是操作符（比如 3×3 的卷积），在收敛得到结构的过程中，两两节点中间所有的边都会存在并参与训练，最后加权平均，这个权就是需要训练的东西，希望得到的结果是：效果最好的边，它的权重越大。

上面的过程可以用图 11-14 来表示。其中，0 有三个后继 1、2、3，1 有两个后继 2 和 3，2 有一个后继 3。每两个节点之间都连着所有的边。

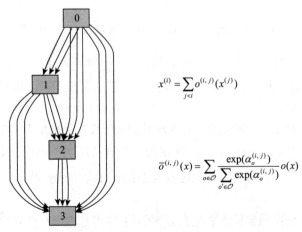

$$x^{(i)} = \sum_{j<i} o^{(i,j)}(x^{(j)})$$

$$\bar{o}^{(i,j)}(x) = \sum_{o \in \mathcal{O}} \frac{\exp(\alpha_o^{(i,j)})}{\sum_{o' \in \mathcal{O}} \exp(\alpha_{o'}^{(i,j)})} o(x)$$

图 11-14　DARTS 搜索空间

图中右上角的式子表示如何处理前继，右下角的式子表示如何处理边（加权平均，和

softmax 那个有点像）。权就是 alpha，也就是需要训练的东西，把这些 alpha 称作一个权值矩阵，然后收敛到最后就是希望得到一个权值矩阵，而这个矩阵当中权值越大的边，留下来之后效果越好。

（2）优化策略

优化的目的是通过梯度下降优化 alpha 矩阵，首先把神经网络原有的权重称为 W 矩阵，那么我们现在其实是希望能同时优化两个矩阵使得结果变好。我们的一个朴素思路是，在训练集上固定 alpha 矩阵的值，然后梯度下降 W 矩阵的值；在验证集上固定 W 矩阵的值，然后梯度下降 alpha 的值，循环往复直到这两个值都比较理想。这个过程有点像 k-means 的过程，先定了中心再求均值，再换中心，再求均值。但有一点，此时验证集和训练集的划分比例是 $1:1$ 的，因为对于 alpha 矩阵来说，验证集就是它的训练集。

（3）逼近算法

在优化的过程中，不单单是在验证集上简单地梯度下降 alpha 的值，而是求了一下二阶导，了解如何下降不仅在当前验证集效果好，而且在训练集的效果也好，这样就可以使原来的网络更好，速度也更快。

2. SNAS

由于 NAS 被建模为一种马尔可夫过程，它通过时序差分（TD）学习将信用度（credit）分配给结构化的决策，其效率和可解释性会受到延迟奖励的影响。为了摆脱架构采样过程的弊端，DARTS 提出了对运算的确定性注意力机制，分析计算每一层的期望，并在父网络收敛后删掉分配到较低注意力的运算。由于神经网络中普遍存在非线性计算过程，子网络的性能往往不一致，这时对参数的再训练就十分必要了。因此需要建立一个更高效、更易于解释并且偏置更小的搜索框架，尤其是用在未来的大规模数据集上的成熟的 NAS 解决方案，于是 SNAS 就应运而生了。

SNAS（Stochastic Neural Architecture Search）在保持 NAS 工作流程完整性和可微性的同时，在同一轮反向传播中训练神经运算的参数和网络架构分布的参数。一个 NAS 的工作流程包括架构采样、参数学习、架构验证、信用分配以及搜索方向更新。构建 SNAS 的一个关键思想是，利用泛化损失中的梯度信息提高基于强化学习的 NAS 的效率，其反馈机制是由持续的奖励（reward）信号触发的。为了能够与任意可微的损失函数相结合，搜索空间由一组服从完全可分解联合分布的 one-hot 随机变量表示，将这些变量相乘作为掩码来选择每条边的运算。通过具体的概率分布来松弛网络架构的分布，可以使在该搜索空间中的采样过程具有可微分性。

图 11-15 所示为 SNAS 中前向传播的概念的可视化结果。Z 是一个从分布 $p(Z)$ 中采样得到的矩阵，其中每一行的 $Z_{i,j}$ 是一个随机变量的 one-hot 编码向量，表示将掩码和有向无环图（DAG）中的边 (i, j) 相乘，该矩阵的列对应运算 O^k。在本例中，有 4 个候选的操作，其中最后一个操作为零操作（即移除这条边）。目标函数是所有子图的

泛化损失 L 的期望。

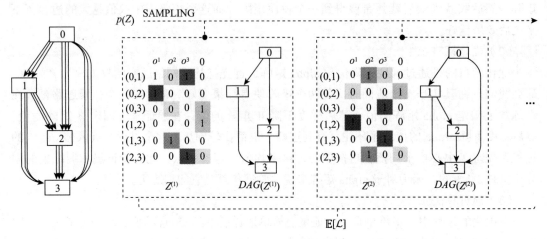

图 11-15   SNAS 结构图

SNAS 的搜索过程如图 11-16 所示。

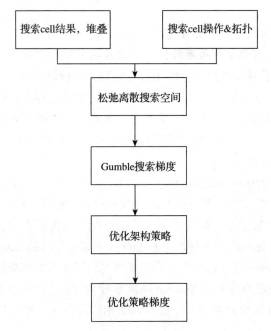

图 11-16   SNAS 搜索过程

11.6   参考文献

[1]   PHAM H, GUAN M Y, ZOPH B, et al. Efficient neural architecture search via parameter sharing[J].

arXiv preprint arXiv:1802.03268, 2018.

[2] ZHANG X, HUANG Z, WANG N. You Only Search Once: Single Shot Neural Architecture Search via Direct Sparse Optimization[J]. arXiv preprint arXiv:1811.01567, 2018.

[3] BROCK A, LIM T, RITCHIE J M, et al. SMASH: one-shot model architecture search through hypernetworks[J]. arXiv preprint arXiv:1708.05344, 2017.

[4] CHENG A C, LIN C H, Juan D C, et al. InstaNAS: Instance-aware Neural Architecture Search[J]. arXiv preprint arXiv:1811.10201, 2018.

[5] GUO Z, ZHANG X, MU H, et al. Single Path One-Shot Neural Architecture Search with Uniform Sampling[J]. arXiv preprint arXiv:1904.00420, 2019.

[6] LIU C, ZOPH B, NEUMANN M, et al. Progressive neural architecture search[C]// ECCV. Proceedings of the European Conference on Computer Vision (ECCV). Cham: Springer, 2018: 19-34.

[7] JIN H, SONG Q, HU X. Efficient neural architecture search with network morphism[J]. arXiv preprint arXiv:1806.10282, 2018.

[8] LIU H, SIMONYAN K, Yang Y. Darts: Differentiable architecture search[J]. arXiv preprint arXiv:1806.09055, 2018.

[9] SHIN R, PACKER C, SONG D. Differentiable neural network architecture search[C]. ICLR. 6th International Conference on Learning Representations, Vancouver: ICLR, 2018.

[10] XIE S, ZHENG H, LIU C, et al. SNAS: stochastic neural architecture search[J]. arXiv preprint arXiv:1812.09926, 2018.

[11] ELSKEN T, METZEN J H, HUTTER F. Simple and efficient architecture search for convolutional neural networks[J]. arXiv preprint arXiv:1711.04528, 2017.

第 12 章

垂直领域的 AutoDL

第 1 章已经提到深度学习的三大应用领域，本章将介绍 AutoDL 的三大应用领域，我们将它们称为垂直领域，分别是 AutoCV、AutoVoice 以及 AutoNLP。接下来介绍几种当前最前沿的深度学习算法，包括算法思想和模型流程等。

12.1 AutoCV

12.1.1 Auto-DeepLab（图像语义分割）

1. 问题定义

图像语义分割可以说是图像理解的基石性技术，我们都知道，图像是由许多像素（pixel）组成，而"语义分割"顾名思义就是将像素按照图像中所表达含义的不同进行分组或分割。

举个例子，给出图 12-1 左边的拍摄图，语义分割就能够将照片中的物体进行分类（路面、障碍物）。现在很热门的无人驾驶就是基于这一技术。

图 12-1　图像语义分割实例

虽然 NAS 技术已经在图像分类问题上取得了成功，但是想要解决语义分割问题并不能完全套用已有的方法。其有待解决的主要问题有下面两个。

（1）在高分辨率图像上使用

在图像分类中，NAS 通常使用迁移学习的方法从低分辨率图像到高分辨率图像进行识别和分类，而语义分割要求图片保证高分辨率。这一点很好理解，对于图像分类问题，如果要判断图中物体属于哪一类，目前的机器只要得到它的重要特征（如线条轮廓）就能判别，因此为了降低计算成本可以适当对图片进行简化处理。而对于语义分割问题，如果图片模糊（图片被简化），图中的很多物体就不能得到有效识别。

（2）有限的搜索空间

在目前的研究阶段，人们建立一个卷积神经网络时通常按照一个固定的两层结构，其中内层的神经元主要依据所设定架构通过各个卷积层进行大规模计算，而外层网络用于控制空间分辨率的变化。NAS 所搭建的网络依然是按照这个两层结构，但其自动化部分仅限于对内层网络的搜索，而外层网络的设计已停留在手动阶段。因此，在语义分割领域，手动部分的存在限制了搜索空间的范围，也就使得研究过程受限。

针对第一个问题，我们可以考虑在研究过程中采用更松弛、更通用的搜索空间，从而可以挖掘出由于更高分辨率而造成的架构变体。此外我们还需要考虑：由于高分辨的图像在处理过程中计算量也相对更大，因此应运用更高效的技术。

针对第二个问题，在语义图像分割中我们可以考虑使用网络结构进行组合。换句话说，就是对常用单元级搜索空间进行加强，从而能够形成一种新的分层架构的搜索空间。

2. 搜索空间

（1）单元级搜索空间

单元级搜索空间的结构为：在一个神经网络中包括很多种单元，每种单元可能会出现不止一次，每个单元中有很多块，这些块具有一定的组合形式，块与块之间的连接是有方向的，且在单元中不存在环状结构。

单元 1 中的块 i 通常用一个 5 元组 (I_1, I_2, O_1, O_2, C) 表示，其中 $I_1, I_2 \in I_i^l$ 代表输入量的选择，$O_1, O_2 \in O$ 代表输入张量的层类型的选择，$C \in C$ 代表用于组合两个分支输出，从而形成该块的输出张量 H_i^l 的方法。

现在开始介绍以上变量的含义。从结构上说，每个块都是一个双分支结构，即从输入集合中选取两个输入，再通过一番内部操作后给出一条输出。

- I_i^l：表示输入集合，由前一个单元的输出 H^{l-1}、再前一个单元的输出 H^{l-2} 和当前 $\{H_1^l, \cdots, H_i^l\}$ 单元中前面块的输出组成。
- I_1, I_2：表示选出的两个输入。
- O 类的变量：与 I 系列类似，但是代表层类型的选择。

❑ H^l：代表所有块输出量 $\{H_1^l, \cdots, H_B^l\}$ 的简单连接。

❑ C：采用对应元素相加的方法（为了简化计算）。

所有的层的类型集合 O 由 8 个常见的类型组成，如表 12-1 所示。

表 12-1　层类型搜索空间

层　编　号	卷积层类别	层　编　号	卷积层类别
1	3×3 的深度可分离卷积	5	3×3 的平均池化
2	5×5 的深度可分离卷积	6	3×3 的最大池化
3	3×3 的带孔卷积，带孔率为 2	7	残差连接
4	5×5 的带孔卷积，带孔率为 2	8	无连接（零）

（2）网络级搜索空间

在 B. Zoph 和 V. Vasudevan 等人率先提出的图像分类神经架构自动搜索框架中，一旦发现一个单元结构，就使用预定义的模式来构建起整个神经网络。因此，之前的架构搜索中并没有出现网络工作级别。

那么，什么是预定义模式呢？"通过插入'缩小单元'（将空间分辨率除以 2 并将滤波器数乘以 2 的单元），将许多'正常单元'（保持特征张量空间分辨率的单元）平分。"在图像分类任务中这种策略是合理的，但是在密集图像预测中，保持高空间分辨率也很重要，因此需要进一步的网络级别工程。

在用于密集图像预测的各种网络架构中，通常要保持两条一致的原则：第一条是下一层的空间分辨率要么是两倍大，要么是 1/2 小，要么保持不变；第二条是最小的空间分辨率是下采样的 32 倍。遵循这些常规做法，Auto-DeepLab 提出以下网络级搜索空间。

如图 12-2 中的深色点部分，网络的开头是一个双层"根茎"结构，可以理解为是这个网络的一个开头。每支"根"都将空间分辨率降低 1/2，之后，总共有 L 层具有未知空间分辨率的单元，其中分辨率只能在下采样 4～32 倍这个区间。每层空间的分辨率都可能不同（最多为 2 倍差距），图 12-2 中更为形象地解释了这句话，即箭头在每两层中间只能向上、向下或保持水平一个单元。Auto-DeepLab 方法就是要在这个网络中找到一条好的路径（一系列箭头的连续组合），也就是自动检索出一个最佳神经网络结构。

3. 搜索方法

介绍完两种搜索空间，就好比已经布置了一个棋盘，那么要怎么去下这盘棋？现在我们开始介绍"离散架构的连续松弛"，它与上述的分层架构可以精确地匹配。这个概念也许比较难以理解，接下来我们将进

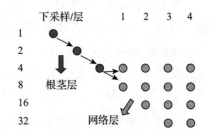

图 12-2　网络水平搜索空间（层数为 4，深色点代表根茎层，浅色点部分代表网络级架构，每个节点之间都存在路径连接）

行一个简洁的介绍。

（1）单元架构

2018 年，Liu Hanxiao、K. Simonyan 和 Yang YiMing 在《 Darts: Differentiable Architecture Search 》一文中曾提出过架构的连续松弛概念，我们在此运用这一理论进行更深层次的探究。首先，每一个块的输出 H_i^l 会与 I_i^l 所有的隐藏状态相连：

$$H_i^l = \sum_{H_j^l \in I_i^l} O_{j \to i}(H_j^l)$$

同时，对于每个 $O_{j \to i}$ 用它的连续松弛来近似：

$$O_{j \to i}(H_j^l) = \sum_{O^k \in O} \alpha_{j \to i}^k O^k(H_j^l)$$

其中，$\sum_{k=1}^{|O|} \alpha_{j \to i}^k = 1$，且 $\alpha_{j \to i}^k \geqslant 0$。

通俗地理解上式中的各个变量，$\alpha_{j \to i}^k$ 是与每个运算符 $O^k \in O$ 相关联的归一化标量，从数学角度可以理解为所选取的两个输入量所对应的权重，相应地，k 的取值就是 1 或 2。回忆上节中块的参数 (I_1, I_2, O_1, O_2, C)，H^{l-1} 和 H^{l-2} 属于输入张量集合 I_i^l 中，并且 H^l 是集合 $\{H_1^l, \cdots, H_B^l\}$ 的级联。根据上面的公式，单元水平更新过程可以写成 $H^l = \mathrm{Cell}(H^{l-1}H^{l-2}, \alpha)$。

（2）网络架构

在一个单元内，所有的张量都具有相同的空间分辨率，这使单元内块之间的输入输出信息可以直接进行求和或加权求和。但是在网络结构中，由于输入输出量可以在网络级中采用不同的大小，因此需要建立连续松弛。根据结构原则，每层 l 将具有最多 4 个隐藏状态 $\{H^{4,l}, H^{8,l}, H^{16,l}, H^{32,l}\}$，4、8、16、32 就是表示这个单元的空间分辨率，回忆图 12-2，表示的就是浅点所属的行。

设计一个网络级架构的连续松弛来匹配前文所描述的搜索空间，将图 12-2 中每个节点之间的路径连接（浅色箭头）对应一个标量，则网络级的更新公式为

$$H^{s,l} = \beta_{\frac{s}{2} \to s}^l \mathrm{Cell}\left(H^{\frac{s}{2}, l-1}, H^{s, l-2}; \alpha\right) + \beta_{s \to s}^l \mathrm{Cell}(H^{s, l-1}, H^{s, l-2}; \alpha) + \beta_{2s \to s}^l \mathrm{Cell}(H^{2s, l-1}, H^{s, l-2}; \alpha)$$

其中 s=4, 8, 16, 32, l=1, 2, $\cdots$, L。且标量满足以下条件：

$$\beta_{s \to \frac{s}{2}}^l + \beta_{s \to s}^l + \beta_{s \to 2s}^l = 1, \beta_{s \to \frac{s}{2}}^l, \beta_{s \to s}^l, \beta_{s \to 2s}^l \geqslant 0$$

如果你已经开始混淆这一节和上一节的两组公式，以下是两组公式中参数的区分：

α 代表的是单元内部每个块所吸收的两个输入所代表的权重，其实输入可能不止两个，但需要通过 O 的隐藏转换（也就是一个筛选过程）选出两个。

在图 12-3 中，方框代表一个单元，假设内部有两个块（1 和 2）。对于块 1 而言，它的所有输入流仅仅来源于前一个单元和再前一个单元的输出（H^{l-1}，H^{l-2}），图中用粗黑箭头表

示。因此这两个输入流正好对应两个权重 α_1 和 α_2。对于块 2 来说，除了源于前两个单元的输出流之外，它还有源于块 1 的内部输出（细黑箭头表示），共 3 条输入，因此需要通过 O 转换选取两条，再对应一组权重 α_1 和 α_2。灰色粗长箭头表示这两个块的输出。通过单元中参数 C 的组合，就形成了整个单元的输出（灰色短粗箭头）。

需要特别注意的是，β 控制外部网络级别，这就是单元和单元之间的连接权重。图 12-4 展示了网络级单元与单元之间的信息传送。图中的方框就是图 12-2 中的浅色点，黑色细箭头表示单元之间可能的路径。我们以单元 3 为例，它接收的信息来源于前四个单元：位于前两层且同一分辨率下的单元 1，位于前一层且同一分辨率下的单元 2，以及与单元 2 位于同一层但分辨率分别为两倍之差的单元 2.1 和单元 2.2。它们对单元 3 的作用可以分为 3 类：

$$\text{Cell}\left(H^{\frac{s}{2},l-1}, H^{s,l-2}; \alpha\right)$$
$$\text{Cell}(H^{s,l-1}, H^{s,l-2}; \alpha)$$
$$\text{Cell}(H^{2s,l-1}, H^{s,l-2}; \alpha)$$

它们所对应的权重就是 $\beta_{s\to\frac{s}{2}}^l, \beta_{s\to s}^l, \beta_{s\to 2s}^l$。

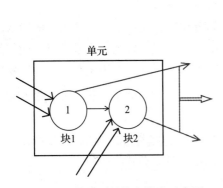

图 12-3　块级别的输入输出示意图

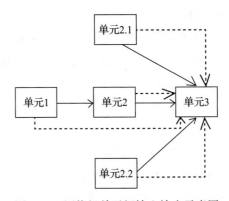

图 12-4　网络级单元间输入输出示意图

（3）解码离散架构

对于单元架构的解码过程，我们首先为每个块保留 2 个最强的前驱，其中从隐藏状态 j 到隐藏状态 i 的最大强度为 $\max_{k,O^k \ne zero} \alpha_{j\to i}^k$，然后再通过取 argmax 来选择最可能的操作来解码离散单元架构。而网络架构的解码有所不同，在上文的性质中我们容易知道图 12-2 中每个浅色节点的输出概率总和为 1。实际上，β 值可以被解释为跨越不同"时间步长"（层数）的不同"状态"（空间分辨率）之间的"迁移概率"。很直观地说，我们的目标是从头到尾找到"最大概率"的路径。使用经典的 Viterbi 算法可以有效地解码该路径。

12.1.2　随机连线神经网络

1. 简介

在深度学习界很多学者有这样一个假设："计算网络的连接方式对构建智能机器至关重要。"这一假设也得到了很多证实,例如,计算机视觉领域的最早进展是由使用链状连接的模型(如前馈神经网络)向更精细的连接模式(如 ResNet 和 DenseNet)的转变所驱动的,这些连接模式之所以有效,在很大程度上是因为它们的连接方式。另一个重要的突破就是网络架构搜索技术的发明,它的主要思路是:

1)手工创建网络生成器(后文会进行介绍);

2)利用网络生成器生成一个集合,集合里包含各种不同的图,但所有图均服从构造生成器时设定的布线模式;

3)在一个图中实施一个搜索策略,并评估搜索出的网络预测 / 分类结果;

4)从几何中另选其他图,重复步骤 3。

这种技术的确解放了研究员们在超参数调节和构建网络时的工作,但是它存在一定的局限性,由于网络生成器是手工设定的,因此由同一个生成器生成的图(搜索空间)都是极为相似的,因此网络结构在一开始就受到极大的限制。下文我们将慢慢引入随机连线网络生成器这一新技术,它能够很好地解决这一问题。

2. 网络生成器

网络生成器就像是一个工厂,它吸收的原材料是一组参数集,生产出来的是一系列神经网络架构,而这些神经网络架构依赖于参数集的设定。用专业的数学表达就是这样一个映射: $g:\Theta \to \mathbb{N}$。对给定的 $\theta \in \Theta$, $g(\theta)$ 输出一个神经网络项 n, $n \in \mathbb{N}$。此处的 $\mathbb{N}$ 就是一系列相关的神经网络,例如 VGGNet、ResNet、DenseNet。换句话说,参数指定实例化的网络生成,且包含了各种信息。例如,在一个 ResNet 生成器中,参数可以指定阶段的数量、每个阶段的残差块的数量、激活类型等。

总而言之,参数在网络生成器中指定要执行的操作类型和数据流,但需要注意的是它不包括网络权值,网络权值是在网络生成后从数据中学习得来的。

上述网络生成器执行一个确定的映射 $g(\theta)$,但是这个生成器具有它的局限性:输入总是相同的 θ,因此它总是返回相同的网络体系结构 $\mathbb{N}$。为了使返回值更具有多样性,我们可以考虑在输出(也就是参数)中增添一个随机因子 s,从数学层面上说,就是在原来的映射基础上增加随机参数 s。这样我们就构造了一个新的(伪)随机映射 $g(\theta,s)$,将它调用多次,保持 θ 的值但改变 s 的值, $s=1,2,3,\cdots$。服从均匀概率分布的随机因子 s 就诱发了可能不相似的网络结构。我们称 $g(\theta,s)$ 为随机网络生成器。

3. 随机连线神经网络

在上文中我们已经提过,网络生成器是手工设计的,并完全取决于设计者定义好的信息。换句话说，就是人的行为在网络生成器的设计中起了相当大的作用，那么这样的方法其实就不算是达到了"自动化"，因为它仍然需要大量的人工工作。为了研究生成器设计的重要性，仅比较相同 NAS 生成器的不同优化版本（不管是复杂的还是随机的）是不够的，我们有必要研究与 NAS 本质不同的新的网络生成器。

这就引出了我们对随机连线神经网络的探索。在这一节中我们将定义这样一种网络生成器，它先基于图论生成一个随机图。为了最大限度地减少人对生成器的偏差，我们将使用三种经典的随机图模型。其中，在生成随机连线网络生成器时包含了以下概念。

（1）生成通用图

我们的网络生成器首先生成一个图论意义上的通用图。它生成一组节点和连接节点的边，在生成图的过程中不需要考虑一般图和神经网络图的关联或区别。这就允许我们自由地使用图中的任何通用图生成器。一旦得到一个图，我们就将这个通用图转换为一个可计算的神经网络。

（2）边操作

假设通过构造图是有方向的，我们定义边是数据流，即有向边将数据流从一个节点发送到另一个节点。

（3）点操作

有向图中的节点可以有一些输入边和一些输出边。一个节点中的操作可以包括以下三种：

❏ **聚合**：将输入数据（从一条或多条边）通过加权和组合到一个节点，其中权重通常是通过数据对网络的训练得到的。

❏ **转换**：通过函数 relu-convolu-bn triplet 来处理已经聚合好的数据。其中所有节点都使用相同类型的卷积（默认值为 3×3 可分卷积）。

❏ **分发**：将转换好的输出数据流通过输出边发送给下一个节点。

如果你具备一定的神经网络基础知识，那么这一部分对你来说应该不难理解，本质上是将普通图中的节点转变为神经网络中的神经元，也就是从无意义的节点变成可以接收数据流、处理数据流（激活函数）、输出数据流的"功能点"。如果没有接触过相关知识，没有关系，图 12-5 可以帮助你理解这些操作过程。

如图 12-5 所示，你可以把节点（方框）想象成一个工厂，那么输入边就是将材料运进工厂的管道，输出边就是将材料运给下一个工厂（节点）或直接运出（神经网络的最后输出）的管道。其中，进入工厂的管道可以有很多条，但是工厂一般只有一条输出管道，因此工厂内的机器将各个输入管道的材料按一定比例（权重）进行汇总，再通过混合加工，最后通过一条输出管道输出。这里的"汇总"就是上文中的聚集，"混合加工"就是上文中

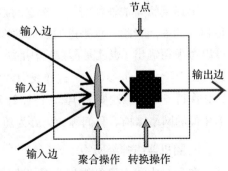

图 12-5   边操作和点操作示意图

的转换。

这些边操作和点操作的定义使得从普通图到神经网络的转换过程简单很多，无论输入量和输出量有多少，聚合和分发过程几乎不需要参数（除了用于加权求和的参数，但这个数量是可以忽略不计的）。此外，假设每条边都是无参数的，则一个图中所有的浮点算子和参数的数量仅与节点的数量大致成正比，也就是几乎与边的数量无关。

由于我们使用的是一个简单的映射将普通图转化成神经网络，后续我们就可以更专注于图形的连接模式。

（4）输入点和输出点

到目前为止，即使给定边/节点操作，一般图也不完全是一个有效的神经网络，因为它可能有多个输入节点和多个输出节点。而对于典型的神经网络，如图像分类，最好有一个单一的输入和输出。我们应用一个简单的后处理步骤。

对于给定的一般图，我们创建一个连接到所有原始输入节点的额外节点。这是唯一的输入节点，它向所有原始输入节点发送相同的输入数据。类似地，我们创建一个连接到所有原始输出节点的额外节点。这是唯一的输出节点，我们让它从所有原始输出节点计算（未加权的）平均。这两个节点不做卷积。当涉及需要计算节点数 N 时，我们需要排除这两个特殊节点（见图 12-6）。

（5）阶段

由于具有唯一的输入和输出节点，一个图就足以表示一个有效的神经网络。不过，在图像分类研究过程中，并不想将完整的图像分辨率贯彻整个网络传送中。通常会选择将网络划分为几个阶段，从而将分辨率逐步向下采样特征映射。我们使用一个简单的策略：将一个随机图表示一个阶段，它通过其唯一的输入/输出节点与前/后阶段连接。对于直接连接到输入节点的所有节点，将其转换修改为 2 步长。图 12-7 就是一个由随机连线生成器生成的 4 阶段的神经网络模型。

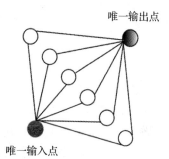

图 12-6　唯一输入点和输出点

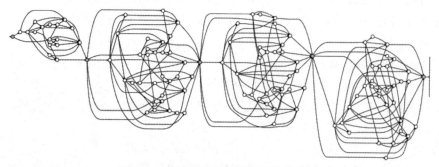

图 12-7　4 阶段随机图神经网络的例子

4. 三个随机图类

现在简要地描述一下我们研究中使用的 3 种经典的随机图模型，要注意的是它们均生成无向图。

（1）Erdős-Rényi（ER）

在 ER 模型中，假设有 N 个节点，两个节点之间的边与概率 P 相连，这个概率值不依赖于其他任何节点和边，此过程对所有节点进行迭代后就可以得到一个 ER 类随机图（见图 12-8）。易知，ER 生成模型只有一个参数 P，表示为 ER(P)。

通过分析可以知道，任意一个含有 N 个节点的图都有可能是由 ER 模型生成的，包括无连接的图。然而当 $P > \dfrac{\ln(N)}{N}$ 时，由 ER(P) 生成的图很大概率会是一个单连通图。这也间接证明了即使是随机生成器，生成的图也存在隐式偏见。

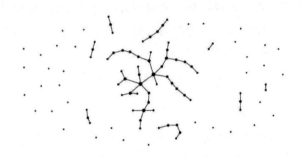

图 12-8　ER 图例

（2）Barabasi-Albert（BA）

BA 模型通过顺序添加新节点生成随机图。假设初始状态为 M 个没有边的节点，且 $M < N$。对于要添加的节点，它将以与节点 v 的自由度成正比的概率连接到现有的节点 v 上。新节点以这种方式重复添加不重复的边，直到有 M 条边为止，然后进行迭代，直到图中有 N 个节点。易知，BA 生成模型只有一个参数 M，表示为 BA(M)。

任何 BA(M) 生成的图都有 $M \times (N{-}M)$ 条边。因此，BA(M) 生成的所有图的集合是所有可能的 n 节点图的子集，这个例子说明，尽管存在随机性，但随机图生成器还是存在一部分先验信息。

（3）Watts-Strogatz（WS）

WS 图也称为"小世界"图，如图 12-9 所示。首先，将 N 个节点定期放置在一个环中，每个节点连接到其 $K/2$ 个邻近点（K 是偶数）。然后，在一个顺时针循环中，对于每个节点 v，连接 v 和它的顺时针方向第 i 个节点的边以概率 P 再一次被连线。重连线的定义是一致地选择一个既不是节点 v 也不是重复边的随机节点。重复该循环多次，K 和 P 是 WS 模型仅有的

图 12-9　WS 图例

两个参数，记作 WS(K, P)。易知，由 WS(K, P) 恰好有 $N \times K$ 条边。

WS(K, P) 也只覆盖了所有可能的 n 节点图的一个小子集，但这个子集与 BA 所覆盖的子集不同。这就提供了一个如何引入不同先验信息的例子。

5. 优化

优化可以通过扫描随机因子 s 来实现，这也是随机搜索的一种实现。随机搜索对于任何随机网络生成器都是可能的，包括随机图生成器和 NAS。

12.2 AutoVoice

AutoVoice 是 NAS 在语音领域的一个扩展，重点是针对语音唤醒，也叫关键词检测问题，研究者通过优化 NAS 结构，提出了一种 SANAS 架构，可以根据问题任务的规模自适应地构造不同大小的网络。在复杂的信号窗口上花费更多的预测时间，在更容易的问题上花费更少的时间，在不损失识别率的情况下提高处理音频流的效率。

12.2.1 关键词定位问题定义

关键词定位问题即识别实时音频流中的关键词并做出响应。这一问题包括检测音频流中的关键字，并且必须与持续收听其环境以发现用户交互请求的虚拟助理有关。换言之就是检测单词何时被发音、被发音的单词是哪个并且需要在资源受限的设备中快速运行。

在该问题中，我们定义音频流中的数据点 x_t 以及对应的输出标签 y_t。通常，x_t 表示的是时间频率特征图，y_t 表示当前关键词是否存在。在经典方法中，输出标签 y_t 是使用神经网络预测的，其结构表示为 $\mathcal{A}$ 并且其参数是 θ。但是在 AutoVoice 中，使用循环的建模方式，首先使用 z_t 对上下文信息 $x_1, y_1, \cdots, x_{t-1}, y_{t-1}$ 进行编码，使用函数 $f(z_t, x_t, \theta, \mathcal{A})$ 计算每个时间步骤 t 的预测结果并通过 GRU 单元更新 z_t，即 $z_{t+1} = g(z_t, x_t, \theta, \mathcal{A})$，然后通过求解训练集的标签序列 $\{(x^i, y^i)\}_{i \in [1, N]}$ 来学习网络结构 $\mathcal{A}$ 的参数，N 是训练集的大小，求解公式：

$$\theta^* = \arg\min_{\theta} \frac{1}{N} \sum_{i=1}^{N} \left[\sum_{t=1}^{\#x^i} \Delta(f(z_t, x_t, \theta, \mathcal{A}), y_t) \right]$$

其中，$\#x^i$ 表示 x^i 的序列长度，Δ 是一个可微损失函数。在推理阶段，给定一个新的音频流 x，每个标签 $\hat{y}_t$ 是通过计算 $f(x_1, \hat{y}_1, \cdots, \hat{y}_{t-1}, x_t, \theta^*, \mathcal{A})$ 来预测的，其中 $\hat{y}_1, \cdots, \hat{y}_{t-1}$ 是模型在以前的时间步长的预测结果。在这种情况下，每个预测步骤的计算成本完全取决于体系结构，记作 $C(\mathcal{A})$。

12.2.2 随机自适应架构搜索原理

我们前面提到的神经架构都是静态的，即一个问题中，网络架构是固定不变的。对于难易程度不同的问题，预测耗费的成本是一样的，这无疑造成了一种资源浪费。针对这一问题，有人提出了一种随机自适应架构搜索原理，即在每个时间步骤中，模型的架构可以根据预测问题的上下文信息做出改变。

在时间 t，除了在可能的标签上产生分布之外，我们的模型还在可能的架构上保持分布，表示为 $P(A_t | z_t, \theta)$。现在根据 $f(z_t, x_t, \theta, A_t)$ 预测 y_t 并且上下文信息更新为 $z_{t+1} = g(z_t, x_t, \theta, A_t)$。在这种情况下，在时间 t 的预测成本现在是 $C(A_t)$，其中还包括架构分布 $P(A_t | z_t, \theta)$ 的计算。值得注意的是，由于模型选择了架构 A_t，因此可以学习控制此成本本身。因此，成本学习问题可以定义为最小化预测损失和平均成本之间的折中。考虑标签序列 (x, y)，这种权衡定义为：

$$L(x, y, \theta) = E_{\{A_t\}} \left[\sum_{t=1}^{\#x} [\Delta(f(z_t, x_t, \theta, A_t), y_t) + \lambda C(A_t)] \right]$$

$A_1, \cdots, A_{\#x}$ 是从 $P(A_t | z_t, \theta)$ 中的采样结果，λ 控制成本和预测效率之间的权衡，考虑到 $P(A_t | z_t, \theta)$ 是可微分的。可以使用梯度的蒙特卡洛估计来最小化该成本。给定一个架构采样结果 $A_1, \cdots, A_{\#x}$，梯度可以近似为：

$$\nabla_\theta L(x, y, \theta) = \left(\sum_{t=1}^{\#x} \nabla_\theta \log P(A_t | z_t, \theta) \right) L(x, y, A_1, \cdots, A_{\#x}, \theta) + \sum_{t=1}^{\#x} [\Delta(f(z_t, x_t, \theta, A_t), y_t)]$$

其中

$$L(x, y, A_1, \cdots, A_{\#x}, \theta) = \sum_{t=1}^{\#x} [\Delta(f(z_t, x_t, \theta, A_t), y_t) + \lambda C(A_t)]$$

在实践中，在该梯度公式中使用方差校正值来加速学习。

12.2.3 SANAS 模型

在 SANAS 模型中引入了超网络的使用，简单理解，超网络就是一个有向无环图，其中节点表示层，边表示层与层之间的连接，超网络的作用是实现权值共享。我们把 SANAS 模型的搜索空间定义为超网络，那么架构搜索结果就可以表示为超网络中的搜索子图。下面我们详细了解 SANAS 模型的工作流程。

定义一个超网络作为搜索空间，节点表示神经网络层 $L = \{l_1, \cdots, l_n\}$，边表示层与层之间的连接，定义为 $E \in \{0, 1\}^{n*n}$，其中 l_1 表示输入层，l_n 表示输出层，其余表示隐藏层。

如图 12-10 所示，工作流程为：

1）在 t 时刻，输入上下文状态编码 z_t。

2）根据 z_t 计算可能的子图，即架构分布矩阵 $\Gamma \in [0, 1]^{n*n}$。

3）使用伯努利分布对 Γ 进行采样，生成特定子图 $H_t \sim B(\Gamma_t)$。

4）计算 $E \circ H = A_t$（$\circ$ 表示 Hadamard 乘积），即在时间 t 所使用的架构。

5）使用函数 $f(z_t, x_t, \theta, A_t)$ 和 $g(z_t, \Phi(x_t, \theta, A_t), \theta)$ 计算预测 $\hat{y}_t$ 和下一个状态 z_{t+1}。

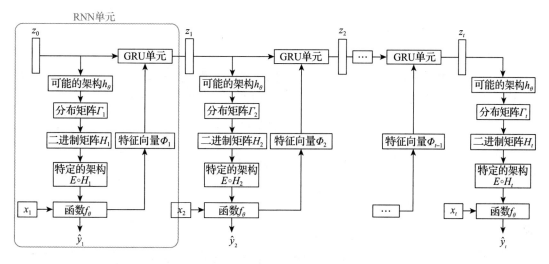

图 12-10   SANAS 模型流程图

12.3　AutoNLP

12.3.1　什么是自注意力机制

2017 年，谷歌发表了一篇名为《Attention Is All You Need》的论文，该论文提出了基于注意力机制的 Transformer 模型来处理序列模型的问题，可以改变 RNN 模型训练慢的弊端，并且在 11 个 NLP 任务中取得了最优结果。那么，我们要认识 Transformer 模型，首先应该了解什么是注意力机制。

通俗地讲，当我们在看一样东西的时候，我们的注意力一定是在当前正在看的这个东西的某一个地方，换句话说，当我们的目光转移到别处时，我们的注意力也在随之转移。将这个东西换成我们当前存在的一个场景中，那么在这个场景中每一处位置上的注意力分布是不均匀的。因此，注意力机制就是在模型中模拟人的这种注意力，去学习不同空间或者是局部重要性，然后将这些重要性结合起来。

自注意力机制也叫作内注意力，是将一个序列中的不同位置联系起来，计算序列的表示的机制。假设我们要将这个英文句子翻译为中文：Tom can't play with Jerry because he has to move。在这句话中，"he"指的是 Tom 还是 Jerry 呢？我们人类可以很快地回答这个问题，但是机器不能，这个时候就需要用到自注意力机制。当我们构建的模型处理"he"这个单词的时候，自注意力机制会允许"he"与"Tom"建立联系，帮助模型对这个单词更好地进行编码。

了解了自注意力机制后，我们就来拆解分析它的计算方式。在论文中，作者将自注意力机制解释为"按比例缩放的点积注意力"，可以看出，整个注意力机制的计算过程是通过"点积（乘积）"的方式完成的。

自注意力的计算步骤如下。

1）将每个单词词向量生成三个向量，分别为查询向量、键向量和值向量，这三个向量是通过词嵌入与三个权值矩阵相乘得到的。具体计算过程如图 12-11 所示。

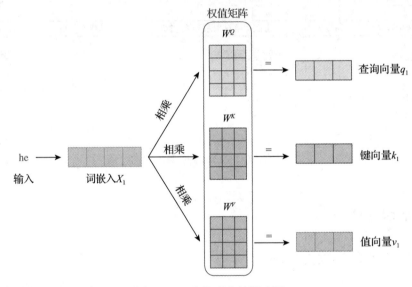

图 12-11　自注意力计算步骤

2）计算得分。得到每个单词的查询向量、键向量以及值向量以后，需要拿每个单词对当前处理的单词进行打分，即计算两个单词之间的相关性。该步骤通过当前单词的查询向量与其他单词的键向量相点积完成。

3）将上一步得到的分数除以键向量维数的平方根（论文中使用了 8），使得梯度更稳定，然后通过 softmax 函数传递结果，即将所有单词的分数归一化。

4）将上一步得到的结果分别乘以值向量，通过这一步来弱化不相关的单词。

5）将上一步的计算结果进行求和，得到自注意力层在当前位置（当前关注的单词）的输出。

将上述步骤通过矩阵计算，计算公式如图 12-12 所示，Q 矩阵中的每一行代表一个句子中每一个单词的查询矩阵，以此类推，Z 矩阵就是自注意力层的输出形式。

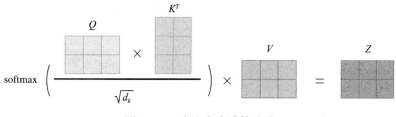

图 12-12　自注意力计算公式

12.3.2　初识 Transformer 模型

我们在上一节中已经了解了什么是自注意力机制，Transformer 是第一个完全依赖自注意力机制计算输入和输出表示的转换模型，因此我们在这一节来深入了解一下 Transformer 模型。如果将 Transformer 模型看作一个黑盒，那么机器翻译任务就可以解释为输入一种语言，经过 Transformer 模型输出为另一种语言。将这个黑盒拆开来看，里面包括了编码组件和解码组件，以及这两个组件之间的交互。编码组件由一堆编码器构成，解码组件由相同数量的解码器组成。

所有的编码器的结构都是一样的，可以分为自注意力层和前馈神经网络层。输入单词 x 经过自注意力层输出 z，然后将 z 作为前馈神经网络的输入，以此类推。解码器与编码器结构类似，但是在自注意力层和前馈神经网络层之间多了编码—解码注意力层，在这一层中，查询向量来自于前一个解码器层的输出，键向量和值向量来自于编码器的输出，这使得解码器中的每个位置都可以参与输入序列中的所有位置。

另外在 Transformer 结构中，还有几个细节需要注意：

1）残差连接。在编码器和解码器的每一个子层之间都存在一个残差连接，并且跟随一个"归一化"层。

2）位置编码。在 NLP 问题中，每一句话的单词输入顺序很重要，因此，Transformer 在词嵌入中添加了一个位置向量，通过使用不同频率的正弦余弦函数来获得单词的绝对或者相对位置信息。

在 Transformer 模型中，作者引入了"多头"注意力。在上一节中，我们已经了解了单层注意力机制，但是论文作者发现对查询向量、键向量以及值向量进行 h 次不同的线性映射效果特别好，因此提出了"多头"注意力机制。多头注意力机制就是将学习到的线性映射分别映射到 d_k、d_k 和 d_v 维，对每个映射之后得到的查询向量、键向量以及值向量进行自注意力函数的并行操作，得到了 d_v 维的输出。输出的矩阵与附加权重 W^O 相乘，得到压缩后的矩阵，该矩阵中融合了所有注意力头信息。用图来表示计算过程，如图 12-13 所示。

多头注意力机制主要提高了两个方面的性能：一方面，它扩展了模型对于不同位置的专注能力，比如我们在本节一开始提出的问题，"he"指的是 Tom 还是 Jerry；另一方面，它给出了注意力层的多个"表示子空间"，即每个单词可以映射到不同的表示子空间中。

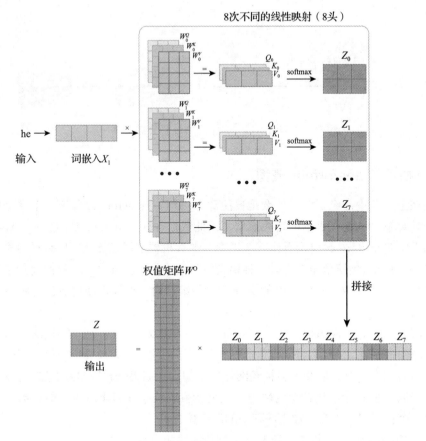

图 12-13　多头注意力机制计算流程

图 12-14 所示为 Transformer 的整体框架图。

12.3.3　Evolved Transformer 结构

2019 年，谷歌提出了一种新的思想：利用神经架构搜索的方法找到最好的 Transformer 架构。因此，提出了基于进化算法的 Transformer 架构搜索算法。首先根据前馈序列模型的最新进展构建一个大的搜索空间，然后使用进化算法进行架构的搜索，用 Transformer 模型来初始化种群。下面，我们将分搜索空间和搜索算法两个方面介绍该框架。

1. 搜索空间

在该问题中，搜索空间是由两个可堆叠的单元组成的（见图 12-15），一个是编码器，一个是解码器，编码器包含 6 个块，解码器包含 8 个块。每个块包含两个分支，每个分支都接受前面的隐藏层作为输入，然后对其应用归一化、卷积层（具有指定的相对输出维度）和激活函数。然后，这两个分支通过组合函数连接起来。任何未使用的隐藏状态都会通过加法自动添加到最后的块输出中。以这种方式定义的编码器和解码器单元均重复其相应的单元数次，并连接到网络的输入和输出嵌入部分，生成最终的模型。

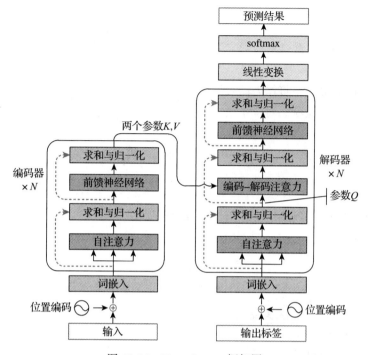

图 12-14　Transformer 框架图

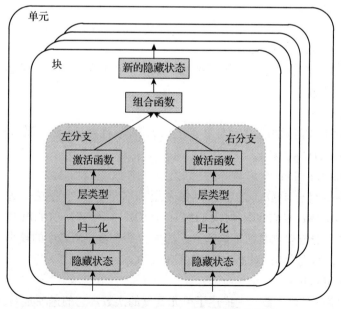

图 12-15　Evolved Transformer 搜索空间

我们的搜索空间包含 5 个分支级搜索字段（input、normalization、layer、relative output dimension 和 activation）、1 个块级搜索字段（combiner function）和 1 个单元级搜索字段（number of cells）。

下面我们分别介绍这些基本搜索字段（参数）。

（1）Input

指定单元中的隐藏状态将作为输入提供给分支。对于每个第 i 个块，其分支的输入选项为 $[0, i)$，其中第 j 个隐藏状态对应于第 j 个块输出，第 0 个隐藏状态为单元格输入。

（2）normalization

归一化层，在应用层转换之前应用于每个输入。提供两个选项 [LAYER normalization, NONE]。一般选择前一个字段。

（3）layer

规范化后应用的神经网络层。它提供的选项包括：

❑ 标准卷积 $w \times 1$，$w \in \{1, 3\}$

❑ 深度可分离卷积 $w \times 1$，$w \in \{3, 5, 7, 9, 11\}$

❑ 轻量卷积 $w \times 1 r$，$w \in \{3, 5, 7, 15\}$，$r \in \{1, 4, 16\}$，r 是缩减因子，相当于 d / H

❑ h 头注意力层：$h \in \{4, 8, 6\}$

❑ 门控线性单元

❑ 参与编码器（解码器专用）

❑ 恒等式：不对输入进行转换

❑ 死分支：没有输出

对于解码器卷积层，输入偏移 $(w-1)/2$，以便当前位置无法"看到"后面的预测。

（4）relative output dimension

相对输出维度，它描述了相应图层的输出维度。该参数解释了可变的输出深度，可选字段包括 10 个相对输出大小：$[1, 10]$。

（5）activation

激活函数，即在神经网络层之后对每个分支应用非线性激活函数。激活函数包括 {SWISH, RELU, LEAKY RELU, NONE}。

（6）combiner function

块级搜索字段组合函数描述了如何将左层和右层分支组合在一起。它的选项包括 {ADDITION, CONCATENATION, MULTIPLICATION}。对于 MULTIPLICATION 和 ADDITION，如果右和左分支输出具有不同的嵌入深度，那么填充两者中的较小者以使维度匹配。对于 ADDITION，填充为 0；对于 MULTIPLICATION，填充为 1。

（7）number of cells

单元级搜索字段是单元数，它描述了单元重复的次数。它的选项是 $[1, 6]$。

因此，在搜索空间中，子模型的基因编码表示为：[left input, left normalization, left layer, left relative output dimension, left activation, right input, right normalization, right layer, right relative output dimension, right activation, combiner function]×14 + [number of cells]×2。

2. 搜索策略

在该框架中，使用锦标赛选择进化搜索策略。首先定义描述神经网络架构的基因编码；然后，从基因编码空间中随机采样来创建个体从而创建一个初始种群。基于这些个体在目标任务上描述的神经网络的训练为它们分配适应度（fitness），再在任务的验证集上评估它们的表现。接着，研究者对种群进行重复采样，以产生子种群，从中选择适应度最高的个体作为亲本（parent）。被选中的亲本使自身基因编码发生突变（编码字段随机改变为不同的值）以产生子模型。然后，通过在目标任务上的训练和评估，像对待初始种群一样为这些子模型分配适应度。当适应度评估结束时，再次对种群进行抽样，子种群中适应度最低的个体被移除，也就是从种群中移除。最后，新评估的子模型被添加到种群中，取代被移除的个体。这一过程会重复进行，直到种群中出现具备高度适应度的个体。

具体搜索过程如图 12-16 所示。

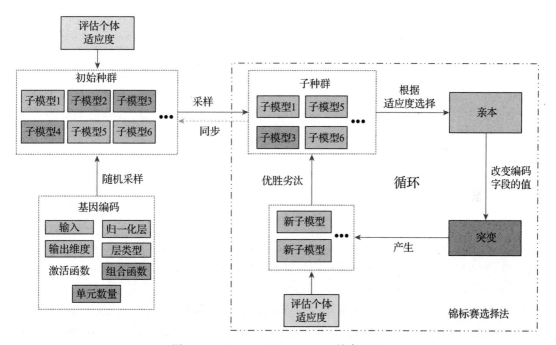

图 12-16　Evolved Transformer 搜索过程

由于进化算法的搜索需要很大的时间代价，为了加快搜索过程，论文《 The Evolved Transformer 》的作者在锦标赛选择法的基础上提出了一种渐进动态障碍（PDH）优化策略，根据资源的适用性将资源动态分配给更有前景的架构。该算法首先训练子模型固定数量的 s_0 步，并在验证集上进行评估以生成适应度，作为基线适应度，与障碍（h）进行比较，以确定是否应该继续训练。每个 h_i 表示子模型在 $\sum_{j=0}^{i} s_j$ 训练步骤后必须具备的适应度，才能继续训练。每次通过一个障碍 h_i，模型都会训练额外的 s_{i+1} 步。如果模型的适应度低于与它所训练的步数相对应的障碍，则训练立即结束，并返回当前的适应度。具体流程如图 12-17 所示。

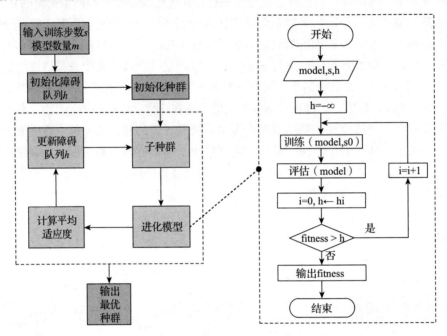

图 12-17   渐进动态障碍策略过程

12.4   参考文献

[1]   LIU C, CHEN L C, SCHROFF F, et al. Auto-DeepLab: Hierarchical neural architecture search for semantic image segmentation[J]. arXiv preprint arXiv:1901.02985, 2019.

[2]   XIE S, KIRILLOV A, GIRSHICK R, et al. Exploring randomly wired neural networks for image recognition[J]. arXiv preprint arXiv:1904.01569, 2019.

[3]   VéNIAT T, SCHWANDER O, DENOYER L. Stochastic Adaptive Neural Architecture Search for Keyword Spotting[C]//ICASSP. 2019 IEEE International Conference on Acoustics, Speech and Signal Processing (ICASSP). IEEE, 2019: 2842-2846.

[4]   VASWANI A, SHAZEER N, PARMAR N, et al. Attention is all you need[C]//NIPS. Advances in neural information processing systems 30. New York: Curran Associates, 2017: 5998-6008.

[5]   SO D R, LIANG C, LE Q V. The Evolved Transformer[J]. arXiv preprint arXiv:1901.11117, 2019.

[6]   HA D, DAI A, LE Q V. Hypernetworks[J]. arXiv preprint arXiv:1609.09106, 2016.

第 13 章

自动化模型压缩与加速

我们在前面章节已经介绍了基于进化算法、强化学习的神经架构搜索，搜索加速方案以及 AutoDL 的应用。我们都知道深度学习模型的结构和参数往往是冗余的，因此为了将庞大的模型部署到移动设备中去，一个很重要的环节就是模型压缩与加速。在这一章中，我们将介绍经典的模型压缩方法以及轻量级模型的设计，并简要介绍现有的关于自动化模型压缩与加速的算法和框架，最后我们还引入了轻量级模型的自动搜索算法。

13.1 从生物角度看模型压缩的重要性

13.1.1 人脑神经元的修剪

从生物学角度看，神经元的修剪和可塑性是贯穿整个生命过程的，在子宫里，婴儿的大脑发育由早期前体细胞向外迁移发展为神经元。在这之后，会长出大量的树突和轴突，与此同时，对神经元突触的修剪也在进行着，并且是有选择性的修剪：多达 50% 的突触会凋亡（因为没有建立起有效连接），那些经常被使用到的神经连接则被塑造得强大和高效。突触修剪的速度在出生到两岁之间达到顶峰，此后慢慢减缓，在青春期时又会有个小高峰（见图 13-1）。

如果突触不被修剪会怎样？过多的无用信息将塞满大脑，使得信息的接收、传递以及搜索和输出都出现问题，从而影响大脑功能。人类要一代代地适应不断变化的环境，就要求一个可学习、可变化并且高效

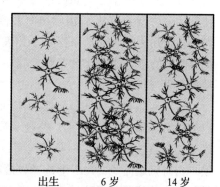

| 出生 | 6 岁 | 14 岁 |

图 13-1 人脑神经元的修剪过程

的大脑——保留成功的经验，抛弃那些只会减缓运转速度的无用信息。对于人工神经网络，修剪能在保持相同性能的前提下降低计算成本；而且，通过减少参数数量可以减少参数空间的冗余，从而提高泛化能力。

13.1.2   大脑的冗余性

经常有人夸张地说，人类的大脑开发程度只有10%，虽然这种说法过于绝对，但是我们不得不承认大脑的大部分区域都处于休息状态，这些区域并不是多余的，而是作为一种知识储备，即所谓的"冗余"状态。我们身体上的很多器官都是冗余的，比如一个人有两个肾脏，失去一个也不会威胁生命，这种冗余的作用就在于提高人类的生存率，拥有冗余的器官可以防止因局部器官受损而直接死亡。大脑比较特殊，冗余的脑部神经网络是用来应对生活中的不确定性的，比如错综复杂的语言能力等。同理，人工神经网络的参数也是冗余的，为了训练一个性能良好的网络结构，神经网络必须从更冗余的参数中进行学习。

那么，大脑最强大的部分是什么呢？是学习能力。正如我们常讲的，"授人以鱼不如授人以渔"，这句话背后的含义就是直接收获"知识"不是最重要的，更重要的是理解"知识"背后的思维能力。正因为脑部神经网络的冗余性，我们有了思维能力，有无穷的潜力去学习新知识。

那知识是如何被学习的？托尔曼迷宫实验对它进行了一定的解释。托尔曼迷宫实验是由美国心理学家爱德华·托尔曼建立的一系列对"学习"概念的实验。他为了验证他的假说建立了一系列迷宫作为学习情境，其中有三个非常经典的实验，分别是认知地图实验、迂回实验和潜伏实验。他认为学习者所学习的并不是知识，而是预期（或目的）与自己的实际行动之间的联系或者行动与预期结果之间的前验概率，并以证实为中心来强化大脑的相关响应思考。

首先来看认知地图实验，托尔曼认为学习是一种对预期结果的大脑映射过程。这个实验有 A、B 两组白鼠，如图 13-2 所示，F_1，F_2 都有一定量的食物，A 组白鼠从 S_1 出发向右转到达食物点 F_1，从 S_2 出发也向右转到达食物 F_2，反复试验多次。B 组白鼠则从起点 S_1 出发向右转到达食物点 F_1，若从 S_2 出发则向左转到达食物点 F_1，F_2 是固定的。实验结果表明，B 组白鼠的学习速度比 A 组快。这一事实可以认定，大脑的学习过程实际是期望与行动之间的意义与联系。

迂回实验也是证明位置学习中间过程的实验，这一实验使用一个拥有三条路径通向终点的迷宫，如图 13-3 所示，路径 1 最短，路径 2 次之，路径 3 最长。实验时先让白鼠熟悉三条通向食物的途径，一般情况下，白鼠选择较短的途径通向食物，当路径 1 被堵塞的时候，白鼠就在路径 2 与 3 中选择较短的路径 2，如果路径 1 和 2 都被堵塞了，白鼠只好走路径 3 了。就好像白鼠头脑中有一个迷宫情景地图，更明确了它们的空间优先关系，可见学习不是对平时训练的过程顺序的习惯与记忆，而是对迷宫的空间关系进行认知。

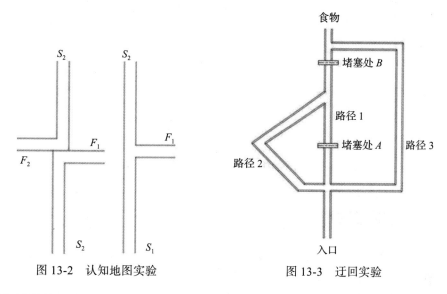

图 13-2　认知地图实验　　　　　　图 13-3　迂回实验

托尔曼的另一个证明学习的中间过程的实验是潜伏实验。这里有三组白鼠在复杂迷宫中被训练，它们分别在到达终点后被立即给予奖励、不给予奖励和在实验中途开始被给予奖励。结果发现，最后一组白鼠在获得奖励后到达迷宫终点的错误次数少于不奖励的组，更少于奖励组。

为什么中途才开始奖励的小组的错误在得到食物强化后，错误却会明显少于奖励组呢？托尔曼认为学习并不是由于强化而获得动作反应范型，而是形成一种认知结构，这种认知结构的发展在没有强化的情况下也可以进行。

13.1.3　修剪的意义

网络修剪，就是把所对应的网络当成一棵树，树上并不是每个连接都有用，有一些连接可以删掉，且网络性能损失最小。修剪的过程可以描述为：首先设损失函数，用来表示原始网络的误差与删掉某个节点之后的误差二者之间的关系。然后计算每个节点的显著性（saliency，删除节点之前和之后的误差）。最后把所有的参数显著性计算出来并存在矩阵 M 中，删除显著性最小的节点。如此循环，一直到达到满意的压缩比为止。修剪的好处包括：

1）修剪可以在保证精度的情况下删除深度网络结构中不重要的参数和连接，从而节约计算和存储成本。

2）参数的减少有助于提高网络的泛化能力。

图 13-4 所示为两种不同的修剪方法，一种是神经元的修剪，另一种是连接的修剪。我们在后面章节会详细介绍这些方法。

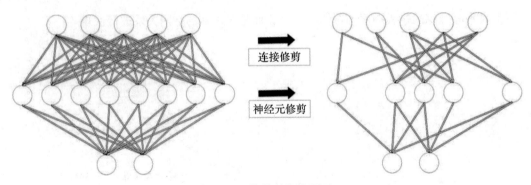

图 13-4　修剪的概念图示

13.2　模型压缩发展概述

近年来，深度学习在人工智能领域取得了重大的突破。在计算机视觉、自然语言处理、语音识别等领域，深度学习模型均优于传统方法。但是在利用深度网络结构解决实际问题的时候，为了达到更高的精度，神经网络模型越来越复杂，参数越来越多，随之而来的就是模型过于庞大和参数冗余的问题。

首先，对于现在以嵌入式设备、智能手机等移动设备软件为优先竞争目标的 Facebook、百度等公司来说，很多衍生软件都必须通过应用商店来更新，然而使用它们的用户对于安装包或者更新包的大小非常敏感。例如，苹果的应用商店对大小超过 100MB 的软件更新进行了限制，软件更新只允许在 Wi-Fi 条件下进行。所以，用户会对一个很大的软件的使用非常慎重，甚至迫使部分低配置用户直接放弃该软件而去选择其他更加轻量化的类似功能的软件，这样不利于产品的竞争。

另一方面，过于庞大的网络导致内存消耗增大，这样直接导致了设备功率的增加，这让移动设备的用户同样难以接受。

因此，在不显著降低模型性能的情况下，深度学习模型压缩和加速是一种自然的思路。近几年发展起来的模型压缩和加速的先进技术大致可分为 4 种方案：参数修剪（parameter pruning）和共享、低秩分解（low-rank factorization）、迁移 / 压缩卷积滤波器（transferred/ compact convolutional filters）和知识精炼（knowledge distillation）。

基于参数修剪和共享的方法的核心是去除不重要的参数。基于低秩分解技术的方法使用矩阵 / 张量分解来估计深层 CNN 中最具信息量的参数。基于迁移 / 压缩卷积滤波器的方法通过设计特殊结构的卷积核以减少存储和计算成本。而知识精炼则设计了教师模型和学生模型，即训练一个更加紧凑的神经网络以再现大型网络的输出结果。

如图 13-5 所示，模型压缩方法可以分为前端和后端两种，后端的压缩方法会改变网络结构，压缩结果不可逆。我们根据所有方法的简易程度将模型压缩方法大致分为 4 个级别，分别为入门级、初级、中级以及高级方法，后续将一一介绍。

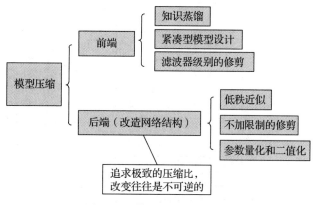

图 13-5　模型压缩方法概览

13.3　入门级方法：量化技术

13.3.1　量化技术

一般而言，神经网络模型的参数都是用的 32bit 长度的浮点型数表示，实际上参数精度对于深度网络的性能（预测精度）没那么重要，不需要保留那么高的精度，可以通过量化，比如用 0～255 表示原来 32 bit 所表示的精度，通过牺牲精度来降低每一个权值所需要占用的空间，从而压缩和加速深度神经网络模型。量化技术包括标量量化、乘积量化、残差量化以及二值化。

标量量化（基于 k-means）：对于参数矩阵 $W \in R^{m \times n}$ 集成所有标量值为 $w \in R^{1 \times mn}$，然后执行 k-means 聚类算法，如图 13-6 所示。聚类之后 W 中的每个值都被分配了一个聚类索引以及由聚类中心 $c^{1 \times k}$ 形成的码本。每一个 W_{ij} 都可以用距离其最近的聚类中心表示，只需存储 $m \times n$ 个索引以及 K 个聚类中心。

乘积量化：乘积量化就是把原始数据划分成若干个子空间，在每个子空间中分别进行 k-means。

残差量化：残差量化可以看作一种分层量化或者迭代量化。首先对原始的参数矩阵 $W \in R^{m \times n}$ 使用 k-means，然后使用聚类中心对其进行表示 W_{c1}，然后计算残差 $W' = W - W_{c1}$。对 W' 继续使用 k-means，重复上述过程。于是，W_i 可以表示为多级聚类中心之和，$W_i = c_j^1 + c_j^2 + \cdots + c_j^t$，如图 13-7 所示。

二值化：设定一个阈值，若权值大于该阈值，将该权值量化为 1；否则，量化为 –1。

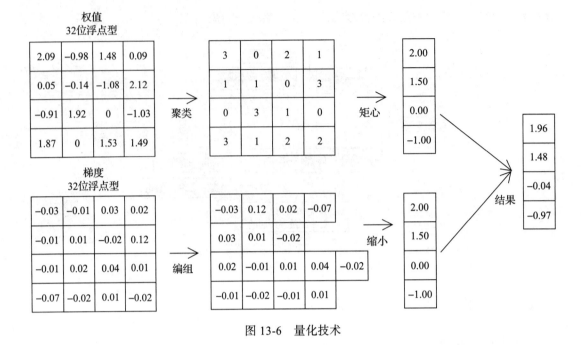

图 13-6　量化技术

13.3.2　二值化网络

随着对神经网络研究深度不断推进，学界研究人员发现传统的神经网络对计算成本和内存容量要求较高，而以二值化为代表的参数量化技术则可以有效地改善这些问题。二值化的深度神经网络不仅有助于减小模型的存储大小，节省存储容量，而且能加快运算速度，降低计算成本。

2015 年 11 月，二值神经网络 BinaryConnect 被提出。BinaryConnect 的核心思想是仅在前向后向传播中二值化权重为 1 或者 −1，这样可以节省三分之一的计算量，能有效节省训练时间。紧接着在 2016 年年初，Matthieu 和 Itay 提出

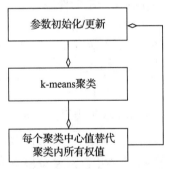

图 13-7　残差量化

BinaryNet。与 BinaryConnect 不同的是，BinaryNet 将权值和隐藏层激活值同时二值化，并提出了 xnorcount 和 popcount 两种运算代替传统的网络运算。同年，Mohammad Rastegari 等人首次提出了 XNOR-Net 的概念。XNOR-Net 的原理很简单，通俗来讲就是根据权值符号进行二值化，大于零的权值变成 +1，小于零的权值变成 −1。XNOR-Net 通过把数值计算型的卷积操作转换成位运算来实现加速计算。图 13-8 所示为 XNOR-Net 的简单计算流程。

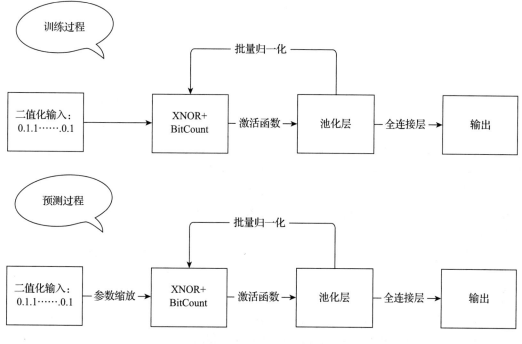

图 13-8　XNOR-Net 算法流程

2017 年，旷世科技 Face++ 推出 DOReFa-Net，可以实现权重（weight）、激活值（action）、梯度（gradient）的全部二值化。其中权重、激活值、梯度分别用 1、2、4 比特表示。DOReFa-Net 对比例因子的设计也很简单，对卷积层的最终输出进行均值常量计算作为比例因子。

13.3.3　TensorRT

TensorRT 是 NVIDIA 推出的一款基于 CUDA 和 cudnn 的神经网络推断加速引擎，相比于一般的深度学习框架，在 CPU 或者 GPU 模式下它可提供 10 倍乃至 100 倍的加速，极大提高了深度学习模型在边缘设备上的推断速度。将 TensorRT 应用在 NVIDIA 的 TX1 或者 TX2 上，可实现深度学习网络的实时推荐，且不需在内存较少的嵌入式设备上部署任何深度学习框架。

在计算资源并不丰富的嵌入式设备上，TensorRT 之所以能加速神经网络的推断主要得益于两点。首先是 TensorRT 支持 INT8 和 FP16 的计算，通过在减少计算量和保持精度之间达到一个理想的平衡，达到加速推断的目的。更为重要的是，TensorRT 对于网络结构进行了重构和优化，主要体现在以下几个方面；其一，TensorRT 通过解析网络模型将网络中无用的输出层消除以减小计算；其二，对于网络结构的垂直整合，即将目前主流神经网络的 conv、BN、ReLU 三个层融合为了一个层；其三，对于网络的水平组合，水平组合是指将输入为相同张量和执行相同操作的层融合一起；其四，对于 concat 层，将 contact 层的输入直接送入下面的操作中，不用单独进行 concat 后再输入计算，相当于减少了一次传输吞吐。TensorRT 工作原理图如图 13-9 所示。

13.4 初级方法：修剪法

13.4.1 修剪法

对训练好的模型进行修剪是目前模型压缩与加速方法中使用最多的一种，通常会寻找一种评价方法来判断参数或者通道的重要性，修剪不重要的连接或者通道来减少模型冗余。修剪法可以分为非结构化修剪和结构化修剪，下面将一一介绍。

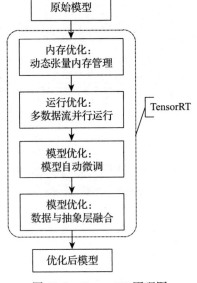

图 13-9　TensorRT 原理图

（1）非结构化修剪

为了学习更复杂的数据集，深度模型的规模越来越大。一个趋势是在大规模集群进行大型矩阵相乘运算来训练上百万的参数，另一个趋势把深度学习部署到低能耗、嵌入式设备。从计算和能耗角度看，深度网络的训练和测试相关的矩阵操作是非常昂贵的。所以，很多研究开始在不牺牲精度的前提下，压缩神经网络以降低计算量。常见的方法有：

- ❑ 静态阈值法：给网络参数设定阈值，低于阈值的都丢弃掉。
- ❑ Dropout：以等概率性随机丢弃一些节点。
- ❑ Adapative Dropout：使用伯努利分布，取样的概率正比于激活值。
- ❑ Winner-Take-All：这种策略只保留隐藏层排名前 $k\%$ 的激活值。
- ❑ 随机性哈希法：类似于 Adapative Dropout，但是采用局部敏感性哈希来提高最大内积搜索效率，从而快速选择激活值最大的那些节点。

（2）结构化修剪

结构化修剪比较有代表性的方法包括两类：滤波器修剪（filter pruning）和通道修剪（channel pruning）。

滤波器修剪可以进一步分为 Hard Filter Pruning（HFP）和 Soft Filter Pruning（SFP）。HFP 是一种粗粒度修剪方法，即寻找一些指标来对卷积核进行排序，对于不符合指标的卷积核全部修剪（删除），然后再对网络进行微调，微调的过程中不包括已经被修剪的卷积核。SFP 与 HFP 的不同之处在于，SFP 是在每一个 epoch 训练结束之后将被修剪的卷积核的值置为 0，但是仍然参与下一次迭代更新，即每一次的迭代更新的卷积核数量是一样的，只是值为 0 的卷积核不完全相同。两种方法相比，HFP 的性能损失较为严重，SFP 更加节省时间。

通道修剪可以概括为两个步骤：第一步是通道选择，即对权重添加一个 L1 范数进行约束，L1 范数使得权重中大部分值为 0，从而使权重更加稀疏，然后把稀疏的通道剪掉；第二步是重建，即基于最小二乘法来约束修剪后输出的特征图，使得它尽可能和修剪前输出的特征图相等。

图 13-10 是一个比较经典的深度压缩算法，该算法一共包含三个步骤：首先对模型进行修剪，然后参数量化，最后再经过霍夫曼编码进一步压缩。如果对该算法感兴趣，可阅读文献《 Deep Compression ： Compression Deep Neural Network with Pruning，Trained Quantization and Huffman coding 》深入研究。

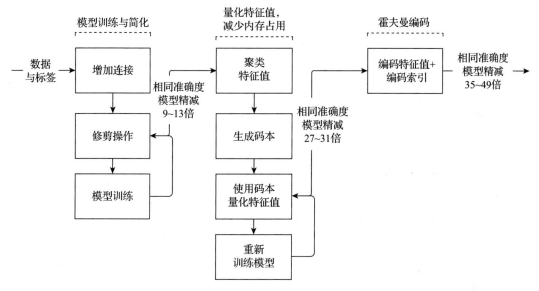

图 13-10　深度压缩模型图

通过修剪过滤器来压缩和加速深度学习的方法中，比较具有代表性的网络是 ThiNet。一般的修剪方法是数据独立型，而 ThiNet 的修剪方法是数据依赖型。其大致流程如下：输入一些训练数据，通过比较不同输入通道对应的输出特征图的激活值，找出对激活值影响比较小的输入通道并修剪，最后修剪上一层中与这些输入通道对应的过滤器。ThiNet 遵循的原理是：对激活值影响小的输入通道是冗余通道，可以修剪，其对应的过滤器也可以修剪。

13.4.2　修剪与修复

（1）修剪后修复

尽管 DNN 模型通常需要大量的参数来保证它无与伦比的性能，但是它们的参数存在显著的冗余性。因此，使用一个正确的策略，可以在不损失预测精度的前提下压缩这些模型。在众多现有的方法中，网络修剪表现突出，因为它在防止精度丢失方面表现出惊人的能力。例如，斯坦福大学的 Song Han 提出通过删除不重要的参数来得到"无丢失的"深度学习网络的压缩，这个过程很像一个手术过程，所以可以把这个过程称为"动态网络手术（dynamic network surgery）"。

动态网络手术算法中涉及两个操作：修剪和修复。如图 13-11 所示，修剪操作是为了压缩网络模型，这一操作会导致精度的损失，为了弥补损失，把修复操作融入网络手术中，如果发现被剪掉的连接很重要时，就进行修复操作。这种方法不仅可以实现模型压缩，而且有利于提高学习效率。

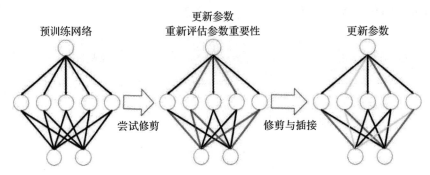

图 13-11　动态网络手术原理

（2）自动生成神经网络

传统的构建神经网络的方法是：训练过程中遍历整个网络的参数，直到得到满意的性能和准确度。这种方法存在多方面的问题：首先，基于反向传播的训练方法仅训练权重，整个训练过程中网络架构是固定不变的；其次，训练的过程很漫长，需要大量的计算；最后，训练得到的网络结构中的参数存在大量冗余。为了解决这些问题，普林斯顿大学提出了一种全新的神经网络生成工具：NeST。

NeST 既训练神经网络权重又训练架构（见图 13-12）。受人脑学习机制的启发，NeST 从一种稀疏的神经网络（类似于初生儿）开始，经过两个连续阶段合成神经网络：基于梯度的成长阶段和基于量级的修剪阶段。在生长阶段，神经网络根据梯度信息生成连接和神经元，从而得到想要的准确率。在修剪阶段，神经网络继承成长阶段合成的架构和权重，基于重要性逐次迭代修剪冗余连接和神经元。最后，得到一个轻量神经网络模型后 NeST 停止，该模型可以在准确率和冗余性之间取得很好的权衡。

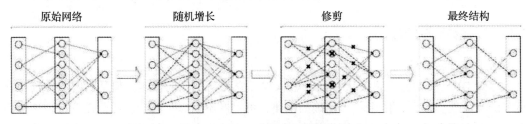

图 13-12　NeST 网络模型

13.5　中级方法：稀疏化技术

13.5.1　正则化

正则化，即修改目标函数和学习问题，从而得到一个参数较少的神经网络。正则化分为非结构正则化和结构正则化，非结构正则化技术一般包括 L0 正则项、L1 正则项和 L2 正则项，结构正则化技术常用的范式包括 group-lasso 范式和 L2.1 范式。结构化稀疏在卷积神经网络里有两个不同的应用场景：对还没有训练过的网络进行稀疏化（模型训练与模型稀疏化同步进行），以及对已经训练好的网络进行稀疏化（模型训练之后再对模型进行稀疏化）。

以 L2.1 范式为例，主要思路是使用一种简单易行的方法预先定义结构化稀疏模式。也就是，在网络学习过程中强制使用设定的稀疏模式，并且不依赖于数据。例如，把过滤器的尺寸降低到尽可能小的尺寸，例如 3×3，甚至更小的尺寸。这个方法的一个优势在于可以选用非矩形的过滤器，而它的一个弊端是：在设计一个带有多个卷积层的体系结构的时候，没有很清晰的设计原则来指导如何选择过滤器形状。所以，更好的方法是不要预先固定结构化稀疏模式，而是在训练网络的过程中找到合适的结构化稀疏模式。为了实现这个策略，一个经典的方法就是使用基于范式的结构化稀疏。

13.5.2　知识精炼

知识精炼（Knowledge Distillation，KD），它可以将深度和宽度的网络压缩为浅层模型，该压缩模型模仿了复杂模型所能实现的功能。KD 的基本思想是通过软目标学习教师输出的类别分布而将大型教师模型（teacher model）的知识精炼为较小的模型。

KD 压缩框架，即通过遵循学生—教师的范式减少深度网络的训练量，这种学生—教师的范式即通过软化教师的输出而惩罚学生。该框架将深层网络（教师）的集成压缩为相同深度的学生网络。为了完成这一点，学生学要训练以预测教师的输出，即真实的分类标签。尽管 KD 方法十分简单，但它同样在各种图像分类任务中表现出期望的结果。

FitNet 将 KD 的思想扩展到允许训练比教师更深更薄的学生，不仅使用教师所学到的输出，还使用教师所学到的中间表征作为提示，以改善学生的训练过程和最终表现。如图 13-13 所示，由于学生中间隐含层一般小于教师中间隐含层，因此引入额外的参数将学生隐含层映射到教师隐含层的预测中。

13.5.3　张量分解

卷积运算在深度 CNN 中占据了大部分计算量，因此减少卷积层可以提高压缩率和整体加速比。可以将卷积核看成是一个 4 维张量。基于张量分解的思想是通过直觉得到的，即在 4 维张量中存在大量的冗余，这是一种消除冗余的特别有前途的方法。对于全连接层，可以将其视为二维矩阵，其低秩性也有帮助。低秩近似是逐层进行的。其中一层的参数在完成后固定，并根据重构误差准则对其进行微调。这些是压缩二维卷积层的典型低秩方法，如图 13-14 所示。

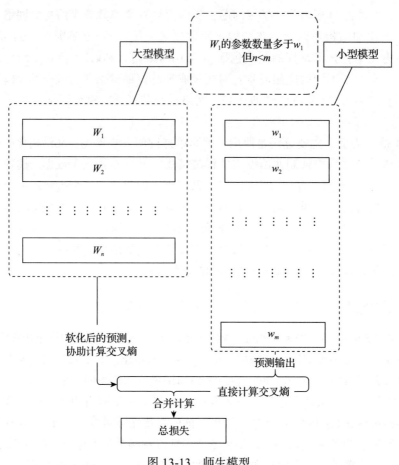

图 13-13　师生模型

（1）秩

秩是矩阵中的概念，为了从方程组中去掉多余的方程，引出了"矩阵的秩"。矩阵的秩度量的就是矩阵的行列之间的相关性。为了求矩阵 A 的秩，我们通过矩阵初等变换把 A 化为阶梯型矩阵，若该阶梯型矩阵有 r 个非零行，那么 A 的秩 $rank(A)$ 就等于 r。如果矩阵的各行或列是线性无关的，矩阵就是满秩的，也就是秩等于行数。

（2）低秩

如果 X 是一个 m 行 n 列的数值矩阵，$rank(X)$ 是 X 的秩，假如 $rank(X)$ 远小于 m 和 n，则我们称 X 是低秩矩阵。低秩矩阵每行或每列都可以用其他的行或列线性表出，可见它包含大量的冗余信息。利用这种冗余信息，可以对缺失数据进行恢复，也可以对数据进行特征提取。

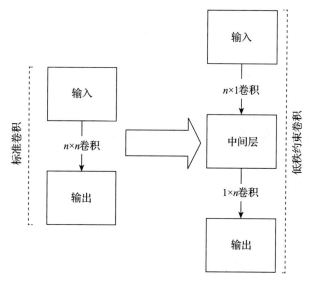

图 13-14　一个典型的低秩正则化方法框架。左边是原始
卷积层，右边是秩为 k 的低秩约束卷积层

（3）张量分解

张量分解也叫低秩分解或低秩近似，可以进一步分为 SVD 分解、Tucker 分解。

SVD 分解即奇异值分解（Singular Value Decomposition），假设矩阵 A 是一个 $m \times n$ 的矩阵，那么定义矩阵 A 的 SVD 为：$A = U\Sigma V^T$。其中 U 是一个 $m \times m$ 的矩阵，Σ 是一个 $m \times n$ 的矩阵，除了主对角线上的元素以外全是 0。从图 13-15 可以看出 SVD 的定义。

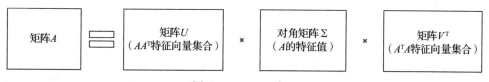

图 13-15　SVD 定义

全连接层的权重矩阵记为 $W \in R^{m \times n}$，首先对 W 进行 SVD 分解，$W = U\Sigma V^T$，为了能够用两个较小的矩阵来表示 W，取奇异值的前 k 个分量。于是，W 可以通过式子 $\hat{W} = \hat{U}\Sigma\hat{V}^T$ 重建，其中 $\hat{U} \in R^{m \times k}$，$\hat{V} \in R^{m \times k}$，压缩比为 $\dfrac{mn}{k(m+n+1)}$。

Tucker 分解是一种高阶的主成分分析，它将一个张量表示成一个核心（core）张量沿每一个 mode 乘以一个矩阵。

13.6 高级方法：轻量级模型设计

相比于在已经训练好的模型上进行压缩处理，轻量化模型设计则是另辟蹊径。轻量化模型设计主要思想在于设计更高效的网络计算方式（主要针对卷积方式），从而使网络参数减少的同时，不损失网络性能。

近年来，轻量化模型设计已经取得了很大的研究进展。2017 年 4 月谷歌发布 MobileNet V1，一个可在计算资源有限的环境中使用的轻量级神经网络。2017 年 7 月，旷视科技（Face++）发布一种极高效的移动端卷积神经网络 ShuffleNet。2018 年 1 月谷歌又在 arXiv 上公布 MobileNet V2，这是一种短小精悍的模型，仅数百万个参数的模型就在 ImageNet 上获得 74.7% 的准确率（top1）。下面将依次介绍这几种模型。

13.6.1 简化卷积操作

初步简化卷积操作的代表模型是 SqueezeNet，由伯克利与斯坦福的研究人员合作发表于 ICLR 2017。SqueezeNet 提出一种 fire module 来进行卷积操作，它包含两个部分：squeeze 层和 expand 层。squeeze 层可以理解为压缩层，使用 1×1 的卷积核来减少通道数量，其卷积核数要少于上一层 feature map 数。expand 层就是扩展层，分别使用 1×1 和 3×3 卷积，然后将得到的 feature map 进行 concat。

fire module 具体操作如图 13-16 所示，输入的特征图为 $H \times W \times M$ 的，输出为 $H \times M \times (e_1 + e_2)$。可以看到特征图的分辨率是不变的，变的仅是维数，也就是通道数。

首先，$H \times W \times M$ 的特征图经过 Squeeze 层，得到 S_1 个特征图，这里的 S_1 均是小于 M 的，以达到压缩的目的。其次，$H \times W \times S_1$ 的特征图输入到 expand 层，分别经过 1×1 卷积层和 3×3 卷积层进行卷积，再将结果进行 concat，得到 fire module 的输出，为 $H \times M \times (e_1 + e_2)$ 的特征图。

SqueezeNet 网络结构如图 13-17 所示，使用了顺序堆叠的方式连接不同的模块。（该网络属于轻量级模型设计，不属于模型压缩方法。）

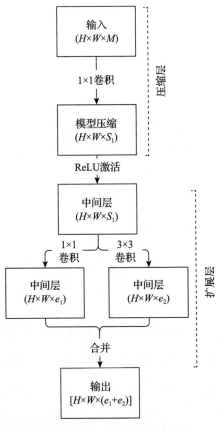

图 13-16 fire module 具体操作

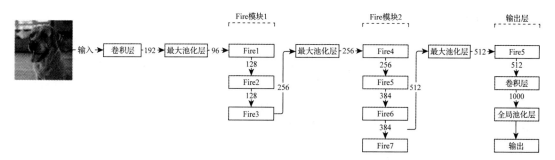

图 13-17 SqueezeNet 网络结构图

13.6.2 深度可分离卷积

设计轻量化模型的另一种方法是采用深度可分离卷积（Depthwise Separable Convolution）操作，深度可分离卷积将标准卷积分解成深度卷积以及一个 1×1 的卷积即逐点卷积。深度可分离卷积分为两步，针对每个单独层进行滤波，然后下一步即结合。这种分解能够大量减少计算量以及模型的大小。如图 13-18 所示，一个标准的卷积被分解成深度卷积以及 1×1 的逐点卷积。

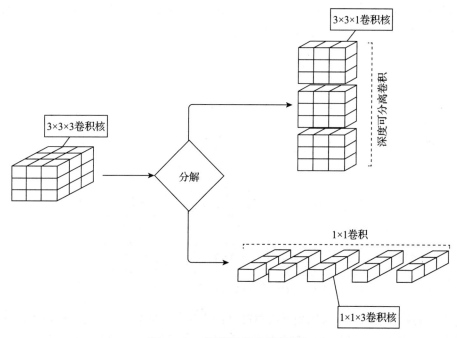

图 13-18 深度可分离卷积图解

使用此方法的代表模型有 MobileNet 和 ShuffleNet。

（1）MobileNet

MobileNet 是 Google 针对手机等嵌入式设备提出的一种轻量级的深层神经网络。Mobile-Net 基于一个流线型的架构，使用深度可分离卷积来构建轻量级的深层神经网络。在 MobileNet 中，深度卷积针对每个单个输入通道应用单个滤波器进行滤波，然后逐点卷积应用 1×1 的卷积操作来结合所有深度卷积得到的输出。该模型还引入了 Width Multiplier 和 Resolution Multiplier 这两个超参数，在延迟度和准确度之间进行有效地平衡。Width Multiplier 是宽度因子 α，用于控制输入和输出的通道数，即输入通道从 M 变为 αM，输出通道从 N 变为 αN。可设置 $\alpha \in (0, 1]$，通常取 1、0.75、0.5 和 0.25。Resolution Multiplier 是分辨率因子 ρ，用于控制输入和内部层表示，即用分辨率因子控制输入的分辨率。可设置 $\rho \in (0, 1]$，通常设置输入分辨率为 224、192、160 和 128。

以上是 MobileNet V1，它的结构其实非常简单，论文里是一个非常复古的直筒结构，类似于 VGG 一样。这种结构的性价比其实不高，后续一系列的 ResNet、DenseNet 等结构已经证明通过复用图像特征，使用 concat/eltwise+ 等操作进行融合，能极大提升网络的性价比。

MobileNet V2 将 MobileNet V1 和残差网络 ResNet 的残差单元结合起来，如图 13-19 所示，用深度可分离卷积代替残差单元的瓶颈结构（bottleneck），最重要的是与残差块相反。通常的残差块是先经过 1×1 的卷积，降低特征图的通道数，然后再通过 3×3 卷积，最后重新经过 1×1 卷积将特征图的通道数扩张回去。而且为了避免 ReLU 对特征的破坏，用线性层替换通道数较少层后的 ReLU 非线性激活。

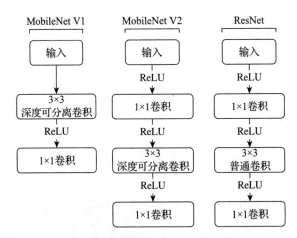

图 13-19 MobileNet 系列模型比较

与之前的残差块相反，采用先升维再降维的方法，这样做的理由是 MobileNet V2 将残差块的瓶颈结构替换为了深度可分离卷积，深度可分离卷积因其参数少，提取的特征就会相对少，如果再进行压缩的话，能提取的特征就更少了，因此 MobileNet V2 就执行了扩张→卷积特征提取→压缩的过程。

ReLU 的特性使得对于负值输入，其输出为 0，而且降维本身就是特征压缩的过程，这样就使得特征损失更为严重，会对通道数较低的张量造成较大的信息损耗。因此执行降维的卷积层后面使用了线性激活层。

（2）ShuffleNet

shuffle 具体来说是通道洗牌（channel shuffle），是将各部分特征图的通道进行有序地打乱，构成新的特征图，以解决分组卷积带来的信息流通不畅问题。

具体的通道洗牌操作如图 13-20 所示，每个过滤器不再和输入的全部特征图做卷积，而和一个分组的特征图做卷积。但是如果多个分组操作叠加在一起，就会产生边界效应，就是某个输出通道仅仅来自输入通道的一小部分。这样学出来的特征会非常局限，于是就有了通道洗牌。

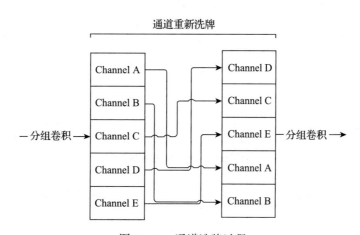

图 13-20　通道洗牌过程

ShuffleNet 借鉴了 ResNet 的思想，从基本的 ResNet 的瓶颈单元逐步演变得到 Shuffle-Net 的瓶颈单元，然后堆叠地使用 ShuffleNet 瓶颈单元获得 ShuffleNet。

图 13-21 所示是 ShuffleNet 模型单元，其中，图 a 是一个带有深度可分离卷积的 bottleneck unit；图 b 把图 a 中 1×1 卷积换成 1×1 分组卷积，并在第一个 1×1 分组卷积之后增加一个通道洗牌操作；图 c 在旁路增加了平均池化，目的是减小特征图的分辨率；因为分辨率小了，最后不采用 Add，而用 concat，从而弥补了分辨率减小而带来的信息损失。

13.6.3　改进的 Inception

Xception 并不是真正意义上的轻量化模型，只是其借鉴（非采用）深度可分离卷积思想，基于 Inception-V3 进行了改进。Inception 假设卷积的时候要将通道的卷积与空间的卷积进行分离，这样会比较好。Xception 中的 X 表示 Extreme，因为 Xception 做了一个加强的假设，即卷积神经网络的特征映射中的跨通道相关性和空间相关性的映射可以完全解耦。

图 13-22 所示为 Inception 模块与简化后的 Inception 模块的对比图。

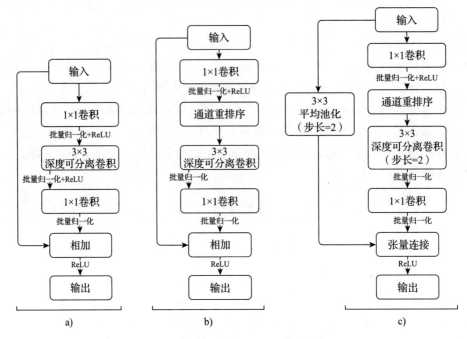

图 13-21 ShuffleNet 单元

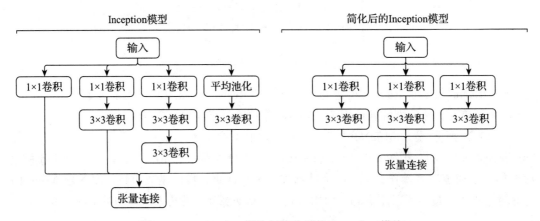

图 13-22 Inception 模块与简化后的 Inception 模块

假设出一个简化版 Inception 模块之后，再进一步假设，把第一部分的 3 个 1×1 卷积核统一起来，变成一个 1×1 的，后面的 3 个 3×3 的分别负责一部分通道。最后提出 Xception 模块，如图 13-23 所示，在所有操作之前，先用 1×1 卷积核对各通道之间（cross-channel）进行卷积。

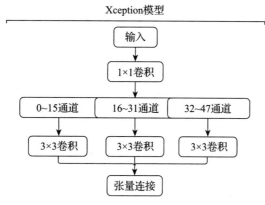

图 13-23　Xception 模块

　　Xception 结构如图 13-24 所示，共计 36 层，分为输入流、中间流和输出流，其中输入流包含 8 个卷积层，中间流包含 3×8=24 个卷积层，而输出流包含 4 个卷积层。

13.7　自动化模型压缩技术

13.7.1　AMC 算法

　　AMC 算法出自论文《AMC: AutoML for Model Compression and Acceleration on Mobile Devices》是韩松、李佳等人提出的用于移动端模型自动压缩和加速的算法，该算法利用强化学习自动采样设计空间并提高模型压缩质量。如图 13-25 所示，将 AMC 作为一个强化学习问题。DDPG 代理以分层的方式处理网络。对于每一层 L_t，智能体接收到一层嵌入 S_t，编码该层的有用特征，然后输出精确的压缩比 a_t。层 L_t 被 a_t 压缩后，智能体移动到下一层 L_{t+1}。在不进行神经网络调优的情况下，对压缩了所有层的修剪模型的验证精度进行了评估，这是神经网络调优精度的一个重要代表。这种简单的近似可以提高不需要重新训练模型的搜索时间，并提供高质量的搜索结果。在策略搜索完成之后，对探索得最好的模型进行调优，以获得最佳性能。

　　AMC 采用了连续动作空间 $a \in [0,1]$，对于细粒度修剪，稀疏度定义为零元素的数量除以总元素的数量，即 #zeros/(n x c x k x h)。对于通道修剪，我们将权重张量收缩到 n x c' x k x k（其中 c'<c），因此稀疏度变为 c'/c。

　　AMC 算法还针对不同的场景提出了两种压缩策略搜索协议。

　　1）对于延迟优先的 AI 应用程序（例如移动应用程序、自动驾驶汽车和广告排名），建议资源约束压缩，以便在给定硬件资源的最大数量（例如失败、延迟和模型大小）下实现最好的精度。

　　2）对于服务质量优先的 AI 应用程序（如 Google 照片）延迟不是硬约束，建议精度保证压缩以实现模型最小且没有精度损失。

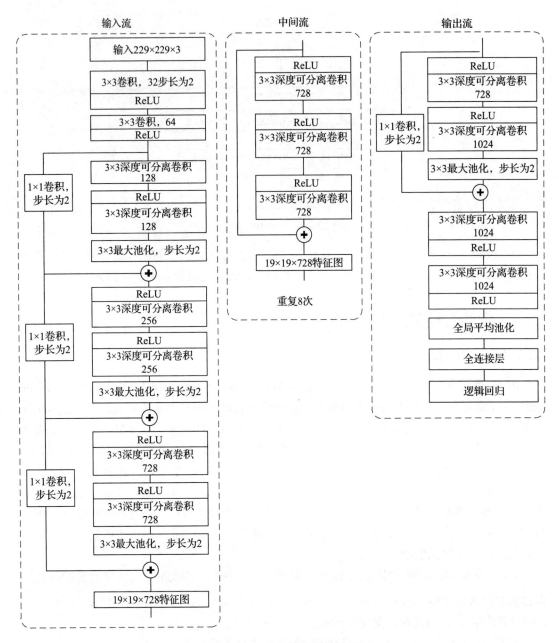

图 13-24 Xception 网络结构

论文作者通过约束搜索空间来实现资源约束压缩，其中约束了动作空间（修剪比率），使得由智能体压缩的模型总是低于资源预算。对于准确性保证的压缩，需要一个奖励，它是精度和硬件资源的函数。有了这个奖励功能，AMC 能够在不损害模型精度的情况下探索压缩极限。

13.7.2　PocketFlow 框架

　　PocketFlow 是腾讯 AI Lab（机器学习中心）研发的面向移动端 AI 开发者的自动化深度学习模型压缩框架。它集成了当前主流的模型压缩与训练算法，开发者无须了解具体算法细节，即可快速将 AI 技术部署到移动端产品上，实现用户数据的本地高效处理。

　　PocketFlow 使用的模型压缩技术主要包括以下两点：

　　1）提出了一种基于感知判别力的通道修剪算法。与传统的通道重要性计算不同，该算法注意到了通道修剪前后的影响，在训练过程中加入额外的损失项，来提升网络中各层的判别力，然后将分类误差与重构误差作为奖励，通过将误差最小化进行通道修剪。

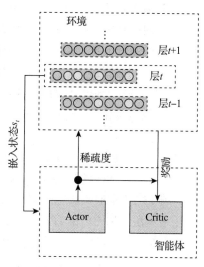

图 13-25　AMC 引擎概述

　　2）研发了 AutoML 自动超参数优化框架。该算法集成了多种超参数优化算法，如高斯计算、树形结构等，通过自动化调参节省算力和时间。

　　PocketFlow 框架主要由两部分组件构成，分别是模型压缩 / 加速算法组件和超参数优化组件，具体结构如图 13-26 所示。

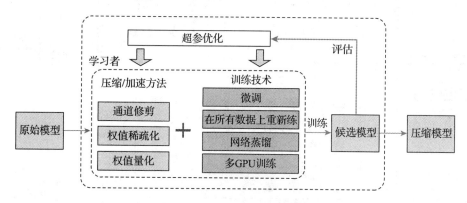

图 13-26　PocketFlow 框架图

　　如图中所示，框架的输入是原始模型，开发者需指定期望的性能指标，如模型压缩后的精度或者压缩率；在每一轮迭代过程中，超参优化组件会自动选取一组超参，模型压缩 / 加速算法组件基于该超参对原始模型进行压缩，得到一个压缩后的候选模型；然后会根据一些评价指标对候选模型进行评估，框架会根据评估结果自动调整模型参数，并选取一组新的超参开始下一轮迭代；当迭代停止时，输出最优的超参数组合以及对应的候选模型，开发者可以进行模型部署。

具体地，PocketFlow 框架中封装的模型压缩方法有以下几种：

- 通道修剪（channel pruning）：在深度学习模型中，对特征图进行通道修剪，可以同时降低模型存储成本和计算成本。
- 权重稀疏化（weight sparsification）：通过对网络权重引入稀疏性约束，可以大幅降低网络权重中的非零元素数量；压缩后模型的网络权重可以以稀疏矩阵的形式进行存储和传输，从而实现模型压缩。
- 权重量化（weight quantization）：该方法可以降低网络权重所需的比特数，节约计算成本。
- 网络蒸馏（network distillation）：将原始模型的输出作为教师网络，指导候选模型的训练，可以进一步提升模型精度。

图 13-27 显示了强化学习算法 DDPG 在模型压缩中的应用，框架的主要部分是三种模型压缩算法，用 GP 和 TPE 算法进行超参优化可以实现模型压缩精度的最大化。网络蒸馏算法未在图中作展示，主要用于模型的训练阶段。

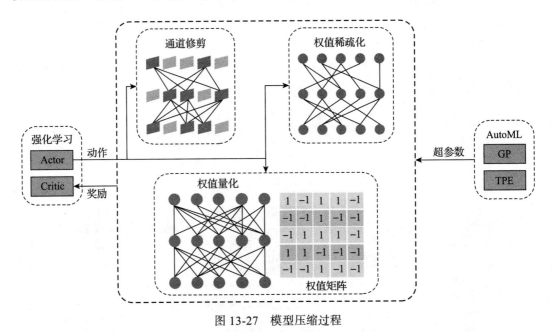

图 13-27　模型压缩过程

13.8　基于 AutoDL 的轻量级模型

13.8.1　问题定义

最优化问题大致可以分为 4 类：1）是否有约束条件；2）变量是否确定；3）目标函数和约束条件是否是线性关系；4）解是否会随时间变化。由以上分类一个或者多个组成的优化问题就叫作"多目标优化问题"。

多目标优化问题广泛存在于现实的各个领域中。每个目标不可能同时达到最优解，就需要对每一个目标设置权重，使多个目标在给定的条件中同时尽可能达到最佳，但如何分配这些权重成为人们研究的热点。随着遗传算法的发展，人们尝试将遗传算法同多目标优化问题结合起来，利用遗传算法的全局搜索能力，避免多目标优化方法陷入局部最优解。

在单目标优化问题中，通常最优解只有一个，而且能用比较简单和常用的数学方法求出其最优解。然而在多目标优化问题中，各个目标之间相互制约，可能对一个目标性能的改善往往是以损失其他目标性能为代价，不可能存在一个使所有目标性能都达到最优的解，所以对于多目标优化问题，其解通常是一个非劣解的集合——帕累托（Pareto）解集。

在存在多个帕累托最优解的情况下，如果没有关于问题的更多信息，那么很难选择哪个解更可取，因此所有的帕累托最优解都可以被认为是同等重要的。由此可知，对于多目标优化问题，最重要的任务是找到尽可能多的关于该优化问题的帕累托最优解。因而，在多目标优化中主要完成以下两个任务：

1）找到一组尽可能接近帕累托最优域的解；

2）找到一组尽可能不同的解。

第一个任务是在任何优化工作中都必须做到的，收敛不到接近真正帕累托最优解集的解是不可取的，只有当一组解收敛到接近真正帕累托最优解，才能确保该组解近似最优的这一特性。

除了要求优化问题的解要收敛到近似帕累托最优域，求得的解也必须均匀稀疏地分布在帕累托最优域上。一组在多个目标之间好的协议解是建立在一组多样解的基础之上的。因为在多目标优化算法中，决策者一般需要处理两个空间——决策变量空间和目标空间，所以解（个体）之间的多样性可以分别在这两个空间中定义。例如，若两个个体在决策变量空间中的欧拉距离大，那么就说这两个解在决策变量空间中互异；同理，若两个个体在目标空间中的欧拉距离大，则说它们在目标空间中互异。尽管对于大多数问题而言，在一个空间中的多样性通常意味着在另一个空间中的多样性，但是此结论并不是对所有问题都成立。对于这样复杂的非线性优化问题，要在要求的空间中找到有好的多样性的一组解也是一项非常重要的任务。

13.8.2　帕累托最优问题

帕累托其实是一个经济学概念，是指资源分配的一种理想状态。给定固有的一群人和可分配的资源，如果从一种分配状态到另一种状态的变化中，在没有使任何人境况变坏的前提下，使得至少一个人变得更好，这就是帕累托改善。帕累托最优的状态就是不可能再有更多的帕累托改善的状态。

在遗传算法过程中，对于 a 和 b 两个个体，个体 a 帕累托支配个体 b 的充要条件是：当且仅当 a 所有的特征优于或者等于 b 的对应特征且存在至少一个特征满足 a 完全优于 b。公式

$$\{\forall i \in \{1, 2, \cdots, n\}, f_i(a) \leqslant f_i(b)\} \cap \{\exists j \in \{1, 2, \cdots, n\}, f_i(a) < f_j(b)\}$$

为最小化多目标问题的计算方法，最大化则相反。比如有 a、b 两辆车，a 的价格比 b 便宜且 a 的性能强于 b，我们就称 a 帕累托支配 b。

对于多目标问题，有时很难找到一个解使得所有目标函数同时满足最优，即该解可能对于某一个函数是最好的但对于其他目标函数却不是最好的，甚至有可能是最差的。对于这样的多目标问题存在一个解集，这些解对于全体目标函数是无法比较优劣的，也就是说无法在改善一个目标函数的情况下不削弱其他任何目标函数，这样的解称为"帕累托最优解"。图 13-28 清晰地表示了帕累托最优解的取值范围。

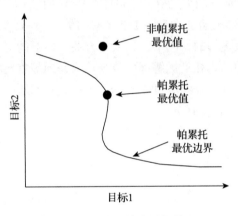

图 13-28   帕累托问题图解

13.8.3   进化算法的应用

（1）基于 CMA-ES 算法

深度神经网络的超参数优化通常使用网络搜索、随机搜索或贝叶斯搜索。而 Ilya Loshchilov 和 Frank Hutter 使用了一种无导数优化的协方差矩阵适应进化策略（CMA-ES），在 30 个并行 GPU 上使用 MNIST 数据集测试。在深度神经网络的超参数优化问题上，基于高斯过程的贝叶斯优化方法是已知最有效率的方法。他们认为整数超参数在宽范围中可以被认为是连续的超参数。

深度神经网络的超参数评估需要训练模型并且在验证集上评估，这个过程相当耗费资源，这导致在一个单独的计算单元上完成超参数优化过程通常是不可能的，而贝叶斯优化方法又是天然连续的。因此他们研究使用其他类型的非梯度连续优化方法。CMA-ES 是一种用于连续黑盒函数的最先进的优化器，它对于大的功能评估有着很好的效果。CMA-ES 是一种迭代算法，在其每次迭代中，从多变量正态分布中抽取 λ 个候选解，接着对这些解（顺序或并行）进行评估，然后调整用于下一次迭代的采样分布，以给好的样本提供更高的概率。种群数量 λ 一般为 10~20，本实验中由于有 30 个 GPU，所以将种群数设置为 30，更大的种群数更有利于噪声和多模态问题。

（2）基于 NSGA 算法

NSGA 和 NSGA-Ⅱ都是基于遗传算法的多目标优化算法，也都使用帕累托最优解作为迭代计算方法。

NSGA 算法通过帕累托算法确定种群中个体之间的支配关系，再按照每个个体受支配个数对种群内的个体进行分级，0 集群为种群内的帕累托最优解集。如图 13-29 所示，每一代开始，通过交叉、变异、遗传方法得到子代，再将种群内的个体进行分级。对处于同一个非支配层的个体计算出适应度，级数越高的个体适应度越低，而级数越低的个体适应度越高。这样做可以尽可能地保留下等级较低的非支配个体，之后按照适应度降序选择出足够多的个体进入下一代。不断重复这样的过程。

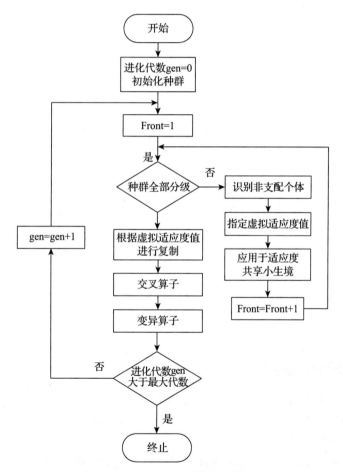

图 13-29　NSGA 工作流程原理图

NSGA-Ⅱ算法在第一代的基础上做出了改进，首先是提出了精英策略，在每一代中选出一定数量的父本作为精英来繁衍下一代，其次是使用拥挤度来替代适应度作为筛选在同一非支配层的个体进入下一代的方法。相比于 NSGA 算法，NSGA-Ⅱ提出了快速非支配排序，降低了算法计算的复杂度（见图 13-30）。

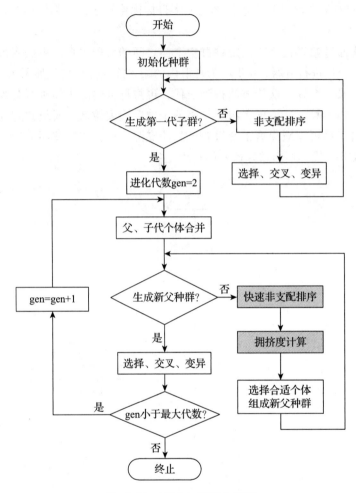

图 13-30   NSGA-Ⅱ基本流程

13.8.4   强化学习的应用

在自动化神经架构搜索方法中的一个重要分支是强化学习的应用，那么一个很自然的想法是，轻量级模型的架构搜索也可以使用强化学习，ShuffleNASNet 就是一种在 ENAS 上改进的神经架构搜索方法。

相比于传统的 NAS，ShuffleNASNet 在搜索空间上做了重大的更改。它使用 shuffle 操作和模型结构，其中每个单元只接收一半的通道作为输入。通道在每一层之后进行 shuffle 操作，隐式地创建到后面单元的残差连接。这样修改简化了单元格内的结构，可以提高模型的时间效率。此外，ShuffleNASNet 还遵循高效网络的指导方针，总结如下：

1）相等的通道宽度可最大限度地降低内存访问成本；

2）过多的 group 卷积会增加内存访问成本；

3）网络碎片降低了并行度；

4）元素操作是不可忽视的。

图 13-31 所示为 NASNet 搜索空间与 ShuffleNASNet 搜索空间的对比图。NASNet 在搜索空间中运行的算法总共采样 2B 操作和 2B 输入层 ID。这些操作应用于它们相应的输入层，并在 B 块中成对求和。此设计违反了上述第 2 条准则。

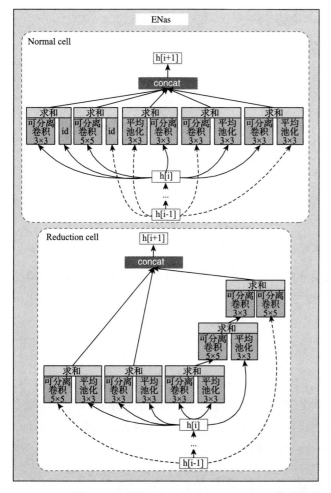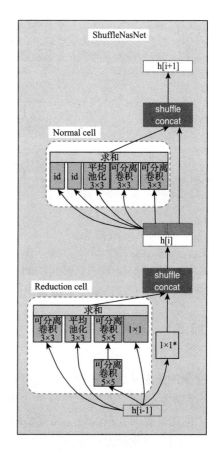

图 13-31　用 ENAS 和 ShuffleNASNet 算法搜索 Normal Cell 和 Reduction Cell

ShuffleNASNet 使用 B 个块结构（操作）作为输入，并使用它们的和作为输出。这种简化使单元格内的碎片减半（准则 3），并大大减少了元素的操作数量（准则 4）。我们将操作更改为始终使用与输出通道（准则 1）相同的输入量，从而提高内存访问成本。因此 ShuffleNASNet 搜索空间总共有 6 个操作：3×3 和 5×5 的可分离卷积、3×3 的最大和最小池化、恒等映射和 1×1 卷积。

ShuffleNASNet 使用高效的 ShuffleNet V2 架构和随机播放操作，而不是像 NAS 一样简单地堆叠。两种设计如图 13-32 所示，其中左图为 NAS 体系结构表示；如中图所示，由于 Cell 的设计，NAS 模型实际上更加复杂；在右图中，由于 ShuffleNASNet 单元嵌入在 split+concat+shuffle 操作中，因此每个单元只使用一半的可用通道。

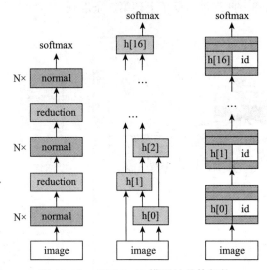

图 13-32 CIFAR-10 模型的总体架构

在每个非池化层中，输入沿通道轴分成两半。前半部分用作单元格输入，然后与第二部分连接，保持不变。最后，对通道进行混洗，以便将另一个子集用于后续单元。池化层只需使用两个路径的完整通道集，每当空间大小减半时，数量就会增加一倍。

13.8.5 可微分架构搜索

卷积网络的架构优化效果主要取决于输入分辨率和目标设备等因素。在过去的研究中，卷积网络准确性的提高是以更高的计算复杂性为代价的，因此将卷积网络部署到计算能力有限的移动设备上更具挑战性。而且不仅仅是准确性，延迟等其他因素也很重要。设计一个准确高效的卷积网络主要需要解决以下几个问题。

（1）网络的设计空间

以 VGG16 为例，对于每一层可以从 {1, 3, 5} 中选择不同的卷积核大小，并从 {32, 64, 128, 256, 512} 中选择不同的过滤器数量，即使是这样设计简单、层数较少的网络也有 $(3×5)^{16} ≈ 6×10^{18}$ 种可能的架构。从 NAS 开始就在架构空间中抽取架构样本进行训练。

（2）优化不具备通用性

卷积网络的架构最优性取决于许多因素，例如输入分辨率和目标设备。一旦这些因素发生变化，最优的架构可能会有所不同。减少网络 FLOP 计数的常见做法是降低输入分辨率。

较小的输入分辨率可能要求网络的接受域较小，因此需要较浅的层。在不同的设备上，同一个操作可能会有不同的延迟，因此我们需要调整卷积网络架构以实现最佳的准确性和效率权衡。

（3）不一致的效率指标

大多数效率指标不仅取决于卷积网络架构，还取决于目标设备上的硬件和软件配置，这些指标包括延迟、功耗、能量等。

为了解决上述问题，提出了一种可微分的神经架构搜索框架（DNAS），该框架使用基于梯度的方法来优化卷积神经架构。FBNet 是由 DNAS 发现的一系列模型，是一系列为移动设备设计的准确高效的卷积网络架构。FBNet 使用分层搜索空间，在这个空间中可以为网络的每一层分别选择结构块。搜索空间由随机超网络表示。搜索过程使用 SGD 训练随机超网络以优化架构分布。之后，FBNet 从训练的分布中采样最佳体系结构。搜索流程如图 13-33 所示。

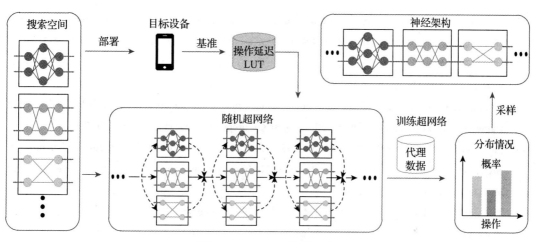

图 13-33　FBNet 搜索流程

在 FBNet 中使用了 DNAS 设计卷积网络结构。首先用一个固定的宏架构构建了一个分层的搜索空间，每一层都可以选择不同的块。宏架构定义了各层的数量和各层的输入 / 输出维度。网络的第一层和最后三层都有固定的操作。对于其余层，需要搜索它们的块类型（TBS 块）。每层的过滤器数量都是根据经验挑选的。宏架构如表 13-1 所示。

表 13-1　FBNet 搜索空间

输入尺寸	块	过滤器数量	层　数　量	步　　长
224×224×3	3×3 卷积	16	1	2
112×112×16	TBS	16	1	1
112×112×16	TBS	24	4	2
56×56×24	TBS	32	4	2
28×28×32	TBS	64	4	2

（续）

输入尺寸	块	过滤器数量	层 数 量	步 长
14×14×64	TBS	112	4	1
14×14×112	TBS	184	4	2
7×7×184	TBS	352	1	1
7×7×352	1×1 卷积	1984	1	1
7×7×1504	7×7 池化	—	1	1
1504	全连接层	1000	1	—

13.9 参考文献

[1] CHENG J, WANG P, LI G, et al. Recent advances in efficient computation of deep convolutional neural networks[J]. Frontiers of Information Technology & Electronic Engineering, 2018, 19(1): 64-77.

[2] CHENG Y, WANG D, ZHOU P, et al. A survey of model compression and acceleration for deep neural networks[J]. arXiv preprint arXiv:1710.09282, 2017.

[3] HAN S, MAO H, DALLY W J. Deep compression: Compressing deep neural networks with pruning, trained quantization and Huffman Coding[J]. arXiv preprint arXiv:1510.00149, 2015.

[4] SPRING R, SHRIVASTAVA A. Scalable and sustainable deep learning via randomized hashing[C]// SIGKDD. Proceedings of the 23rd ACM SIGKDD International Conference on Knowledge Discovery and Data Mining. ACM, 2017: 445-454.

[5] TAN P N. Introduction to data mining[M]. Delhi: Pearson Education India, 2018.

[6] Wu X D, Kumar V. The top ten algorithms in data mining[M]. Boca Raton: CRC Press, 2009.

[7] COURBARIAUX M, BENGIO Y, DAVID J P. BinaryConnect: Training deep neural networks with binary weights during propagations[C]//NIPS. Advances in neural information processing systems 28. New York: Curran Associates, 2015: 3123-3131.

[8] COURBARIAUX M, HUBARA I, SOUDRY D, et al. Binarized neural networks: Training deep neural networks with weights and activations constrained to +1 or -1[J]. arXiv preprint arXiv:1602. 02830, 2016.

[9] ZHOU S, WU Y, NI Z, et al. DoReFa-Net: Training low bitwidth convolutional neural networks with low bitwidth gradients[J]. arXiv preprint arXiv:1606.06160, 2016.

[10] JIANG L, KIM M, WEN W, et al. XNOR-POP: A processing-in-memory architecture for binary Convolutional Neural Networks in Wide-IO2 DRAMs[C]// IEEE. ACM International Symposium on Low Power Electronics and Design (ISLPED). IEEE, 2017: 1-6.

[11] GUO Y, YAO A, CHEN Y. Dynamic network surgery for efficient DNNs[C]//NIPS. Advances in neural information processing systems 29. New York: Curran Associates, 2016: 1379-1387.

[12]　DAI X, YIN H, JHA N. NeST: A neural network synthesis tool based on a grow-and-prune paradigm[J]. IEEE Transactions on Computers, 2019.

[13]　ROMERO A, BALLAS N, KAHOU S E, et al. FitNets: Hints for thin deep nets[J]. arXiv preprint arXiv:1412.6550, 2014.

[14]　陈靖 . 奇异值分解（SVD）原理详解及推导 [EB/OL]. (2015-01-23)[2019-05-30]. https://blog.csdn.net/zhongkejingwang/article/details/43053513.

[15]　HOWARD A G, ZHU M, CHEN B, et al. MobileNets: Efficient convolutional neural networks for mobile vision applications[J]. arXiv preprint arXiv:1704.04861, 2017.

[16]　IANDOLA F N, HAN S, MOSKEWICZ M W, et al. SqueezeNet: AlexNet-level accuracy with 50x fewer parameters and< 0.5 MB model size[J]. arXiv preprint arXiv:1602.07360, 2016.

[17]　ZHANG X, ZHOU X, LIN M, et al. ShuffleNet: An extremely efficient convolutional neural network for mobile devices[C]//IEEE. Proceedings of the IEEE Conference on Computer Vision and Pattern Recognition. Piscataway: IEEE, 2018: 6848-6856.

[18]　SANDLER M, HOWARD A, ZHU M, et al. MobileNetV2: Inverted residuals and linear bottlenecks[C]// IEEE. Proceedings of the IEEE Conference on Computer Vision and Pattern Recognition. Piscataway: IEEE, 2018: 4510-4520.

[19]　CHOLLET F. Xception: Deep learning with depthwise separable convolutions[C]// IEEE. Proceedings of the IEEE Conference on Computer Vision and Pattern Recognition. Piscataway: IEEE, 2017: 1251-1258.

[20]　HE Y, LIN J, LIU Z, et al. AMC: AutoML for model compression and acceleration on mobile devices[C]// ECCV. Proceedings of the European Conference on Computer Vision (ECCV). Cham: Springer, 2018: 784-800.

[21]　ZHUANG Z, TAN M, ZHUANG B, et al. Discrimination-aware channel pruning for deep neural networks[C]// NIPS. Advances in neural information processing systems 31. New York: Curran Associates, 2018: 875-886.

[22]　suky. 腾讯 AI Lab 正式开源 PockerFlow 让深度学习放入手机！ [EB/OL]. (2018-11-03)[2019-05-30].http://www.techweb.com.cn/news/2018-11-03/2710595.shtml.

[23]　LU Z, WHALEN I, BODDETI V, et al. NSGA-NET: a multi-objective genetic algorithm for neural architecture search[J]. arXiv preprint arXiv:1810.03522, 2018.

[24]　ELSKEN T, METZEN J H, HUTTER F. Efficient multi-objective neural architecture search via lamarckian evolution[J]. ICLR 2019 Conference, 2018.

[25]　LAUBE K A, ZELL A. ShuffleNASNets: Efficient CNN models through modified Efficient Neural Architecture Search[J]. arXiv preprint arXiv:1812.02975, 2018.

[26]　HANSEN N. The CMA evolution strategy: A tutorial[J]. arXiv preprint arXiv:1604.00772, 2016.

[27]　WU B, WANG Y, ZHANG P, et al. Mixed Precision Quantization of ConvNets via Differentiable Neural Architecture Search[J]. arXiv preprint arXiv:1812.00090, 2018.

第 14 章

元 学 习

本章是全书的升华部分，因为我们学习自动化机器学习和深度学习的最终目标就是运用元学习的方法。我们将在本章汇总介绍元学习的基本概念和方法，其中会穿插部分具体算法的应用。该部分内容是元学习的入门级知识，若读者对元学习这一领域感兴趣，可在读完本书之后自行展开研究。

14.1 什么是元学习

Meta Learning，即元学习，是机器学习的一个子领域。它将自动学习算法应用到机器学习实践用到的元数据中，它的主要目标是使用元数据来了解元学习，并且通过提高现有的学习算法的性能或者学习学习算法本身，灵活地解决学习问题。

14.1.1 基本介绍

元学习的思想是学习"学习训练"的过程，旨在设计能够通过训练一些实例来快速学习新技能或适应新环境的模型。通常有以下三种方式：

1）学习一个有效的距离度量标准（metric-based）；

2）使用具有外部存储或者内部存储的网络（model-based）；

3）明确优化模型参数以进行快速学习（optimization-based）。

元学习起源于认知科学领域，最早可以追溯到 1979 年。在 John Biggs（1985）的著作中可以找到一个较为简单的定义，他将元学习定义为"意识到并控制自己的学习"。

在人工智能系统的背景下，元学习可以简单地定义为获取知识多样性（knowledge versatility）的能力。作为人类，我们能够以最少的信息同时快速完成多个任务，例如人类在有了世界的概念之后，看一张图片就能学会识别一种物体，而不需要像神经网络一样一切都得从头训练；又例如在学会了骑自行车之后，基本可以在很短时间里轻松学会骑电动车。

目前的 AI 系统擅长掌握单一技能，例如围棋、Jeopardy！智力竞赛答题甚至直升机特技飞行。但是，当你要求 AI 系统处理各种简单但相互之间略有不同的问题时，它会很为难。相比之下，人类可以智能地行动和适应各种新的情况。

元学习要解决的就是这样的问题：设计出拥有获取知识多样性能力的机器学习模型，它可以基于过去的经验与知识，通过少量的训练样本快速学会新概念和技能。

我们期望一个良好的元学习模型能够很好地适应或推广到在训练期间从未遇到过的新任务和新环境。对新任务的适应过程，实质上是一个最小学习单元，这个过程只需要少量的训练就可以快速完成。最终，适应后的模型可以完成新任务。这就是为什么元学习也被称为"学会学习"的原因。

以下为几个经典的元学习任务场景：

❑ 在非猫图像上训练的分类器可以在看到一些猫图片之后判断给定图像是否包含猫；

❑ 游戏机器人能够快速掌握新游戏；

❑ 迷你机器人在测试期间在上坡路面上完成所需的任务，即使它仅在平坦的表面环境中训练过。

元学习系统通常有如下定义：

❑ 该系统必须包括一个子学习系统；

❑ 经验是利用提取的元知识获得的；

❑ 只学习之前学习中单个或不同领域的数据集；

❑ 要动态地控制学习误差。

14.1.2　经典案例

一个好的元学习模型应该在各种学习任务上进行训练，并对所有的任务进行优化，包括潜在的不可见任务。对于分类任务而言，每个任务都与一个数据集 D 相关联，D 包含特征向量和真实标签。

小样本分类问题是元学习在监督学习领域中的实例。数据集通常分为两部分，一套用于学习的数据集 S 和一套用于训练或测试的数据集 B。在应用场景上通常考虑将小样本分类问题定义为"K 样本 $-N$ 类别"分类任务：对于 N 个类中的每个类，数据集包含每个类别的 K 个标记实例。具体理解参考图 14-1。

图 14-1 中有 3 个框，每一个框是一个数据样本，大量的数据样本构建成了一个数据集，这点跟传统监督学习的数据集意义不太像。

每一个数据包含两种标签，标签间不具有相关性，是随机抽样而成的，所以花跟自行车会放在一起。每个标签都只有 4 个样本，这跟我们的训练目的一致：小样本下的快速学习。最终我们希望通过训练得到一个模型，在测试的时候只通过 8 个样本的小样本训练就可以完成狗和海豹的分类。

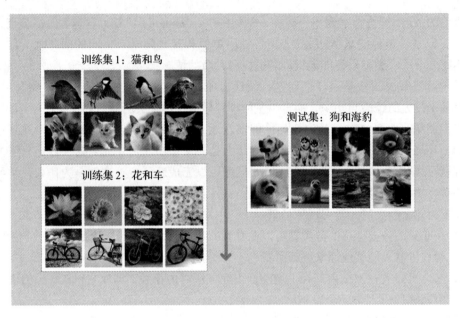

图 14-1　4 样本 – 2 类别案例

整个过程包含同一个模型两个阶段的训练：一个是基于训练数据样本的元模型训练，一个是基于测试数据样本的基于特定任务的泛化模型训练。

我们希望利用训练的数据样本来拟合一个具有强泛化能力的元模型，这个模型可以在没见过的测试数据样本上仅用 8 张图片进行泛化就能快速得到一个高质量的分类器。

至于具体怎么构造实现这个元模型的训练，有很多种不同的方法，如孪生网络、匹配网络、原型网络和图网络等。

14.1.3　深入了解元学习

通过以上的定义，我们会发现元学习与多任务学习以及迁移学习有非常相似的地方：从适应新任务的角度看，像是多任务学习；从利用过去信息的角度看，又像迁移学习。

- ❑ 元学习模型的泛化不依赖于数据量。迁移学习的微调阶段需要用大量的数据去喂模型，否则效果会很差。而元学习要做到的是，在新的任务上只用很少量的样本就可以完成学习，看一眼就可以学会。从这个角度看，迁移学习可以理解为元学习的一种效率较低的实现方式。
- ❑ 元学习实现是无限制的任务级别的泛化。多任务学习是基于多个不同的任务同时进行损失函数优化，它的学习范围只限定在这几个不同的任务里，不具有学习的特性。而元学习是要基于大量的同类任务（如图像分类任务）去学习到一个模型，这个模型可以有效泛化到所有图像分类任务上。

从结合角度来看，元学习可以分成三大块：监督元学习、无监督元学习和元强化学习。在监督元学习中，最常碰到的就是 Few Shot Learning 问题，也就是我们常说的小样本学习问题。

监督元学习在小样本分类问题中注重于算法，通过学习算法的参数化模型和训练集合的定义来代表不同的分类问题，每个样本都有一个小标记训练集和测试集。

元强化学习的流程图如图 14-2 所示。在元强化学习的应用中，最著名的例子是 Deep-Mind 探索多巴胺在人脑中的地位，并据此提出了强化学习模型未来的发展思路。该研究中使用 AI 来探索大脑中的多巴胺所发挥的帮助学习的作用。通过这项研究，DeepMind 使用元强化学习算法，指出多巴胺的作用不仅仅是奖励对过去行为的学习，它发挥的是整体作用，特别是在前额叶区域，它使我们能高效地学习新知识、执行新任务——而不需要像深度学习算法那样，依赖大量数据进行训练。运用元强化学习算法能真正帮助人类解决各种类型的问题，而不只是执行某个特定任务，这将使得 AI 真正应用到人们的生活、工作中。以 AI 机器人将来或走进千家万户为例，每个人对 AI 机器人的要求是不同的，每个家庭的环境也并不相同，如果 AI 机器人能运用元强化学习，那么它们不需要长时间的学习就能快速灵活地适应各种需求。

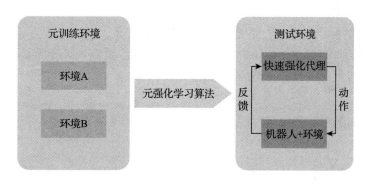

图 14-2　元强化学习

而无监督元学习针对的是以下任务：

❑ 使用无标签样本来学习一个好的特征表达；

❑ 利用这个特征表达在小样本学习问题上取得好的效果。

这样的设计是很合理的，因为无监督学习的最终目标是要在特定任务上取得比较好的效果。传统的无监督学习方法（如 VAE）通过训练神经网络得到一些特征表达，但是却无法直接说明 VAE 的这套学习方法是直接对特定任务有利的。举一个例子，对于图像标注（image captioning）问题，起初是使用监督学习来训练神经网络，但是采用的是人为设计的评价指标来评价效果的好坏，这种情况下监督学习和评价指标没有直接联系。所以近年来图像标注开始采用增强学习的方法，基于评价指标来改进神经网络的效果，这就有了直接联系。

14.1.4　元学习应用的发展

在机器学习领域，DeepMind 的一个研讨会课件给出了如下总结，元学习的模型通常包括基于模型的方法、基于度量的方法和基于最优的方法，如图 14-3 所示。

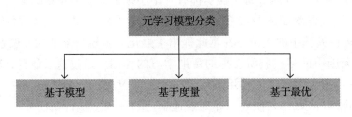

图 14-3　元学习模型分类

在应用上元学习涉及方方面面，包括图像领域的小样本学习、强化学习领域的元强化学习，以及 GAN 领域的相关应用。

元学习领域涌现出很多意义重大的研究。随着研究界对元学习的理解整体得到提升，传统的随机梯度下降法（SGD）将被边缘化，而转向更有效的方法，将更具爆发性和探索性的搜索方法结合起来。

随着互联网的普及与发展，网络上主观性文本如产品、新闻、社会事件的评论等大量出现，使用元学习和机器学习相结合的模型，很大程度上缩减了深度学习网络的训练时间，并且能够较大幅度地提高模型分类的准确度。

14.2　元学习的通用流程

14.2.1　基本定义

有了以上的介绍，这里就可以用更精准的方式对元学习进行基本定义：我们将在机器学习算法应用过程中生成的数据称为元数据，元学习就是利用元数据针对一个新的学习任务创建模型。因此，元学习其实就是一种从过去的应用中积累经验的方法。

14.2.2　流程框架

元学习的基本流程如图 14-4 所示，整体框架如图 14-5 所示。

"元学习"这个术语包括所有基于之前任务的经验学习。之前的任务越类似，我们可以利用的元数据类型就更多，并且定义任务的相似性将是个关键挑战。

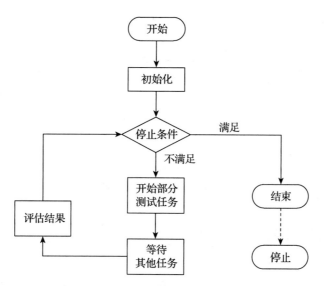

图 14-4 元学习基本流程图

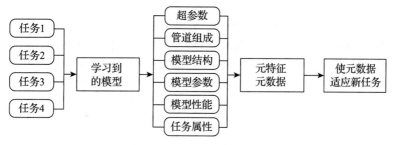

图 14-5 元学习整体框架图

14.3 从模型评估中学习

假设我们能使用之前的任务 $t_j \in T$，T 是所有已知任务的集合，也能使用一系列学习算法，这些算法完全由它们的参数 $\theta_j \in \theta$ 组成，θ 代表一个离散的、连续的或者两者混合的参数空间，该空间可以覆盖所有超参数设置、管道组件以及网络架构组件。

P 是所有先前量化评估的集合，例如正确率、模型评估技术或者交叉验证。$P_{i,j} \in P(\theta_i, t_j)$ 是根据预定义的评估方法在任务 t_j 上选择的参数 θ_i 的集合。P_{new} 是在一个新的任务 t_{new} 上的一系列已知评估 $P_{i,new}$ 的集合。

我们想训练一个元学习者来为新任务预测推荐的参数配置，元学习者是在元数据上进行训练的，如图 14-6 所示。

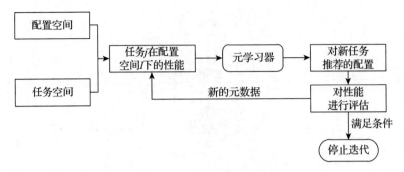

图 14-6 元学习的训练流程

14.3.1 任务无关推荐

首先，假设无法使用任何任务 t_{new} 上的评估数据，因此 $P_{new} = \varnothing$。我们仍然可以产生一组独立于新任务 t_{new} 的推荐参数。这些参数可以通过用 t_{new} 评估来选择最优解，或者为将来的优化方法做铺垫。

这些方法经常会产生一个排序集合，例如一个排好序列的参数集合。我们在每个任务上建立一个排序，例如使用成功率进行排序。

为了找到任务的最佳参数，一个简单的随机方法是选择任务的 top-*K* 参数，沿着参数列表依次评估 t_{new} 上的每个配置。一旦找到了足够精确的模型，这个评估程序便可以结束。研究表明，在时间有限的情况下，多目标排名算法能更快地收敛到近似的最优模型，如图 14-7 所示。

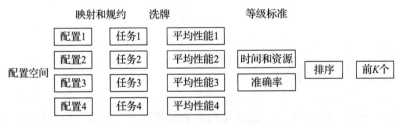

图 14-7 多目标排名算法

一个不同的方法是，对每一个任务利用梯度下降法找到最优的参数。接着评价新任务跟已有的训练好的任务的相似度，取最相似的那个参数作为新任务的初始参数。

14.3.2 参数空间设计

之前的评估结果还可以用于学习一个更好的参数空间，这个与任务 t_{new} 是相独立的。这可以显著加速最优模型的搜索。在资源不充分时这会非常重要，因此在 AutoML 的对比中，这是一个重要的因素。

方法一：Functional ANOVA。核心思想是：如果从给定任务的算法性能的差异性方面解释，超参是十分重要的。假如超参都是离散的，那么方差分析可以实现组间与组内的分解，这意味着我们可以把不重要的超参剔除出搜索空间从而缩小搜索成本；又或者对重要的区域做更多的搜索，这是很符合逻辑的。

方法二：学习最优的默认超参数设置。方法二跟方法一的核心区别在于定义超参重要性的方法不一样。方法一从全局的角度出发定义重要性，而方法二是先通过14.3.1节中的方法找出最优的默认设置，基于这个设置再去独立对每个参数微调，对于那些使任务的性能优化更多的参数，我们给予其更大的重要性。这是一种局部贪心策略，在某些情况下效果会很好。

方法三：第一步也是找一个默认设置；第二步跟方法二相反，方法二是固定一个超参调优看性能提升，而方法三是固定一个超参不调优，根据性能下降并利用测试来判断其重要性。

3种方法如图14-8所示。

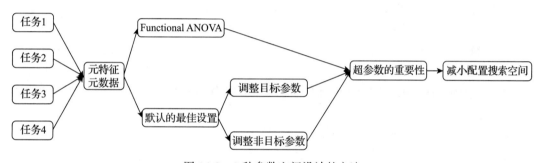

图 14-8　3 种参数空间设计的方法

14.3.3　参数转换

在这里会引入任务相似度的度量。如果要给特定的任务做推荐，我们会希望知道不同的实例之间的相似度。

比较直观的一种度量方法是：按照上述方法给任务 K 推荐一系列参数，如果 $P(I, K)$ 与 $P(I, J)$ 相近，则说明任务 K 和任务 J 相似。我们可以借鉴这种思想去训练元学习者来给新任务预测参数推荐。

任务相似度的第一个考量方法考虑了相对（成对）性能差异，也被称为相对地标。对两个任务分别计算它们的相对地标，然后在任务间进行对比。相对地标值越大，表示相似度越高，就认为两个任务越相似。

$$RL_{a, b, j} = P_{a, j} - P_{b, j}$$

算法流程如下：

1）寻找全局最优参数设置 A；

2）寻找相似任务；

3）选择相似任务性能显著高于全局最优的参数设置的那个参数 C，训练出 P；

4）回到 1，循环至停止条件。

任务相似度的第二个考量方法是通过为所有先前任务建立替代模型，并且用所有可使用的 P 进行训练，然后通过误差来定义任务的相似度，如果任务的替代模型可以为新任务生成准确的预测，那么这些任务本质上是相似的。

另外还有其他一些评估方法，例如多任务的热启动学习等。

14.3.4　学习曲线

学习曲线与元数据训练过程有关。我们还可以提取出与训练过程本身有关的元数据，正如随着训练数据的增加，模型的性能提高更快。学习曲线被广泛应用于特定任务的超参数优化加速中，在元学习中，曲线学习信息是跨任务传递的。

有两种学习曲线方法：一种是基于数据量的，另一种是基于训练时长的。

这里的假设是，相似的任务会有相似的学习曲线。基本思路如下：

1）基于部分学习曲线的相似度定义两个任务之间的距离；

2）找到 k 个最相似的任务并使用它们完整的学习曲线来预测在新的完整的数据集上的执行效果有多么好；

3）可以通过比较所尝试曲线的部分形状来衡量任务相似度，并且使用最新的完整曲线适应新的曲线来进行预测；

4）基于预测的学习曲线预测新任务的性能。

这个方法适用于 NAS 问题的评估加速。

14.4　从任务属性中学习

在 14.3 节中，我们仅仅使用了模型评估里的相关信息作为元模型的输入，模型评估属于元数据的范畴。在这一节里，会引入更广泛的元特征的概念。使用多个元特征来描述每个任务，使用欧几里得距离来定义任务相似度，使得可以将信息从最相似的任务传递到新任务。

对于每一个任务 $t_j \in T$，用一个 K 元特征向量 $m(t_j) = (m_{j,1}, \cdots, m_{j,K})$，$m_{j,k} \in M$，为已知元特征的集合。这可以用来定义任务的相似度，例如，$m(t_i)$ 和 $m(t_j)$ 的欧几里得距离，故能把信息从最相似的任务转换成 t_{new}。不仅如此，将其与先验评价 P 相结合，可以训练出元学习器 L 去预测 t_{new} 在配置 θ_i 下的性能 $P_{i,new}$。

14.4.1　元特征

什么是元特征呢？元特征就是每一个任务中数据集的元信息，例如数据的偏度与峰度、方差与相关系数、样本标签稀疏性与离散度等对数据集的抽象描述性信息。

从成千上万的一系列可能的元特征里，我们需要挑选出一些有效的元特征来作为最终使用的元特征向量。

根据不同的问题与应用场景，需要使用的最优元特征都不一样，但核心思想都是一样的：如何最大化数据集中特定区域的特征信息。

但如果需要手动设计，那意义何在呢？如果自动找，那就成为一个学习如何学习的问题了。

14.4.2 学习元特征

相比于手动定义元特征，我们可以学习一种任务组的联合表示方法。一种方法是构建元模型，提供其余任务的元特征以及在元数据上的训练之后，该元模型能够产生一种类似地标的元特征。第二种方法是完全基于可用的元数据来学习一个联合表示方法，这些任务通过两个不同的双胞胎网络训练，并且使用预测性能和实际性能的差异作为错误信号。

由于这两个网络之间的模型参数在网络中绑定了，因此两个相似的任务被映射到元特征向量空间的相同区域内。它们可以应用在贝叶斯超参数优化和网络结构搜索的暖启动过程中。

14.4.3 相似任务的热启动优化

在提升相似任务的处理过程中，元特征是一个非常常见的方法来估计任务的相似度和初始化优化步骤。这就好比人类专家如何根据相关任务经验开始手动搜索好的模型。

在具有明显解决方案的搜索空间区域中启动遗传搜索算法可以显著加速收敛来得到一个好的解决方案。并且基于模型的优化方法也可以从初始的有利配置中受益匪浅。

用贝叶斯优化举例子，就是根据元特征计算任务相似度，基于任务的相似度，采用排序或者加权的方式把之前其他相似任务的高斯过程分布融合在一起，作为新任务的初始化高斯过程分布参数。

14.4.4 元模型

我们还可以通过构建能够推荐最优配置方法来产生新任务元特征的元模型，来学习任务的元特征与特定配置方法之间的复杂关系。实验表明，施加压力和束缚的分支经常指向最佳预测，尽管这很大程度取决于所使用的确切元特征。

元模型能根据参数的最优配置进行参数排序。一个方式是建立最临近的邻居元模型来预测哪些任务是相似的，然后在这些相似任务中将这些最优配置参数进行排序。

元模型也能够直接预测性能，例如给定任务的配置方法以及它的元特征，来预测训练时间的准确度。这使我们能够估计一个配置方法是否足够有趣来评估每一个优化步骤。

相比于预测性能，一个元回归算法还可以用来预测模型训练时间或模型推断时间。例如，使用一个基于元特征的 SVM 回归器，能够使用多项式回归来预测配置的运行时间，仅仅需要一定数量的实例和特征。

大多数元模型产生较优的配置方法，但是事实上不给新的任务调整自己的配置方法。相反，这些预测能够用于暖启动或者其他任何优化技术，这使得各种各样元模型和优化技术的组合成为可能。

学习任务元特征和学习参数效果之间的关系相比，前者总是能建立一个替代模型来预测特定任务上的配置方法，而后者能够学习如何结合之前任务的预测结果来实现新任务上的暖启动或者知道优化技术。

14.4.5 管道合成

当创建完整的机器学习管道后，配置操作的数量自动增长，使得从之前经验中学习显得更为重要。一是能通过在管道中强加一个完全由一系列超参数描述的固定长度的数据结构来控制搜索空间；二是在相似的任务上使用最优的管道技术来暖启动贝叶斯优化。

其他的方法是给确定的管道步骤提供一些推荐，并且可以应用到更大的管道建立方法中来，例如计划或者评估技术。Nguyen 等人基于元学习推荐的信息空间使用集束搜索（Beam Search）来创建新管道，并且新管道自身就被先前成功的管道样本训练过。通过构建每个目标分类算法的元模型来提取元特征并预测哪种预处理技术应该包含在管道中。

目前，一种自学习的强化学习算法也应用到现有管道技术中，并且操作包括增、删以及替换管道组件。应用蒙特卡洛树搜索能产生管道，进而应用到 RNN（LSTM）网络中来预测管道的性能，预测结果反过来又应用到下一轮蒙特卡洛算法的动作概率中来。这个状态描述也包含着现有任务中的元特征，使得神经网络能够从任务中学习。

14.4.6 是否调整

为了减少需要优化的配置参数的数量，并且在有时间限制的条件下节省宝贵的优化时间，元模型也被用来预测它是否值得用来调整一个提供了任务元特征的算法，以及我们从调整确定的算法中能得到多大的改进。越来越多的研究聚焦于产生元模型的预测算法的学习，以及如何去调整决策树。

14.5 从先前模型中学习

我们能从先前机器学习模型中学习到最终的元数据类型，例如它们的结构和学习得到的模型参数。简而言之，我们想训练一个元学习单元，提供相似的任务和相关的优化模型，这个单元能学习如何在新任务中训练一个新的学习单元，通常由它的模型参数和配置定义。

类似以下关系：F (meta features) = model structures and model parameters

14.5.1　迁移学习

首先谈谈什么是迁移学习，举个例子，我们在学习骑自行车的时候，可能会在掌控平衡和转动方向上花费大量时间，但是一旦学会，如果要再学习骑摩托车，我们不必从头再学习一遍，而可以将学骑自行车时学到的很多经验运用到骑摩托车上，这样就能将骑自行车的知识转移到骑摩托车的经验里。这就是迁移学习，即将一个领域已经成熟的知识应用到其他的场景中。

用神经网络的词语来描述就是，一层层网络中的每个节点的权重从一个训练好的网络迁移到一个全新的网络里，而不是从头开始，为每个特定的任务训练一个神经网络。这样做的好处可以从下面的例子中体现出来，假设有一个可以高精确度分辨猫和狗的深度神经网络，你之后想训练一个能够分辨不同品种的狗的图片模型，你需要做的不是从头训练那些用来分辨直线、锐角的神经网络的前几层，而是利用训练好的网络，提取初级特征，之后只训练最后几层神经元，使其能够分辨狗的品种。

在迁移学习中，我们使用一些在一个或多个源任务上训练的模型作为在相似目标任务创建模型的起始点。这可以通过强制目标模型在结构上或以其他类似于源模型的方式来完成。

总结一下，迁移学习应用广泛，尤其是在工程界，不管是语音识别中应对不同地区的口音，还是通过电子游戏的模拟画面前期训练自动驾驶汽车，迁移学习已成为深度学习在工业界之所以成功的最坚实支柱。而学术界对迁移学习的研究则关注以下几点：一是通过半监督学习减少对标注数据的依赖，以应对标注数据的不对称性；二是用迁移学习来提高模型的稳定性和可泛化性，不至于因为一个像素的变化而改变分类结果；三是使用迁移学习来做到持续学习，让神经网络得以保留在旧任务中所学到的技能。

14.5.2　神经网络中的元学习

在神经网络方面，元学习可以应用几乎所有方面。早期一个元学习的方法是去创建循环神经网络（RNN）来更改它们自己的权重。在训练过程中，它们使用自己的权重作为额外的输入数据，并且通过观察它们自己的误差来学习如何根据新任务的需要更改权重。权重的更新以参数形式定义，该参数形式是可区分的端到端，并且可以使用梯度下降来联合优化网络和训练算法，但是也很难训练。后面的任务使用强化学习处理任务来解决搜索策略的问题以及任务梯度下降的学习速率问题。

受到反向传播对我们的大脑来说是一个不太可能的学习机制，我们可以使用简单的生物学参数规则来更新突触的权重来代替反向传播。通过一系列输入任务用梯度下降或估计的方法来优化参数。也可以简单地用带记忆里的神经网络来学习如何存储和检索之前分类任务的内存空间。

还有一种方案是代替优化器，例如使用随机梯度下降。

神经架构搜索领域包括许多其他方法，这些方法为特定任务构建神经网络性能模型，例如贝叶斯优化或者强化学习。但是，这些方法中的大多数还未在任务中概括，因此在这里不再进行讨论。

14.5.3　小样本学习

深度学习已经广泛应用到各个领域来解决各类问题。然而，深度学习是一种基于数据的技术，需要大量的标注样本才能发挥作用。

以 10 类图像分类数据为例，传统的方法是基于左边的这些训练集来获得模型，然后对右边的测试集进行自动标注，如图 14-9 所示。

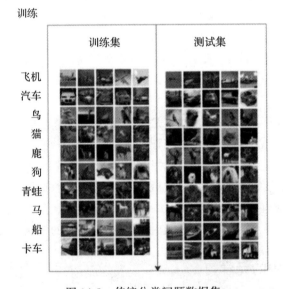

图 14-9　传统分类问题数据集

传统深度学习方法是依赖于大量的标注样本才能发挥出较好的作用的，但是在现实问题中，很难获得这么多的标注数据，这也是本节讨论的小样本问题，它主要有以下两个场景：

1）训练过程中有从未见过的新类，只能借助每类少数几个样本进行训练；

2）不改变已经训练好的模型。

小样本问题的数据集如图 14-10 所示，我们有很多关于其他类别的数据，但是新任务只有很少的标注数据。

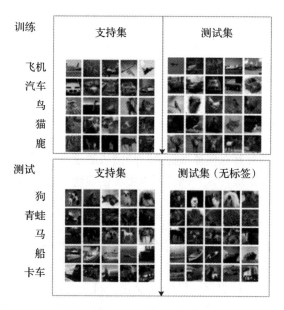

图 14-10　小样本分类问题数据集

当标注数据量比较小时，怎么学习出好的特征呢？我们需要泛化这些罕见的类别，而不需要额外的训练，因为训练会因为数据量小、代价高、周期长而无法获得收益。

小样本学习便是解决小样本分类问题的。首先需要声明的是小样本学习属于迁移学习。

以"我们从未见到过'澳大利亚的鸭嘴兽'，给我们一张鸭嘴兽的照片，我们就认识了"为例，鸭嘴兽代表未知的事物（new class），而我们生活中已经见到过的鸭子、狗、猫等动物就代表预先的元知识（Meta Knowledge），我们大脑能够快速地把从未见到过的鸭嘴兽与这些元知识进行类比（可能会附带其他一些脑力活动，例如视觉提取物体的特征），然后得出结论：这个嘴巴长得像鸭子、又能像鱼一样游泳、身体扁扁的新动物就是鸭嘴兽。

从这个例子可以看出，小样本学习的核心任务可以当成是识别新的类。

为了完成识别新类的问题，需要新来一张标好标签的样本来泛化模型。在测试样本时，我们就可以把这个类的样本标签标出来，达到分类的目的。这种学习叫作 one-shot learning，即单样本学习。类似地，如果刚才来的是一堆标好标签的样本，那么这种学习就叫作 few-shot learning，即小样本学习。

14.5.4　监督学习之外的方法

元学习肯定不会局限于监督任务，它已经被应用于解决许多任务，例如强化学习、主动学习、密度估计和项目推荐。在对元学习者进行监督时，基础学习者可能是无人监督的，而其他组合当然也是可能的。

14.6 基于模型的方法

基于模型的元学习模型方法的核心在于，为了快速学习专门设计一个能通过很少的训练步数就能很快更新自身参数的模型。

14.6.1 记忆增强神经网络

一系列模型架构使用外部存储器来促进神经网络的学习过程，包括神经图灵机（NTM）和存储网络。通过显示存储缓冲区，网络可以更轻松地快速合并新信息而不会在将来忘记。这种模型被称为记忆增强神经网络，简称为 MANN。需要注意的是，仅仅具有内部存储器的循环神经网络（LSTM）不是 MANN。

当遇到新任务时，传统学习算法只能通过新任务的大量样本低效率地去调整原有模型，以保证在杜绝错误干扰的情况下将新信息充分涵括。贝叶斯过程学习从认知科学角度，基于贝叶斯过程模拟人类学习的思路；MANN 从神经科学的角度，基于记忆神经网络构造仿生学习模型。MANN 将小样本学习从应用驱动型推向数据驱动型，从已有数据出发去主动挖掘小样本学习的方法。通过关注存储内容的外部记忆机制快速吸收新知识，并且利用少数几个例子就可以从数据中作出准确推测。

可以将神经图灵机作为基础模型。神经图灵机模仿人类记忆的过程：其中的控制器（controller）相当于我们的大脑，用于提取输入的特征；外部记忆（memory）相当于我们的备忘录，把事物的特征记录在上面。

完整的过程是：控制器将当前输入转化为特征，写入记忆，再读取与当前输入有关的记忆作为最后的输出。神经图灵机的作用是将神经网络的控制单元和外部存储器进行耦合。控制单元通过关注机制来读取和写入记忆单元，而存储器则作为知识库，如图 14-11 所示。关注机制的权重是由其寻址地址生成的：基于内容和位置。

其中，记忆存储记作 M_t，是时刻 t 的记忆，类型是 $N \times M$ 的数组，包含着 N 个 M 纬度的向量。

为了把 MANN 用于元学习任务，我们需要以存储器能编码和抓取新任务信息的方式对其进行训练，同时可以轻松、稳定地实现任何存储形式。

训练是以一种很有意思的方式进行的，存储器被要求更久地维持信息直到出现合适的标签。在每个训练集中，真实标签 y_t 通过每一步的偏移量得到，(x_{t+1}, y_t) 是将上一个时间得到的真实标签 y_t 作为 $t+1$ 时刻的输入（见图 14-12）。

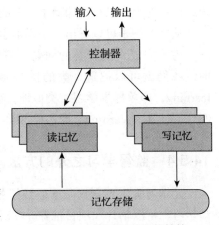

图 14-11 神经图灵机的结构

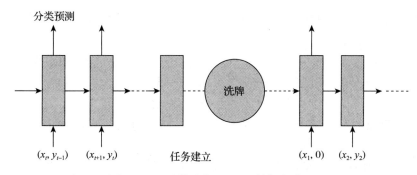

图 14-12　元学习中 MANN 的任务建立

通过这种方式，MANN 记住了新数据集的信息，因为存储器必须保持当前输入直到得到标签并且检索之前的信息来进行相应的预测。

14.6.2　元网络

元网络是一种元学习模型，其架构和培训流程旨在实现跨任务的快速泛化。

元网络的快速泛化依赖于快速权重。通常，神经网络中的权重通过目标函数中的随机梯度下降来更新，并且已知该过程是缓慢的。一种更快的学习方法是利用一个神经网络来预测另一个神经网络的参数，并将生成的权重称为快速权重。相比之下，普通的基于 SGD 的权重被称为慢速权重。

在元网络中，损失梯度被用作元信息来填充学习快速权重的模型。将慢速和快速权重组合以在神经网络中进行预测，如图 14-13 所示。

元网络的重要组成部分如下：

1）嵌入函数将原始输入编码成特征向量。与 Siamese 神经网络类似，这些嵌入量经过训练，可以判断两个输入是否属于同一类（验证任务）。

2）使用基本学习模型完成实际学习任务的训练。

从这两步来看，元网络看起来就和关系网络一样。实际上，元网络明确地模拟了两个函数的快速权重，然后将它们聚合回模型。

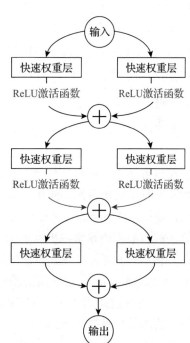

14.6.3　模型无关的元学习方法

基于模型无关的元学习算法在很多方面都　图 14-13　元学习过程中高权重和低权重的结合

有应用，因为它兼容所有使用梯度下降算法训练的模型，并且适用于各种各样不同的问题，例如分类、回归和强化学习。

元学习的目标是在各种学习任务上训练模型，这样它就可以使用很少的训练样本来解决新的学习任务。在与模型无关的学习方法中，我们明确模型的训练参数，使得在新任务上使用少量的梯度操作步骤就能产生良好的泛化性能。该方法已经被证明在图片分类的基准测试以及回归测试中产生了很好的结果，并且加速了梯度强化学习神经网络的微调。

训练模型参数的过程，例如几个梯度步骤，甚至单个梯度步骤，可以在新任务中产生良好的结果，从特征学习的角度来看，这是建立一个广泛适用于多任务的过程。

与模型无关的元学习方法目标是训练一个只需使用少量数据点和训练迭代便可快速适应新任务的模型，用于解决小样本学习的问题。这个方法背后的思想是，数据中的某些元特征或根表征更具有可转移性。例如，一个神经网络可能会学习广泛适用于同一目标所有任务的内部特征，而不仅仅是单个的任务。由于模型使用的是基于梯度学习策略对新任务进行微调，我们的目标是将基于梯度的学习规则从模型中抽取出来，并且没有过度拟合。实际的目标是找到对任务变化敏感的模型参数，这样当模型的参数改变时，参数的微调会使损失函数的变化量增大。

已知基于任务的分布为 $p()$，超参数步长 α, β，算法如下：

1）随机初始值 θ

2）选取一组任务 $T_i \sim p(T)$

3）对 T_i 以 $\nabla_\theta \mathcal{L}_\theta(f_\theta)$ 进行 K 样评估

4）用梯度下降公式计算调整后的参数：$\theta'_i = \theta - \alpha \nabla_\theta \mathcal{L}_{T_i}(f_\theta)$

5）更新 $\theta = \theta - \beta \nabla_\theta \sum_{T_i \, p(T)} \mathcal{L}_{T_i}(f_{\theta'_i})$

有内外两个循环，外循环是训练元学习者的参数 θ，即一个全局的模型；内循环对每个采样任务分别做梯度下降，进而在全局模型上做梯度下降。使用由 θ 作为参数的函数表示模型，在该方法中，使用新任务上的一个或多个梯度下降更新来计算新的参数 θ'。并对模型参数 θ 执行元优化操作，使用更新的模型参数 θ' 计算目标。实际上，该方法旨在优化模型参数，使得新任务上的一个或少量梯度步骤将在该任务上产生最优的效果。

算法的核心思想是学习模型的初始化参数使得在一步或几步迭代后在新任务上的精度最大化。它学的不是模型参数的更新函数或是规则，也不局限于参数的规模和模型架构（比如用 RNN 或 Siamese）。它本质上是学习一个好的特征以适合很多任务（包括分类、回归、增强学习），并通过微调来获得好的效果。

该方法的目标函数如下：

$$\min \theta \sum_{T_i \sim p(T)} \mathcal{L}_{T_i}(f_{\theta'_i}) = \sum_{T_i \sim p(T)} \mathcal{L}_{T_i}(f_{\theta - \alpha \nabla_\theta \mathcal{L}_{T_i}(f_\theta)})$$

事实上，是要找到一些对任务变化敏感的参数，使得当改变梯度方向，小的参数改动也会产生较大的损失，如图 14-14 所示。

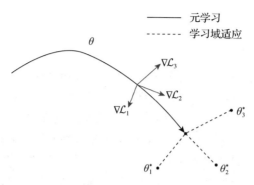

图 14-14   梯度改变

在应用到机器人模仿学习时，往往需要在不同的场景下执行具有相关性的新任务。通过少量的任务集样本去训练好网络，然后在面对一个新的任务时，能够很快地训练好参数，完成学习过程。这个过程就像人类面对新任务时，也是由之前的经验来应对新场景，具有先验知识。这也是该算法的主要应用场景。

14.6.4   利用注意力机制的方法

人的注意力是可以利用以往的经验来实现提升的，比如我们看一张漂亮的图片，我们会很自然地把注意力集中在关键位置。那么，能不能利用以往的任务来训练一个注意力模型，从而在面对新的任务时，能够直接关注最重要的部分呢？

注意力机制解决的目标是：基于小样本去学习归类任务，并且这个训练好的模型不需要再调整，就可以用来对训练过程中未出现过的类别进行归类。

模型结构如图 14-15 所示，从图中可以看到，左边 4 张图片形成一组，称为支持集；右下 1 张图片称为测试样本。全部 5 张图片称为 1 个任务数据集。

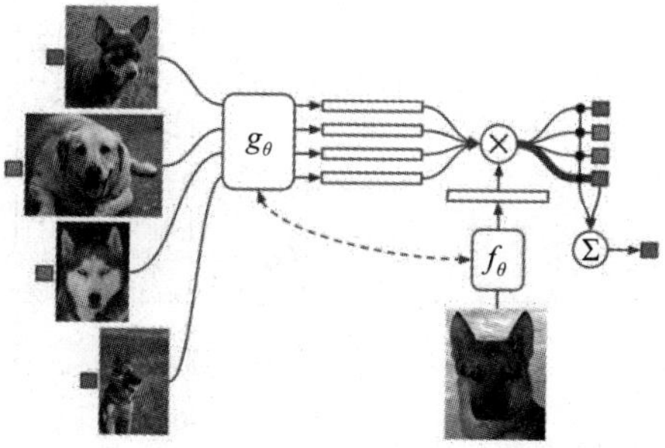

该模型可以表示为 prediction=f(support_set, test_example)，即模型有两个输入。该模型用概率可表示为 $P(\hat{y}|\hat{x}, S)$，其中 $S = \{(x_i, y_i)\}_{i=1}^{k}$，$k$ 表示支持集中样本的个数。上图支持集中有 4 张图片，所以 k=4。

图 14-15   注意力模型结构图

模型可以表示为：

$$\hat{y} = \sum_{i=1}^{k} a(\hat{x}, x_i) y_i$$

其中 $a(\hat{x}, x_i)$ 作为一个注意力核函数，用来度量测试样本 $\hat{x}$ 与训练样本 x_i 的匹配度，然后通过 $\hat{y}$ 对测试样本标签的计算进行加权求和。而预测结果便是支持集中注意力最大的图片的标签。

14.6.5　基于时间卷积的方法

近段时间提出的很多关于元学习的方法表现良好，但是在架构或算法层面需要进行手工设计。有些是针对特定应用而设计的，而其他一些已经将特定的策略硬编码到其中。然而，对于设计元学习者的人来说，并没有实现任意范围任务的最优策略。可以看出，元学习方法缺少一定的灵活性，换句话说，它难以学习到解决不同任务的不同最佳方法。

从本质上讲，基于时间卷积的元学习者是一个简单通用的元学习模型体系结构，它只不过是一个扩展卷积层的深层叠加，这些模型已经成功应用于图像生成文本或语音类应用程序。

该方法有以下特征：

❏ 简单性和多功能性：元学习者应该普遍适用于监督和强化学习，具有通用性，并且可以表达最佳策略，而不是设定死策略。

❏ 学习过程的时间性质：即使在面对数据不连续的分类或者回归问题中，元学习仍然有一个特定的顺序过程，因为元学习者能够通过成功或失败进行调整。

卷积是因果关系，因此下一时刻的值仅受过去时间步长的影响，而不受未来时间步长的影响。在监督设置中，时间卷积方法在每个时间点接受输入进行分类或回归，并将前一数据的正确标签连接在一起，作为当前数据的预测结果。在强化学习设置中，它接收当前环境的观测值和来自上一时刻的激励联系在一起，并输出对动作的分布，如图 14-16 所示。

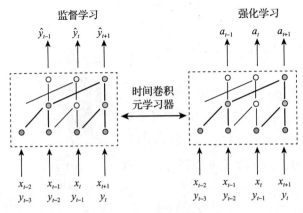

图 14-16　时间卷积的强化学习

通过之前的数据信息来实现元学习，思路较为简单，而且效果也比较好。

14.6.6　基于损失预测的方法

人是由价值观驱动的生物，我们做什么不做什么都是基于大脑判断哪个更重要。既然人拥有价值观，我们能不能让 AI 也拥有价值观，并利用价值观来驱动 AI 快速学习？

基于损失预测的方法核心是：让 AI 在学习各种任务后形成一个核心价值网络，从而面对新的任务时，可以利用已有的核心价值网络来加速 AI 的学习速度，如图 14-17 所示。

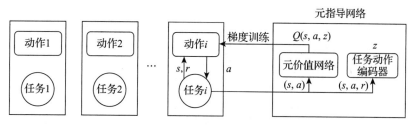

图 14-17　基于损失的预测方法

我们以让杆保持平衡的任务来做分析，杆的长度是任意的，我们希望 AI 在学习了各种长度的杆的任务后，面对一个新长度的杆，能够快速学习，从而掌握让杆保持平衡的诀窍。

每一个训练任务我们都构造一个行动网络，但是我们只有一个元指导网络，这个网络包含两部分：一个是元价值网络，另一个则是任务行为编码器。

我们用多个任务同时训练这个元指导网络。训练方式可以是常见的动作指导方式。训练时最关键的就是动作任务编码，我们输入任务的历史经验（包括状态、动作和回馈），然后得到一个任务的表示信息 z，将 z 和一般价值网络的输入（状态和动作）连接起来，输入到元价值网络中。

通过这种方式，我们可以训练出一个元指导。面对新的任务（也就是杆的长度发生了变化），我们新建一个行动网络，但是却保持元指导网络不变，然后同样使用指导动作方法进行训练。这个时候，效果就出来了，学习速度很快，效果很好。

元指导网络是一种全新的元学习方法，训练出一个元指导网络后，它就能够指导新任务的快速学习，具有非常大的应用潜力。

14.6.7　元强化学习

元强化学习的核心问题如下：

1）研究问题：如何对强化学习进行元学习。

2）假设条件：知道想要解决的问题的模型。

3）想法：从一组马尔可夫决策过程（MDP）中学习到的智能体，在面对新的 MDP 时，如果有好的效果，说明该智能体已经学习到了这类 MDP 性质，这也引出一个解决方案：基于 RNN，用一大组 MDP 训练出 RNN 的权重，当作元学习，然后当有新的 MDP 时，用不断产生的输入来调试隐藏的状态，并用这些不断变化的隐藏状态作为当前 MDP 的强化学习。

使用 RNN 来构造智能体，输入为之前的反馈、动作、终止位和当前输入。同时 RNN 的隐藏状态并不在每次结束后重置，而是保留下来，然后使用标准的强化学习算法来训练这个智能体。

训练出来的代理应该能学习自己的隐藏激活函数。然后这个代理在面对未知的 MDP 时能够根据当前的信息来调整隐藏状态，这也就是学习到了强化学习的能力。

元强化学习的原理如图 14-18 所示。

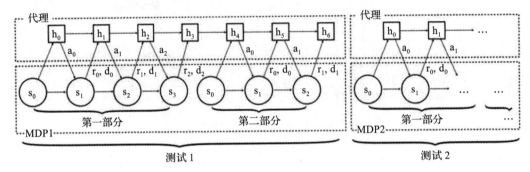

图 14-18　元强化学习原理图

首先定义一个 MDP 库，也就是在一大堆 MDP 中每个 MDP 被抽样的概率，根据这个概率来抽取 MDP，然后将这个 MDP 固定多个激活函数，例如途中 MDP1 固定了两个激活函数（Episode 1 和 2）。最后，通过不断抽取新的 MDP，不断进行强化学习。

14.7　基于度量的方法

基于度量的元学习算法的核心思想类似于最邻近算法，例如 kNN 分类算法、k-means 聚类算法和核密度估计算法。采用支持集样本标签的加权和作为一组已知标签上的预测概率，而权重则是由卷积核函数生成，用于测量两个数据样本之间的相似性。

学习一个好的核对于基于度量的元学习模型的成功至关重要。度量学习与此意图完全一致，因为它旨在学习对象的度量或距离函数。良好指标的概念取决于问题。它应该代表任务空间中输入之间的关系，并促进解决问题。

所有模型都明确地学习了输入数据的嵌入向量，并使用它们来设计适当的卷积核函数。

14.7.1　Siamese 网络

Siamese 网络是一种相似性度量方法，当类别多但每个类别的样本数量少时，可用于样本的识别、分类等。Siamese 网络从数据中学习一个相似性度量，用这个学习出来的度量比较和匹配新的未知类别的样本。这个方法能被应用于那些类别数多或者整个训练样本无法用于之前方法训练的分类问题。

Siamese 网络由两个双网络组成，它们的输出在顶部联合训练，具有学习输入数据样本对之间关系的功能（见图 14-19）。双网络是相同的，共享相同的权重和网络参数。换句话说，两者都指的是学习有效嵌入以揭示数据点对之间关系的相同嵌入网络。

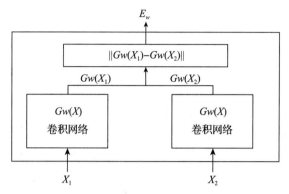

图 14-19　Siamese 网络结构

左右两边两个网络是完全相同的网络结构，它们共享相同的权值 W，输入数据为一对图片（X_1, X_2, Y），其中 $Y=0$ 表示 X_1 和 X_2 属于同一个人的脸，$Y=1$ 则表示不为同一个人。针对两个不同的输入 X_1 和 X_2，分别输出低维空间结果 $Gw(X_1)$ 和 $Gw(X_2)$。

Koch 提出了一种使用 Siamese 网络进行一次性图像分类的方法（见图 14-20）。首先，训练 Siamese 网络进行验证任务，以判断两个输入图像是否属于同一类。它输出属于同一类的两个图像的概率。然后，在测试期间，Siamese 网络处理测试图像与支持集中的每个图像之间的所有图像对。最终预测是具有最高概率的支持图像的类。

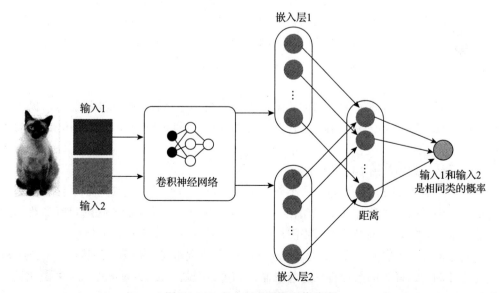

图 14-20　Siamese 网络图像分类

过程如下：

1）Siamese 网络通过包含一对卷积层的嵌入函数 embedding 将两个图像编码成特征向量；

2）通过线性前馈层和 sigmod 函数将两个嵌入层之间的距离转化为概率，即从同一个类中抽取两个图像是同一类的概率。

14.7.2　匹配网络

匹配网络是为任何给定的支持集（k-shot 分类）学习分类器。在给定测试示例的情况下，输出分类器上的概率分布。与其他基于度量的模型类似，分类器的输出被定义为通过注意力的核加权之后的支持集样本标签的和。

注意力核依赖于两个嵌入函数，分别用于编码测试样本和支持集样本。两个数据点之间的注意权重是它们的嵌入向量之间的余弦相似度，最后由 softmax 函数标准化输出。

通常我们可以将嵌入函数设置为具有将单个数据样本作为输入的神经网络，嵌入向量是构建良好分类器的关键输入。将单个数据作为输入可能不足以有效地测量整个特征空间。因此，匹配网络模型进一步提出通过将原始输入之外的整个支持集作为输入来增强嵌入功能，使得可以基于与其他支持样本的关系来调整学习嵌入。

匹配网络方法的训练过程旨在匹配测试过程中的推论，匹配网络论文改进了训练和测试条件应该匹配的想法。

14.7.3　关系网络

关系网络的核心在于通过学习比较来实现小样本学习。

人之所以能够识别一个新的事物，在于人的视觉系统能够提取任意物体的特征，并进行比较。因为我们能够比较不同的物体，所以我们根本无所谓看到的东西是不是以前就见过。这就是我们人具备小样本学习能力的关键原因。那么问题又来了：提取特征很好理解，现在的神经网络（如卷积神经网络）也是在学习提取特征，但是这里的比较又是什么意思呢？

我们要研究如何通过元学习的方式来让神经网络学会比较这个元知识能力，提出构建一个关系网络（Relation Network）来让其学习如何比较（Learning to Compare），从而实现小样本学习。

关系网络示意图如图 14-21 所示。

这是一个典型的 5-way 1-shot 的小样本学习问题，也就是我们要对 5 个新类别的物体进行识别，但是每一类物体我们只给出一个样本。图中，最左侧的 5 张图片就是我们拥有的训练样本（支持集），而旁边的那张图片则是我们用来测试的样本（测试集）。

我们先构造一个嵌入模块（embedding module）来提取每一张图片的特征，并把要测试的图片特征和训练样本的图片特征连起来输入到关系模块（relation module）中做比较，然后我们根据比较的结果（relation score）来判断这个测试图片到底属于哪一个类。

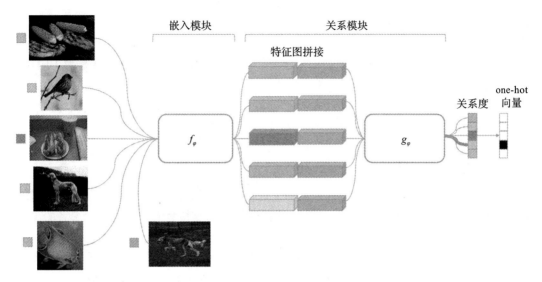

图 14-21 关系网络

整个识别过程非常简单，完全是模拟人的识别过程的。我们把图 14-21 中的嵌入单元和关系单元合起来统称为关系网络。

在元学习领域，与传统基于度量（metric-based）的方法相比，该方法的创新点在于使用神经网络来学习这种度量方式，并且使用元学习的训练方式。

14.7.4　原型网络

原型网络能识别出在训练过程中从未见过的新类别，并且对于每个类别只需要很少的样例数据。它将每个类别中的样例数据映射到一个空间当中，并且提取它们的"均值"来作为该类的原型（prototype）表示。使用欧几里得距离作为距离度量，训练使得本类别数据到本类原型表示的距离为最近，到其他类原型表示的距离较远。测试时，对测试数据到各个类别的原型数据的距离使用 softmax 函数进行转化，进而判断测试数据的类别标签。

在小样本分类任务中，$S = \{(x_1, y_1), \cdots, (x_N, y_N)\}$ 为一组小规模的 N 标签的支持数据集。x 是 D 维原始数据的向量化表示，y 为其对应的类别，S_k 代表类别为 k 的数据集合。

原型网络要为每个类别计算出一个原型表示 C_k，通过一个 embedding 函数将维度 D 的样例数据映射到 M 维的空间上。类别的原型表示 C_k 是对支持集中的所有向量化样例数据取均值得到的。

在测试时，原型网络使用 softmax 函数在 query 向量点到 C_k 的距离。训练过程是通过随机梯度下降法最小化目标函数，其中 k 为训练样本的真实标签。训练的步骤为从训练集中随机选择一个类子集，从这些类子集中选择一些样例数据作为支持集，剩余的作为查询集。

14.8 基于优化的方法

深度学习模型通过梯度的反向传播来学习。然而，基于梯度的优化既不是为了应对少量训练样本而设计的，也不是为了在少量优化步骤中收敛。

有没有办法调整优化算法，以使模型可以很好地学习一些例子？这就是基于优化的方法元学习算法所要求的。

14.8.1 基于 LSTM 网络的元学习者

元学习的优化算法可以明确地建模出来，这种方法也被称为"元学习者"，而处理任务的原始模型称为"学习者"。元学习者的目标是使用小的支持集有效地更新学习者的参数，以使学习者能够快速适应新任务。

元学习者的模型使用的是 LSTM 网络，其优点如下：

❏ 反向传播中基于梯度的更新与 LSTM 中的单元状态更新之间存在相似性；

❏ 了解梯度历史有助于梯度更新。

时刻 t 以速率 α_t 学习的学习者参数的更新公式如下：

$$\theta_t = \theta_{t-1} - \alpha_t \nabla \theta_{t-1} \mathcal{L}_t$$

在 LSTM 网络中有着相同格式的单元更新，如果我们设置遗忘门 $f_t = 1$，输入门 $i_t = \alpha_t$，门状态 $c_t = \theta_t$，则新的门状态：

$$\tilde{c}_t = -\nabla_{\theta_{t-1}} \mathcal{L}_t$$

$$\tilde{c}_t = f_t \odot c_{t-1} + i_t \odot \tilde{c}_t = \theta_{t-1} - \alpha_t \nabla \theta_{t-1} \mathcal{L}_t$$

$f_t = 1$ 和 $i_t = \alpha_t$ 可能都不是最佳的，对于不同的数据集来说它们都是可学习以及可适应的，公式如下：

$$f_t = \sigma \left(W_f \bullet [\nabla \theta_{t-1} \mathcal{L}_t, \mathcal{L}_t, \theta_{t-1}, f_{t-1}] + b_f \right)$$

$$i_t = \sigma \left(W_i \bullet [\nabla \theta_{t-1} \mathcal{L}_t, \mathcal{L}_t, \theta_{t-1}, f_{t-1}] + b_i \right)$$

$$\tilde{\theta}_t = -\nabla \theta_{t-1} \mathcal{L}_t$$

$$\theta_t = f_t \odot \theta_{t-1} + i_t \odot \tilde{\theta}_t$$

模型从数据集中获取序列输入，然后处理任务中新的输入。在图像分类设置中，这可能包括从数据集中获取序列输入，再处理必须分类的新样本，如图 14-22 所示。

14.8.2 未知模型的元学习

MAML 是 Model-Agnostic Meta-Learning 的缩写，即未知模型的元学习，它是一个十分通用的优化算法，与任何使用梯度下降学习的模型兼容。

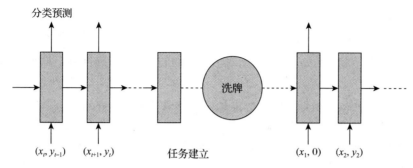

图 14-22　基于 LSTM 的元学习

　　MAML 需要在各种任务上进行训练。该算法需要学习训练一种可以很快适应新任务的方法，并且适应过程还只需要少量的梯度迭代步。元学习器希望寻求一个初始化，它不仅能适应多个问题，同时适应的过程还能做到快速（少量梯度迭代步）和高效（少量样本）。图 14-14 展示了一种寻找一组具有高度适应性的参数 θ 的过程。在元学习（黑色粗线）过程中，MAML 优化了一组参数，因此当我们对一个特定任务 i（灰线）进行梯度迭代时，参数将更接近任务 i 的最优参数 θ。

　　MAML 方法十分简单，并且有很多优点。它并不会对模型的形式作出任何假设。因为它没有为元学习引入其他参数，并且学习器的策略使用的是已知的优化过程（如梯度下降等）而不是从头开始构建一个，所以它十分高效。MAML 方法可以应用于许多领域，包括分类、回归和强化学习等。

14.8.3　Reptile：可扩展元学习方法

　　Reptile 是 OpenAI 发布的一种简单元学习算法，该算法对一项任务进行重复采样、执行随机梯度下降、更新初始参数直到学习到最终参数。该方法的性能可与 MAML 媲美，且比后者更易实现，计算效率更高。

　　Reptile 的工作原理和 MAML 类似，学习神经网络的参数初始化方法，使得神经网络可使用少量新任务数据进行调整。不同之处是，MAML 通过梯度下降算法计算图来展开微分计算过程，而 Reptile 在每个任务中执行标准形式的随机梯度下降（SGD）：它不用展开计算图或计算任意二阶导数。因此 Reptile 比 MAML 所需的计算量和内存都更少。

　　该方法运行效果很好。如果 $k=1$，该算法对应"联合训练"（joint training）：在多项任务上执行 SGD。Reptile 要求 $k>1$，更新依赖于损失函数的高阶导数。Reptile 更新最大化同一任务中不同小批量的梯度内积，以改善泛化效果。因此我们可以认为 Reptile 可能在元学习之外也有影响，如解释 SGD 的泛化性能。

14.8.4　基于梯度预测的方法

　　本节介绍如何通过梯度下降来学习。该方法不是求梯度的梯度，并不涉及任何关于二阶导数的操作，而是跟如何学会更好的优化有关。

经典的机器学习问题，包括当下的深度学习相关问题，大多可以被表达成一个目标函数的优化问题：$\theta^* = \text{argmin}_{\theta \in \Theta} f(\theta)$。一些优化方法可以求解上述问题，最常见的是梯度更新策略。

早期的梯度下降会忽略梯度的二阶信息，而经典的优化技术通过加入曲率信息改变步长来纠正，如 Hessian 矩阵的二阶偏导数。目前用于大规模图像识别的模型往往使用 CNN 通过定义一个代价函数来拟合数据与标签，其本质还是一个优化问题。

这里我们考虑一个简单的优化问题，求一个四次非凸函数的最小值点。对于更复杂的模型，下面的方法同样适用。

针对一个特定的优化问题，也许一个特定的优化器能够更好地优化它，我们也可以不根据人工设计，而是让优化器本身根据模型与数据自适应地调节。使用一个可学习的梯度更新规则，替代手工设计的梯度更新规则，如下

$$\theta_{t+1} = \theta_t + g_t(f(\theta_t), \varphi)$$

这里的 $g()$ 代表其梯度更新规则函数，通过参数 φ 来确定，其输出为目标函数 f 当前迭代的更新梯度值，该函数通过 RNN 模型来表示，保持状态并动态迭代。

假如一个优化器可以根据历史优化经验来调解自己的优化策略，那么就一定程度上做到了自适应，而 LSTM 可以从一个历史的全局去适应这个特定的优化过程，而优化器本身的参数即 LSTM 的参数，这个优化器的参数代表了我们的更新策略，后面我们会学习这个参数，即学习用什么更新策略。

LSTM 是循环神经网络，它可以连续记录并传递所有周期时刻的信息，其每个周期循环里的子图共同构建一张巨大的图，然后求导更新，最后通过梯度下降法来优化优化器。如图 14-23 所示。

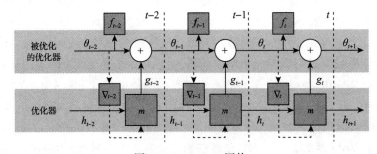

图 14-23   LSTM 网络

LSTM 参数的梯度来自于每次输出的更新的梯度，更新的梯度包含在生成的下一次迭代的参数 x 的梯度中。之后通过对梯度的预处理，即处理不同数量级别的梯度，来进行 BPTT，因为每个周期产生的梯度幅度完全不在一个数量级，前期梯度下降很快，中后期梯度下降平缓，这个对于 LSTM 的输入，变化裕度太大，要进行归一化处理。

LSTM 优化器的最终优化策略是没有任何人工设计的经验在里面，是自动学习出的一种学习策略，并且这种方法理论上可以应用到任何优化问题中。但是在实际问题中，我们需要考虑优化成本和优化器性能的稳定性，所以实用性还有待考察。

14.9 参考文献

[1] SCHAUL T, SCHMIDHUBER J. Metalearning[J]. Scholarpedia, 2010, 5(6): 4650.

[2] VANSCHOREN J. Meta-learning: a survey[J]. arXiv preprint arXiv:1810.03548, 2018.

[3] VILALTA R, DRISSI Y. A perspective view and survey of meta-learning[J]. Artificial intelligence review, 2002, 18(2): 77-95.

[4] LEMKE C, BUDKA M, GABRYS B. Metalearning: a survey of trends and technologies[J]. Artificial intelligence review, 2015, 44(1): 117-130.

[5] GARG V K, KALAI A T. Meta-Unsupervised-Learning: A supervised approach to unsupervised learning[J]. arXiv preprint arXiv:1612.09030, 2016.

[6] SCHWEIGHOFER N, DOYA K. Meta-learning in reinforcement learning[J]. Neural Networks, 2003, 16(1): 5-9.

[7] LI Z, ZHOU F, CHEN F, et al. Meta-sgd: Learning to learn quickly for few-shot learning[J]. arXiv preprint arXiv:1707.09835, 2017.

[8] LAKE B, SALAKHUTDINOV R, Gross J, et al. One shot learning of simple visual concepts[C]// Cognitive Science Society. Proceedings of the Annual Meeting of the Cognitive Science Society. New York: Curran Associates, 2011, 33(33).

[9] REN M, TRIANTAFILLOU E, RAVI S, et al. Meta-learning for semi-supervised few-shot classification[J]. arXiv preprint arXiv:1803.00676, 2018.

[10] 张庆庆. 基于机器学习的文本情感分类研究 [D]. 西安 : 西北工业大学 , 2016.

[11] SNELL J, SWERSKY K, ZEMEL R. Prototypical networks for few-shot learning[C]// NIPS. Advances in neural information processing systems 30. New York: Curran Associates, 2017: 4077-4087.

[12] LEI K, QIN M, BAI B, et al. GCN-GAN: A Non-linear Temporal Link Prediction Model for Weighted Dynamic Networks[J]. arXiv preprint arXiv:1901.09165, 2019.

[13] NICHOL A, SCHULMAN J. Reptile: a scalable metalearning algorithm[J]. arXiv preprint arXiv:1803.02999, 2018, 2.

[14] DANIELY A. SGD learns the conjugate kernel class of the network[C]//NIPS. Advances in neural information processing systems 30. New York: Curran Associates, 2017: 2422-2430.

[15] FINN C, ABBEEL P, LEVINE S. Model-agnostic meta-learning for fast adaptation of deep networks[C]// ICML. Proceedings of the 34th International Conference on Machine Learning.

Sydney: JMLR.org, 2017(70): 1126-1135.

[16] KOCH G, ZEMEL R, SALAKHUTDINOV R. Siamese neural networks for one-shot image recognition[C]//ICML. ICML 2015 deep learning workshop. Lille: JMLR W&CP 2015, 37.

[17] LAKE B M, SALAKHUTDINOV R R, TENENBAUM J. One-shot learning by inverting a compositional causal process[C]//NIPS. Advances in neural information processing systems 26. New York: Curran Associates, 2013: 2526-2534.

[18] SUNG F, YANG Y, ZHANG L, et al. Learning to compare: Relation network for few-shot learning [C]//IEEE. Proceedings of the IEEE conference on computer vision and pattern recognition. Boston: IEEE, 2018: 1199-1208.

[19] SANTORO A, BARTUNOV S, BOTVINICK M, et al. Meta-learning with memory-augmented neural networks[C]//ACM. Proceedings of the 33th Annual International Conference on Machine Learning. New York: ACM, 2016: 1842-1850.

[20] SIMONYAN K, ZISSERMAN A. Very deep convolutional networks for large-scale image recognition[J]. arXiv preprint arXiv:1409.1556, 2014.

[21] SUNG F, ZHANG L, XIANG T, et al. Learning to learn: Meta-critic networks for sample efficient learning[J]. arXiv preprint arXiv:1706.09529, 2017.

[22] MISHRA N, ROHANINEJAD M, CHEN X, et al. Meta-learning with temporal convolutions[J]. arXiv preprint arXiv:1707.03141, 2017, 2(7).

[23] GUPTA A, EYSENBACH B, FINN C, et al. Unsupervised Meta-Learning for Reinforcement Learning[J]. arXiv preprint arXiv:1806.04640(2018).

[24] CLAVERA I, NAGABANDI A, FEARING R S, et al. Learning to adapt: Meta-learning for model-based control[J]. arXiv preprint arXiv:1803.11347, 2018, 3.

[25] DUAN Y, SCHULMAN J, CHEN X, et al. RL2: Fast Reinforcement Learning via Slow Reinforcement Learning[J]. arXiv preprint arXiv:1611.02779, 2016.

[26] ANDRYCHOWICZ M, DENIL M, GOMEZ S, et al. Learning to learn by gradient descent by gradient descent[C]// NIPS. Advances in neural information processing systems 29. New York: Curran Associates, 2016: 3981-3989.

[27] FINN C. Learning to Learn[EB/OL]. (2017-07-18) [2019-05-30]. https://bair.berkeley.edu/blog/2017/07/18/learning-to-learn/.

[28] QIN Y, ZHAO C, WANG Z, et al. Representation based and Attention augmented Meta learning[J]. arXiv preprint arXiv:1811.07545, 2018.

[29] VINYALS O, BLUNDELL C, LILLICRAP T, et al. Matching networks for one shot learning[C]// NIPS. Advances in neural information processing systems 29. New York: Curran Associates, 2016: 3630-3638.

[30] LAROCHELLE H, ERHAN D, BENGIO Y. Zero-data learning of new tasks[C]//AAAI. Proceedings

of the Twenty-Third AAAI Conference on Artificial Intelligence. Palo Alto: AAAI Press, 2008, 1(2): 3.

[31]　CHEN Y, HOFFMAN M W, COLMENAREJO S G, et al. Learning to learn for global optimization of black box functions[J]. arXiv preprint arXiv:1611.03824, 2016.

[32]　DUAN Y, ANDRYCHOWICZ M, STADIE B, et al. One-shot imitation learning[C]// NIPS. Advances in neural information processing systems 30. New York: Curran Associates, 2017: 1087-1098.

[33]　MUNKHDALAI T, YU H. Meta networks[C]// ICML. Proceedings of the 34th International Conference on Machine Learning. Sydney: JMLR.org, 2017(70): 2554-2563.

结 束 语

　　这本书的内容是在 AutoML 技术不断发展的大环境下应运而生的，为了帮助更多读者理解强人工智能以及 AutoML 的内涵，我们在第一部分（第 1～2 章）首先引入了人工智能的基本概述和发展状况，我们介绍了一些现有的 AutoML 平台和产品以及 AutoML 的发展方向，随后在第二部分（第 3～6 章）和第三部分（第 7～13 章）分别展开介绍了 AutoML 和 AutoDL。最后，作为整本书的升华，我们引入了元学习的内容。

　　本书的核心是第二部分和第三部分。在第二部分，我们首先介绍了基础的机器学习内容，然后展开讲解了自动化超参优化、自动化特征工程和自动化模型选择的相关算法和现有平台技术。深度学习部分和机器学习部分的整体架构是相似的，首先介绍了经典的深度学习模型，然后开始详细介绍自动化神经网络搜索算法以及加速方案。由于深度学习最近几年的发展势头很猛，我们单独抽出一个章节讲解 AutoDL 在垂直领域的应用，所谓垂直领域就是图像、语音以及自然语言处理三大领域。深度学习模型往往都很庞大，如果要将深度学习模型部署到移动设备中去，势必会涉及模型压缩问题，因此我们在第 13 章介绍了模型压缩的经典方法，以及现有的自动化模型压缩技术。

　　元学习这一部分（第 14 章）是整本书的升华，它站在自动化机器学习和深度学习的基础之上，开始研究 "Learning to Learn" 的问题，通俗地讲，就是让机器学习人类的 "学习过程" 而不仅仅是 "学习结果"。在这一章中涉及了很多算法和模型，但我们并没有展开介绍，只是希望起到抛砖引玉的作用，若有读者对这一领域感兴趣，可自行展开研究。

展望

　　本书没有涵盖 AutoML 技术的全部知识，因为这个领域的知识体系十分庞大，不是一本书可以介绍完的。譬如本书中所涉及的图计算网络、超网络、蒙特卡洛树搜索以及元学习，都可以成为一个独立的研究课题。所以，这本书的结束并不意味着我们的研究就此结束，我们还需要不断挖掘其中的精华与奥妙。

  如今科技不断发展，强人工智能的时代即将到来，各行各业都将向自动化模式转型。在这种大背景之下，AutoML 不应该再局限于 IT 行业的研究，而是应该面向其他行业与领域，比如医疗、工业、农业以及金融业等。我们在书中提到了深度学习垂直领域的应用，但这只是一个大背景的应用场景，读者应该根据自己所在的行业与领域，对算法进行改进和应用。

  总之，科技不断在发展，我们也不能停下学习的脚步，每个正在寻求进步的人都有理由去了解人工智能，更有机会去运用人工智能技术，而这本书，就是你打开人工智能大门的一把钥匙。